CREATIVE EXPLOSION

HENNING PATZNER

CREATIVE EXPLOSION

Neue Sprengkraft für Ideen, Innovationen und Kreativprozesse

CAMPUS VERLAG
FRANKFURT / NEW YORK

MIX
Papier aus verantwortungsvollen Quellen
FSC® C089473

ISBN 978-3-593-50153-6

Umschlaggestaltung: Isabel Kohlbacher, Dominik Skrabal
Layout und Satz: tiff.any GmbH, Berlin
Gesetzt aus: G You Wont Bring Me Down, PMN Caecilia, Sun
Druck und Bindung: Beltz Bad Langensalza
Printed in Germany

Dieses Buch ist auch als E-Book erschienen.
www.campus.de

Kapitel 1: Das Ideenteam

Kapitel 2: Innovationskultur

Kapitel 3: Ideengenerierung

Kapitel 4: Ideenpräsentation

INHALT

Kapitel 5: Ideenbewertung

Kapitel 6: Ideenumsetzung

Über den AUTOR

HENNING PATZNER

Henning Patzner (geboren 1973) ist Trainer für Kreativität und Innovation. Er ist für namhafte nationale und internationale Unternehmen tätig. Seine Schwerpunkte sind Kreativitätstrainings, Innovations-, Produktentwicklungs- und Ideenfindungs-Workshops für Führungskräfte und Teams aus allen Branchen.

Als Regisseur, Texter, Creative Director und Kreativgeschäftsführer sammelte er fast 20 Jahre lang Erfahrungen in der Kreativbranche. Bei preisgekrönten Werbeagenturen wie Jung von Matt, Saatchi & Saatchi, Grabarz & Partner, Scholz & Friends und Serviceplan war er mitverantwortlich für viele erfolgreiche Marketing-Kampagnen zahlreicher Unternehmen, unter anderem für Autokonzerne, Banken, Fernsehsender, Internet- und Softwarefirmen und Start-ups. Er betreute bereits über 75 Top-Marken und gewann über 150 nationale und internationale Kreativpreise und Auszeichnungen.

Für seine kreativen Leistungen wurde er 2009 in den Art Directors Club Deutschland aufgenommen. Im selben Jahr ließ er sich an der BRIDGEHOUSE Academy in Berlin zum Trainer ausbilden. 2013 bestand er den Zertifikatskurs „Chief Innovation Manager" der RWTH Aachen.

Henning Patzner ist gelernter Bankkaufmann, studierte bis zum Vordiplom BWL an der Universität Bayreuth und absolvierte sein Studium an der Hochschule für Fernsehen und Film in München.

Er ist Betreiber des Blogs www.creativeexplosion.de

Seine Website lautet www.henningpatzner.com

VOR WORT

Alex Schill

Immer wieder hört man, dass Kreativität der Rohstoff des 21. Jahrhunderts sei und dass Unternehmen sich kreativ und innovativ aufstellen sollen.

Was aber genau ist eigentlich Kreativität? Und kann irgendjemand behaupten, er wüsste, wie sie entsteht und wo?

Die einen sagen, unter der Dusche durch Eingebung. Die anderen behaupten, am Schreibtisch durch harte Arbeit.

Es gibt eine alte Redewendung, die besagt, dass sich die Alten Perser in betrunkenem Zustand beraten haben, um dann in nüchternem Zustand zu beschließen. Im Prinzip also nichts anderes, als die Ungezwungenheit beim Duschen und das spätere Überprüfen am Schreibtisch. Haben vielleicht beide Recht?

Ja. Denn Kreativität braucht nicht nur Flügel zum Fliegen, sondern immer auch ein Fahrgestell zum Landen.

Und genau darum geht es hier in diesem unterhaltsamen und lehrreichen Buch. „Creative Explosion“ hangelt sich spielerisch am kreativen Prozess entlang und versucht dabei nicht, Kreativität durch Analyse zu entzaubern. Im Gegenteil. Es zeigt Wege auf, die richtigen Voraussetzungen zu schaffen, um die wundervolle Kraft von Kreativität und Innovation zu entfesseln.

Viel Spaß beim Lesen!

Alex Schill,

Global Chief Creative Officer bei der Serviceplan Gruppe für innovative Kommunikation GmbH & Co. KG

EIN LEI TUNG

Vor mehreren Jahren lernte ich einen begnadeten Kreativdirektor kennen. Er war etwas verrückt, aber auch jemand, der für seine Ideen brannte und Himmel und Hölle in Bewegung setzte, damit diese auch umgesetzt wurden. Und eines Tages, als irgendeine großartige Idee von ihm mal wieder von irgendjemandem abgeschossen wurde, hatte er einen unverschämt genialen Gedanken: Er ging mit einem Werkzeugkasten an seinen alten Opel Corsa und riss die Handbremse heraus. Damit ging er ins Atelier und sprühte sie mit goldener Farbe ein. Und da war sie: die goldene Handbremse, der neue Negativpreis für Innovationsverhinderer! Ein Wanderpokal, der regelmäßig an den größten Zauderer, Zweifler oder eben die größte Innovationsbremse verliehen wurde. Eine bissige Laudatio gab's von ihm noch dazu.

Und der neue Pokal zeigte Wirkung. Im Umfeld des etwas verrückten Kreativdirektors wollte niemand diesen Preis überreicht bekommen, und plötzlich entstanden in seiner Abteilung viel weniger Rohrkrepierer, dafür umso mehr großartige kreative Explosionen.

Zugegeben: Die goldene Handbremse hat ganz schön polarisiert und irgendwann wurde sie in die Mülltonne geworfen. Dennoch: Das Beispiel zeigt, dass kreative Explosionen von Teamleitern herbeigeführt werden können. Und das ist wunderbar. Denn sie sind das Fundament für einzigartige Ideen, Produkte und bahnbrechende Innovationen.

Dieses Buch soll Führungskräften zeigen, wie man mit seinem Team nicht nur Funken schlägt, sondern immer wieder solche kreativen Explosionen erzeugt. Es soll zeigen, wie geniale Ideen im Team entstehen, wie man sie erfolgreich durch den langen Kreativ- und Innovationsprozess steuert und die chronischen Bedenkenträger dafür begeistert. Denn bevor eine Idee in einem Unternehmen realisiert wird, muss sie noch von Strategen, Marktforschern, Controllern und Risikoanalysten genehmigt werden. Und weil es einfacher ist, eine Idee abzuschießen als an sie zu glauben, sterben großartige Ideen viel zu oft einen frühzeitigen Tod. Sie verpuffen lautlos, bevor sie richtig zünden können. Als Innovationsbegeisterter muss man sich gegen so eine Entwicklung wehren! Im Folgenden möchte ich Ihnen Möglichkeiten aufzeigen, wie Sie das am besten angehen können.

„When you're getting ready to launch into space, you're sitting on a big explosion waiting to happen."

Sally Ride, die erste Amerikanerin im Weltall

Noch ein paar Dinge vorab:

Kreativ- oder Innovationsprozesse werden in den verschiedensten Branchen völlig unterschiedlich definiert. Dennoch, egal ob Sie in der konservativen Stahlindustrie oder bei einem hippen Spiele-Software-Unternehmen arbeiten: Es gibt eine gemeinsame Metaebene.

Ich möchte mich mit Ihnen an den folgenden Ideenphasen entlang hangeln:
der Ideengenerierung, der Ideenpräsentation,
der Ideenbewertung und der Ideenumsetzung.
Als Basis dafür braucht man ein gut aufgestelltes Ideenteam und eine befruchtende Innovationskultur. Nach diesen sechs Parametern ist dieses Buch aufgebaut.

Meine geistige Heimat ist die Werbung und das Marketing. Aus dieser Ecke werden also ein paar mehr Anekdoten kommen. Aber das hat ja auch was Gutes, denn Werbung ist plakativ, und deshalb werden Ihnen die Beispiele sofort einleuchten und Sie werden sie schnell auf Ihr Berufsfeld übertragen können. Manchmal schreibe ich auch ein bisschen überspitzt in stereotypischen Bildern. Wir alle wissen jedoch, dass man Menschen nicht in Schubladen stecken kann. Die gelegentliche Übertreibung soll nur der Vereinfachung dienen. Um die Persönlichkeitsrechte aller in diesem Buch erwähnten Personen zu wahren, habe ich manchmal Vor-, Orts- und Ländernamen geändert. Ach ja, Patentlösungen in Sachen Kreativität und Innovation werde ich Ihnen in diesem Buch nicht präsentieren. Ich glaube nämlich nicht, dass es sie gibt.

Danke an die zwölf Damen und Herren aus den unterschiedlichsten Branchen, die nach jedem Kapitel noch einmal wichtigen Input liefern. Und danke an alle Fotobeiträge der verschiedenen Unternehmen und Einzelpersonen! Bitte lesen Sie ganz hinten im Buch auch die Details dazu.

Und los geht's!

Henning Patzner

München, September 2014

DAS IDEENTEAM

KAPITEL 1

STANDORTBESTIMMUNG: DIE UNTERSCHIEDLICHEN KREATIVPROZESSTYPEN

Während der Ölkatastrophe im Golf von Mexiko im Jahr 2010 ließen der Ölkonzern BP und die US-Regierung nichts unversucht, das verflixte Ölleck zu stopfen. Es musste eine geniale Idee her, um den gewaltigen Ölstrudel tief unten im Meer zu stoppen. Also trommelte man einen Thinktank zusammen, der aus 20 hochdekorierten Wissenschaftlern, Forschern und Ingenieuren bestand. Und wissen Sie, wer auch eingeladen wurde? Der etwas verrückte und diktatorisch veranlagte Hollywood-Erfolgsregisseur James Cameron. Also jemand, der vor zig Jahren englische Literatur studiert hatte und Handys, die während einer Filmaufnahme klingeln, auch gerne mal an die Studiowand tackert. Dennoch dachte man sich, seine einzigartige Tauchfahrtexpertise mit seiner eigenen U-Boot-Flotte könnte die anderen Teammitglieder vielleicht dazu inspirieren, eine Lösung für das Desaster zu finden.[1]

James Cameron in dieses Gremium zu berufen, war eine waghalsige, aber gute Entscheidung. Wahrscheinlich war es am Ende nicht er, der unmittelbar zur Lösung beigetragen hat, aber in der Gruppe war er ein besonderer Farbtupfer, der durch seine Art für positive Irritationen sorgte. Und genau das ist ja das Schöne an gemischten Teams.

Als Führungskraft wird man immer wieder darauf hingewiesen, dass man in Innovationsprozessen auf solche gemischten Teams setzen soll, und in manchen Branchen klappt das auch richtig gut. Ein Entwicklungsingenieur eines Autokonzerns tut beispielsweise gut daran, regelmäßig mit Designern, Maschinenbauern und Programmierern zu brainstormen. Er hat das Glück, dass er eigentlich in fast allen Phasen des Innovationsprozesses gebraucht wird. Aber manchmal ist das abteilungsübergreifende Arbeiten nicht so einfach. Schauen wir noch mal nach Hollywood: Hier ist der Kameramann am Ende des Kreativprozesses von essenzieller Bedeutung, aber während der Drehbuchentwicklung wird er eher sporadisch nach seiner Meinung gefragt.

„If you have a problem, if no one else can help, and if you can find them, maybe you can hire the A-Team."

Einführungstext der US-Serie „Das A-Team"

Jeder von uns hat in innovativen Prozessen eine Standortbestimmung. Das entscheidet oft die Branche, unsere Ausbildung, unsere Job Description und die Länge und Tiefe des jeweiligen Prozesses. Manche von uns dürfen von vorne bis hinten dabei sein und manche sind nur auf ganz bestimmte Phasen spezialisiert. Im besten Fall arbeiten trotzdem alle Beteiligten gemeinsam miteinander.

Wie bei der legendären US-Serie „Das A-Team“!

Ganz oberflächlich betrachtet besetzt hier jeder einzelne Protagonist mehr oder weniger eine Phase des Kreativprozesses:

Im Hintergrund agierend, aber immer das große Ganze im Kopf habend, ist der **STRATEGE**. Beim A-Team ist das Colonel John Smith, der den Spitznamen Hannibal trägt. Er sammelt die Informationen und gibt die Richtung vor. Dann gibt es Murdock. Er scheint etwas verrückt oder sogar wahnsinnig zu sein. Die Strategie von Hannibal hat er verstanden und sofort macht er darüber Witze. Seine wirren Gedanken nerven und sind oft noch viel zu abstrakt. Trotzdem können sie inspirieren. Murdock ist ein typischer **IDEENGENERIERER**. Der Dritte im Bunde ist der charmante Face. Er wandelt die verrückten Ideen oft in Lösungen um. Er besorgt die Details und hat am Entwickeln Spaß. Face liebt das Funktionale und handelt gern. Er ist ein typischer **IDEENOPTIMIERER**. Zu guter Letzt gibt es noch B.A. alias Mr. T. B.A. fackelt nicht lange herum. Er packt an und tut das, was Hannibal und Face von ihm wünschen. B.A. ist ein typischer **MACHER**.

Jeder von den Vieren hat eine ganz klare Aufgabe und weiß genau, wo er im Team steht. Wenn’s drauf ankommt, arbeiten sie alleine, weil sie die Besten in ihrer jeweiligen Kategorie sind. Aber meistens arbeiten sie integriert und abteilungsübergreifend.

Jeder in Ihrem Team fühlt sich zu irgendeiner Phase im Kreativprozess besonders hingezogen. Ist man gut darin, den Kern der Aufgabenstellung zu formulieren und zu vermitteln? Oder ist man jemand, der mit seinem Wesen andere inspiriert? Oder ist man eher ein Ideenoptimierer? Oder doch vielleicht ein Machertyp? Oder ist man vielleicht etwas völlig anderes jenseits des A-Team-Schemas? Ein geborener Ideenvermarkter? Ein genialer Ideenschützer? Oder doch ein Vollblut-Marktforscher? Die eigene Standortbestimmung sollte man kennen. Und am besten, man fühlt sich in dieser Rolle richtig wohl. Aber ganz wichtig: Haben Sie und Ihr Team Zugriff auf alle unterschiedlichen Kreativprozesstypen? Denn ohne Strategie keine Kreation. Und was gibt es für den Macher zu tun, wenn es keine Kreation gibt? Der Einfachheit halber möchte ich mich in diesem Buch auf die vier Kreativprozesstypen Hannibal, Murdoch, Face und B.A. beschränken: also den **STRATEGEN**, den **IDEENGENERIERER**, den **IDEENOPTIMIERER** und den **MACHER**. Diese vier Standortbestimmungen decken die vielen verschiedenen Phasen des Kreativprozesses gut ab und wir werden in diesem Buch immer wieder auf diese vier Typen zurückkommen.

FUNKTIONSBESTIMMUNG: DIE UNTERSCHIEDLICHEN IDEENFINDUNGSTYPEN

Als ich in der Werbebranche als Texter bei Jung von Matt angefangen habe, hatte ich Riesenglück. Denn eines Tages kam mein Chef und sagte: „Henning, das ist Michael, dein neuer Ausdenkpartner!“ Und es folgte eine super Zeit. Michael und ich blieben sehr lange ein Ausdenkpaar. Wir ergänzten uns prima, gewannen viele neue Kunden und Kreativpreise. Dann trennten sich unsere Wege und ich bekam einen neuen Partner: Nennen wir ihn Volker. Und der war ein helles Köpfchen, liebenswert und talentiert – aber gemeinsam brachten wir nichts auf die Reihe. Wir hatten zwar tonnenweise Ideen, aber selten waren sie für die Aufgabenstellung hilfreich.

> *„Henrikh passt hier rein wie die Faust aufs Auge oder der Arsch auf den Eimer. Was er anbietet, ist das, was wir brauchen.“*
>
> Fußballtrainer Jürgen Klopp über den Neuzugang Henrikh Mkhitaryan

Und jetzt die spannende Frage: Wie kann es eigentlich sein, dass wir mit manchen Menschen richtig kreativ und produktiv sein können und mit anderen gar nicht, obwohl man sich eigentlich prima versteht?

Eine mögliche Erklärung liefert ein schlaues psychologisches Modell. Die Sozialpsychologen Peter V. Zysno und Ari Bosse von der RWTH Aachen wollten herausfinden, wie man den kreativen Output von Gruppen steigern kann. In Gruppen kann es nämlich zu folgendem Problem kommen (ich zitiere jetzt mal direkt aus der Pressemitteilung):

> *„Gruppenarbeit ist so lange ineffektiv, wie die Gruppen einfach bunt durcheinandergewürfelt werden. Wenn solche Gruppen dann zum gemeinsamen Brainstorming aufgerufen werden, hemmt die Gruppendynamik eher die Kreativleistungen der einzelnen Mitglieder.“*[2]

Das nun folgende Modell, mit dem sich die beiden Wissenschaftler und ihr Team beschäftigt haben, verdeutlicht, dass der relevante Output in Ausdenk-Sessions effektiver werden kann, wenn ganz bestimmte Rollenfunktionen im Team relativ ausgewogen verteilt sind, nämlich die des Ideators, die des Modulators und die des Animators.[3] Wenn man diese Rollenfunktionen berücksichtigt und weiß, zu welchem „Ideenfindungstyp“ die Teilnehmer der Brainstorm-Session tendieren, ist es möglich, die jeweilige Gruppendynamik zu steigern, so die Forschungsergebnisse. Mir gefällt dieses Modell sehr und ich glaube daran. Daher habe ich die Bezeichnungen Ideator, Modulator und Animator für meine weiteren Ausführungen übernommen.

Bevor ich nun weiter auf die Verbesserung von Ausdenk-Sessions eingehe, bitte ich Sie, den folgenden von mir aus persönlichen Erfahrungs- und Einschätzungswerten entwickelten Test zu machen, der sich der von Zysno und Bosse entwickelten Begrifflichkeiten bedient. Mit dem Test können Sie herausfinden, zu welchem Ideenfindungstypen Sie am ehesten neigen.

Welcher Ideenfindungstyp sind Sie?

Vor Ihnen liegen 20 Aufgaben mit jeweils drei Statements. Kreuzen Sie pro Aufgabe immer nur das Statement an, das am meisten auf Sie zutrifft.

ACHTUNG: Manchmal wiederholen sich die Statements, manche sind ähnlich und manchmal fällt es wirklich schwer, sich für ein Statement zu entscheiden. Lesen Sie die Statements daher genau durch, bevor Sie sich für eines entscheiden. Am Ende des Tests finden Sie die Auflösung. So können Sie selbst herausfinden, zu welchem Ideenfindungstypen Sie tendieren.

1
- [ ] Ich habe immer wieder neue Einfälle. (A)
- [ ] Ich bin ein guter Zuhörer. (K)
- [ ] Ich bin ein guter Diplomat. (6)

2
- [ ] Ich bringe Dinge gut auf den Punkt. (L)
- [ ] Mir folgen die Menschen gerne. (2)
- [ ] Ich bin ein Querdenker. (E)

3
- [ ] Die Menschen hören auf mich. (1)
- [ ] Mit meinen Gedanken überrasche ich andere Menschen oft. (I)
- [ ] Ich kann gut Ideenimpulse aufnehmen. (M)

4
- [ ] Ich kann gut Geschichten erzählen. (A)
- [ ] Die Menschen respektieren mich. (5)
- [ ] Ich kann aus guten Ideen noch bessere Ideen machen. (N)

5
- [ ] Ich bin ergebnisorientiert. (K)
- [ ] Beim Brainstorming bin ich sehr aktiv. (U)
- [ ] Die Mitarbeiter vertrauen mir. (2)

6
- [ ] Mit mir laufen Ausdenkprozesse harmonischer ab. (4)
- [ ] Ich erzähle gerne mal drauflos. (I)
- [ ] Ich kann Ideen gut weiterspinnen. (N)

7
- [ ] Mein Ideenoutput ist hoch. (A)
- [ ] Meine Ideen lösen Probleme. (K)
- [ ] Ich kann gut moderieren. (6)

8
- [ ] Auch wenn meine Idee nicht ganz der Aufgabenstellung entspricht, erzähle ich sie trotzdem gerne. (U)
- [ ] Ich bin eine Führungspersönlichkeit. (1)
- [ ] Kreativität muss einen Sinn haben. (L)

9
- [ ] Ideen müssen durchdacht sein. (M)
- [ ] Ich sprenge gerne alte Denkmuster. (A)
- [ ] In Konfliktsituationen kann ich gut vermitteln. (2)

10
- [ ] Ich bin gut darin, Menschen zusammenzubringen. (5)
- [ ] Ich bin spontan. (E)
- [ ] Am Ende muss meistens ich die Idee rund machen. (N)

11
- [ ] Manchmal habe ich Lust, etwas Verrücktes zu tun. (I)
- [ ] Ich achte auf das große Ganze. (4)
- [ ] Ideen, die nicht zielführend sind, gefallen mir nicht. (K)

12
- Ich bin ein guter Antreiber. (7)
- Ich bin impulsiv. (A)
- Ich kann eine gute Idee von einer schlechten Idee unterscheiden. (L)

13
- Ich bin gut darin, Dinge zu Ende zu denken. (L)
- Ich bin motivierend. (9)
- Ich inspiriere andere. (A)

14
- Ich bin eine Ideenmaschine. (E)
- Ich bin Realist. (M)
- Wenn es beim Ausdenken in die falsche Richtung läuft, bringe ich es wieder auf die richtige Spur. (7)

15
- Ich bin gut darin, aus Menschen das Beste rauszuholen. (8)
- Ich liebe Abwechslung. (E)
- Ich erkenne schnell, worauf eine Ideen hinausläuft. (K)

16
- Ich mag es, wenn eine Idee etwas verrückt klingt. (I)
- Ich weiß welche Idee die beste ist. (3)
- Aus einer schlechten Idee, kann ich eine gute Idee machen. (L)

17
- Ich finde es ist einfacher mit einer Idee anzufangen, als sie zu Ende zu bringen. (A)
- Wenn eine Idee keinen Sinn ergibt, verwerfe ich sie. (N)
- Beim Gruppenbrainstorming fühle ich mich verantwortlich für ein gutes Ergebnis. (1)

18
- Ideen zu haben, macht mir mehr Spaß als sie auch umzusetzen. (U)
- Ich verlasse kein Brainstorming, ohne eine Lösung zu haben. (2)
- Menschen kommen gerne mit ihrer Idee auf mich zu und fragen um Rat. (M)

19
- Kreativität braucht Grenzen. (N)
- Es fällt mir schwer meine Ideen zurückzuhalten. (A)
- Ich muss niemanden mehr beweisen, dass ich kreativ bin. (6)

20
- Ideen habe ich immer und überall. (U)
- Im Team entstehen die besten Ideen. (9)
- Keine Idee ist so gut, dass man sie nicht verbessern könnte. (M)

AUFLÖSUNG

Was haben Sie am meisten angekreuzt?

Einen Vokal (A, E, I, U) ?
Geben Sie hier die Anzahl Ihrer angekreuzten Vokale an:

Einen Konsonanten (K, L, M, N) ?
Geben Sie hier die Anzahl Ihrer angekreuzten Konsonanten an:

Oder eine Ziffer (1, 2, 3, 4, 5, 6, 7, 8, 9) ?
Geben Sie hier die Anzahl Ihrer angekreuzten Ziffern an:

Wenn Sie mehrheitlich einen Vokal angekreuzt haben, dann sind Sie vermutlich eher ein **IDEATOR.**
Wenn Sie mehrheitlich einen Konsonanten angekreuzt haben, dann sind Sie vermutlich eher ein **MODULATOR.**
Wenn Sie mehrheitlich eine Ziffer angekreuzt haben,
dann sind Sie vermutlich eher ein **ANIMATOR.**

Und hier kommt die Empfehlung und Erkenntnis der Psychologen:

> *„Zysno und Bosse unterscheiden […] grundsätzlich drei Rollenfunktionen: Der* ***Ideator*** *generiert schnell viele Ideen. Der* ***Modulator*** *kann diese Ideenimpulse aufnehmen, weiter ausspinnen und konkretisieren. Der* ***Animator*** *hat selbst eher weniger Ideen, kann aber zwischen den Ideengebern vermitteln und diese motivieren. So setzen alle Mitglieder arbeitsteilig in ihren Funktionen einen wirklich kreativen Gruppenprozess in Gang.“*[4]

Aus eigener Erfahrung kann ich dieses Modell nur bestätigen. Im Folgenden möchte ich es nun mit eigenen Überlegungen anreichern, erweitern und ergänzen:

Eine zündende Idee ist nichts anderes als ein geniales Tor im Fußball: Von irgendwo her kommt ein Impuls (Flanke) und – zack! – nimmt ein anderer diesen Gedanken auf und formt eine brillante Idee daraus (Fallrückzieher, Volleyschuss oder Kopfballtor).

Der Ideator ist beim Brainstorming der Impulsgeber, der Modulator ist derjenige, der diesen Einfall auf den Punkt bringt beziehungsweise perfektioniert. Der Animator vermittelt zwischen den beiden, motiviert sie und peitscht beide konstruktiv auf das Ziel ein. In Kreativitätstrainings veranschauliche ich das gerne mit den schönsten Fußballtoren der Welt. Ein Beispiel aus der Bundesliga: Lahm (Ideator) flankt auf Müller (Modulator). Der zieht ab und schießt ein Tor. Beide jubeln sie Pep Guardiola, dem Trainer (Animator), am Spielfeldrand zu. In Ausdenk-Sessions ist das nicht anders. Einem genialen Tor geht meistens ein geniales Passspiel voraus. Und mehrere Spieler können maßgeblich an einem einzigen Tor beteiligt sein. (Deshalb sollte man nicht nur die Torschützen feiern, denn das könnten im schlechtesten Fall auch nur Abstauber gewesen sein. Franz Beckenbauer ist beispielsweise die deutsche Fußball-Ikone schlechthin und das, obwohl er gar nicht so viele Tore geschossen hat. Für den HSV traf er sogar nie. Dafür war er ein begnadeter Motivator und Torvorbereiter.)

Genauso war es zwischen mir und Michael. Ich (Ideator) schoss meistens die Flanken, Michael (Modulator) köpfte rein, und unser Vorgesetzter (Animator) trieb uns an. Er vermittelte, motivierte oder schlichtete.

Als ich dann später mit meinem neuen Partner Volker Ideen generierte, schoss er meine Flanken wieder zurück. Denn auch er war ein Ideator wie ich. Keiner von uns traf ins Tor. Wir spielten uns nur spektakuläre Pässe zu. Michael hatte übrigens auch Pech mit seinem späteren neuen Ausdenkpartner. Denn der war, genauso wie Michael, ebenfalls ein Modulator. Hier standen also zwei Kopfballungeheuer vor dem Tor. Aber von nirgendwo kam die Flanke.

Jeder Ihrer Mitarbeiter hat in Brainstorm-Sessions einen natürlichen Hang zu einem dieser drei Ideenfindungstypen. Finden Sie heraus, welcher Mitarbeiter welchem Typen entspricht. Und Sie sollten auch wissen, zu welchem Typen Sie selbst neigen. Sind Sie eher der furchtlose Drauflos-Denker (also ein Ideator) oder eher der knallharte Vollstrecker und Verwandler (also ein Modulator)? Oder eher der Diplomat, Motivator und Visionär, der regelmäßig die ganze Truppe auf seine Ziele einschwört (also ein Animator)? Behalten Sie aber immer auch Folgendes im Hinterkopf: Wenn der Test beispielsweise sagt, dass Sie eher zum Typ Ideator tendieren, bedeutet das noch lange nicht, dass Sie nicht auch sehr gut modulieren oder animieren können. Denn ein Thomas Müller schießt zwar viele Tore, aber genauso gut kann er auch geniale Flanken schießen.

In Thinktanks kommt es also auf die Mischung an. Denn: Ein Team, das nur aus Ideatoren besteht, wird zwar geniale Ideen haben, aber meistens verfehlen diese die Aufgabenstellung. Ein Team, das nur aus Modulatoren besteht, wird ergebnis- und lösungsorientierte Vorschläge hervorbringen, die aber meistens nicht kreativ sind. Und ein Team, das nur aus Animatoren besteht, hatte zwar einen schönen harmonischen Tag, aber der Ideen-Output wird gering sein.

Nun noch ein paar Anmerkungen zu den drei verschiedenen Ideenfindungstypen, so wie ich sie persönlich kennengelernt habe und überspitzt beschreiben würde:

DER IDEATOR

Wenn Ihre Testauswertung ergeben hat, dass Sie ein Ideator sind, dann halten Sie sich für kreativ. Vermutlich sind Sie noch relativ jung oder jung geblieben. Politisch stehen Sie eher links als rechts. Und wenn Sie durch und durch sarkastisch sind, dann haben Sie vielleicht sogar „Die Partei" gewählt. Mit Gott haben Sie's nicht so. Alles, was konservativ ist, befremdet Sie. Sie würden sich als mutig und waghalsig beschreiben. Außerdem sind Sie systemkritisch und nicht ortsgebunden. Und es ist momentan auch nicht Ihr Ziel, ein Leben lang in derselben Firma zu arbeiten. Wenn morgen ein Job-Angebot aus Hongkong oder einem anderen spannenden Flecken der Welt kommen würde, würden Sie sofort die Koffer packen.

Unter den Ideatoren gibt es teilweise richtig krasse Typen, die ich manchmal auch gerne „kreative Extremisten" nenne. Diese besonderen Charakterköpfe würde ich folgendermaßen beschreiben:

Richtig stark ausgeprägte Ideatoren kündigen ihren Arbeitsvertrag beispielsweise nicht einfach so, sondern machen eine Show daraus. So hatte ich mal einen Kollegen, der seine Kündigung ans schwarze Brett pinnte. Ein anderer Kollege stellte sich auf den Firmenbalkon und teilte seine Kündigung via Megafon der ganzen Nachbarschaft mit. Stark ausgeprägte Ideatoren haben chaotische Schreibtische, sie können vor 10 Uhr gar nicht anfangen zu arbeiten und werden spätestens mit 40 Jahren mit der Frage konfrontiert, ob sie jemals erwachsen werden wollen. Stark ausgeprägten Ideatoren wird ein Hang zu Alkohol und Drogen nachgesagt. In der Liebe tun sie sich schwer, und wenn eine Beziehung in die Brüche geht, geht die Welt unter. Auf Weihnachtsfeiern überschreitet dieser Menschenschlag gerne die rote Linie und noch drei Jahre später wird darüber gesprochen. Doch verstehen Sie das nicht falsch! Die meisten „kreativen Extremisten", die ich kennengelernt habe, sind liebenswürdige Menschen. Ich hatte Kunden, die nach dem Meeting noch unbedingt an den Büros der „Spinner" oder „Verrückten" vorbeilaufen wollten. Für sie war diese Art von Kreativen wie eine Attraktion im Zoo: diese Menschen, die sich tagtäglich auf dem schmalen Grat zwischen Genie und Wahnsinn bewegten.

Es gibt aber auch kreative Extremisten, die mit der Zeit mehr und mehr nerven. Wohlwollend werden sie von den Kreativitätsforschern auch Störer genannt. Aber wenn diese Störer zu Nervensägen werden, dann schaden sie der Unternehmenskultur. Ein gutes Beispiel für einen ehemals sympathischen Störer, der aber mittlerweile fast nicht mehr zu ertragen ist, ist Jimmy Jump. Die Geschäftsidee des Kataloniers und ehemaligen Immobilienmaklers: Er wollte der berühmteste Fußball-Flitzer der Welt werden. Und das ist ihm definitiv gelungen. Immer wieder rennt er bei Fußballspielen über den Platz, wie beispielsweise beim EM-Fußballfinale 2004. Er flitzte aber auch schon bei anderen großen Live-Acts, zum Beispiel 2010 beim Finale des Eurovision Songcontests. Trauriger

Höhepunkt seiner bisherigen Flitzer-Karriere war der 12. Januar 2013 beim Flexstrom-Cup in Berlin, wo er nach dem Spiel von Bayer Leverkusen gegen Real Madrid auf den Platz rannte. Als er bemerkte, dass kein Sicherheitsbeauftragter ihn jagte, verließ er einsam das Feld. Jimmy Jump soll aufgrund des Flitzens übrigens etwa 200000 Euro Schulden angehäuft haben![5]

Von Jimmy Jump kann man als Führungskraft nur lernen: Man lässt Störer am besten nur dann gewähren, wenn wirklich die Unternehmensinteressen im Vordergrund stehen und nicht der persönliche Spaß eines Einzelnen.

Dennoch: Innovative Firmen haben ein Herz für ausgeprägte Ideatoren. Diese sind das Salz in der Suppe. Und häufig sind Unternehmen mit einer schlechten Kreativkultur auch Unternehmen, die das Dasein von kreativen Extremisten nicht zulassen. Oder vielleicht umgekehrt? Kann eine erfolgreiche Kreativkultur nur dann gedeihen, wenn es in der Firma auch kreative Spinner gibt? Dazu später mehr, wenn es um Innovationskultur geht.

DER MODULATOR

Wenn Ihre Testauswertung auf den Modulator hinweist, dann stehen Sie mit beiden Beinen mitten im Leben. Auch Sie halten sich für kreativ. Sie halten sich aber auch für vernünftig. Sie entwickeln Ideen nicht deshalb, weil Sie sich selbst verwirklichen, sondern weil Sie das Problem lösen wollen. Religiösen Werten stehen Sie offen gegenüber. Je älter Sie werden, desto werteorientierter werden Sie. Manchmal denken Sie, dass Sie vielleicht langweilig oder spießig sein könnten. Auf der anderen Seite wissen Sie, dass Sie dem Neuen sehr wohl aufgeschlossen gegenüberstehen. Im Gegensatz zum stark ausgeprägten Ideator sind Sie viel disziplinierter, denn Sie leben nicht nur im Hier und Jetzt, sondern auch in der Zukunft.

Meiner Meinung nach gibt es in Deutschland einen gefühlten Modulatoren-Überschuss. Auch ich würde mich mittlerweile als Modulator bezeichnen. Weil ich älter und hoffentlich etwas weiser geworden bin. Und mittlerweile eine Familie habe. In meinen Zwanzigern bis Mittdreißigern war ich

aber ein klarer Ideator. Die Wahrscheinlichkeit, einen Ideator über 40 zu finden, ist meiner Erfahrung nach gering. Bisher sind mir auf jeden Fall nur wenige begegnet. In der Regel muss man sich als Führungskraft also keine Gedanken machen, ob es im Team zu wenige Modulatoren gibt.

DER ANIMATOR

Wenn Sie laut Testauswertung ein Animator sind, dann haben Sie das Zeug dazu, eines Tages eine richtig erfolgreiche Führungskraft zu werden. Sie sind so ein Typ, der, wenn er den Raum betritt, alle zum Strahlen bringt. Sie sind eine Führungspersönlichkeit, der man gerne folgt. Und in Stresssituationen werden Sie für Ihr Fingerspitzengefühl und Ihre Diplomatie geschätzt. Sie erkennen schnell das Innovative in Ideen. Außerdem wissen Sie, wie man Mitarbeiter motiviert, wenn denen nichts mehr einfällt. Und: Sie sind klar im Kopf. Mit Ihnen wird niemand an der Aufgabenstellung vorbei arbeiten.

MISCHFORMEN

Was ist, wenn Sie im Test zum Beispiel bei Ideator und Modulator fast gleichauf sind? Dann Glückwunsch! Dann sind Sie eben jemand, der beide Ideenfindungstypen in sich ergänzt. Wenn Sie in einer Ausdenk-Session mit gefühltem Modulator-Überhang sind, dann können Sie ja mal ganz bewusst in die Rolle des Ideators schlüpfen. Nach meiner Erfahrung sind die meisten Mischformen Ideator – Modulator oder Modulator – Animator. Die Mischform Ideator – Animator habe ich bisher sehr selten erlebt. Ab uns zu kommt es auch vor, dass jemand ein gut ausgewogener Ideator-Modulator-Animator-Typ ist. Kein Wunder, dass diese Personen häufig auch erfolgreiche Einzelkämpfer sind. |||

VON QUARTETTEN, TRIADEN, DYADEN UND EINZELKÄMPFERN

„*How could you have a soccer team if all were goalkeepers? How would it be an orchestra if all were French horns?*“

Desmond Tutu

Wir haben gelernt, dass es in Kreativprozessen eine Standort- und eine Funktionsbestimmung gibt. Hier ist jede Kombination denkbar.

Ich beispielsweise bin nur ein mittelmäßiger Stratege. In Kreativprozessen werde ich stattdessen gerufen, wenn es um das Ideenfinden geht. Meine Standortbestimmung ist also: Ideengenerierer. Und in Ausdenk-Sessions übernehme ich intuitiv die Funktion des Modulators. Ein guter Freund von mir hingegen fühlt sich in Kreativprozessen in der Strategiephase beheimatet und in Ausdenk-Sessions übernimmt er gerne die Funktion des Animators. Mein Nachbar ist Entwicklungsingenieur bei einem Autokonzern. Seine Standortbestimmung ist die Ideenoptimierung und die Macherphase und beim gemeinsamen Nachdenken fühlt er sich am wohlsten, wenn er die Rolle des Ideators übernimmt.

Erfolgreiche Innovationsteams sind oft kleine, gut durchmischte Teams. Diese kleinen Thinktanks finden sich oft ganz von selbst. Weil die Menschen sich mögen. Weil man die gleiche Wellenlänge hat. Das Ideen-Pingpong in diesen kleinen Teams ist produktiv und erfolgreich. Aber was genau funktioniert in diesen Kleingruppen so gut und wie finden sie sich? Das Erstaunliche: Der Mix ist häufig nicht wahllos, sondern basiert auf Zusammenhängen. Wenn die Mischung stimmt, dann entstehen ungeahnte kreative Explosionen. Und auf einmal entstehen in Thinktanks Flow und Spielfluss und *BÄNG!* – plötzlich ist der Ball im Tor.

Diese kleinen Gruppen sind in der Regel Quartette, Triaden und vor allem auch Dyaden oder erfolgreiche Einzelkämpfer[6]. Schauen wir sie uns nacheinander an:

QUARTETTE

Die Beatles, ABBA, die Ninja Turtles oder eben das A-Team. Diese legendären Quartette haben eines gemeinsam: Sie waren erfolgreich, weil sie sich perfekt ergänzt haben. Quartette funktionieren deshalb so gut, weil jeder sein eigenes Spezialgebiet hat. Deshalb gibt’s auch selten Rivalitäten.

TRIADEN

Hier ist nicht die chinesische Mafia gemeint, sondern das perfekte Dreiergespann, vielleicht sogar bestehend aus Ideator, Modulator und Animator. Genauso wie die Samwer-Brüder, die Drei Engel für Charlie und die Kinohelden Harry Potter, Hermine und Ron.

DYADEN

Dyaden sind eigentlich wie Triaden. Hier fehlt oft nur der Animator. Genau genommen waren Michael und ich eine Dyade. Er der Modulator und ich der Ideator. Aber weil wir noch jung waren, waren wir manchmal wie Bomben, die ohne Animator nicht explodiert wären. Ohne Animator hätten wir uns auch zu oft gestritten. Und keiner hätte uns motiviert, wenn wir es gebraucht hätten. Mit zunehmendem Alter wird man aber weniger eigensinnig. Man wächst automatisch ein bisschen in die Rolle des diplomatischen Animators hinein und dann braucht man ihn auch nicht mehr als Extraperson im Raum oder am Spielfeldrand. So wie Sergey Brin & Larry Page, Goscinny & Uderzo oder Ernie & Bert. Der eine ist eher Ideator, der andere eher ein Modulator, aber beide haben auch viel Animator in sich.

EINZELKÄMPFER

Der Einzelkämpfer will sich ungern einer Gruppe anschließen. Teamwork ist nicht so sein Ding. Er kommt am schnellsten voran, wenn er alleine denkt. Und das ist sein gutes Recht, wenn er damit erfolgreich ist. Häufig sind Einzelkämpfer Personen, die sowohl Ideator als auch Modulator und Animator in sich vereinen. Oft sind die Einzelkämpfer aber auch Diven, denen wir uns später genauer zuwenden werden.

Das war das Prinzip der vier verschiedenen Thinktank-Größen. Aus 20 Mitarbeitern könnte man also auch folgende Teams formen: ein Quartett, zwei Triaden, vier Dyaden und zwei Einzelkämpfer. Hauptsache es findet kein großes Gruppen-Brainstorming statt. Da reden doch nur alle durcheinander.

Abschließend noch zwei wichtige Menschentypen, die bei der Teamaufteilung ebenfalls eine Rolle spielen können:

BESONDERE MENSCHEN

Vielleicht haben Sie davon gehört, dass Frank Elstner ein Glasauge hat.[7] Sie wissen aber vielleicht nicht, dass der ehemaligen Miss Tagesschau Dagmar Berghoff von Geburt an zwei Finger an der linken Hand fehlen[8], oder dass der Sänger „Der Graf“ von der Band „Unheilig“ ein Stotterer ist.[9] Und wenn Sie das nicht wussten, was glauben Sie erst, was Sie alles über Ihre Mitarbeiter nicht wissen. Die Wahrscheinlichkeit, dass in Ihrer Abteilung jemand mit einer Beinprothese oder mit einer dritten Brustwarze herumläuft, ohne dass Sie's wissen, ist größer als Sie denken.

Und warum wissen Sie das nicht? Weil wir Menschen Weltmeister im Kaschieren und Verbergen sind. Viele von uns sind darauf trainiert, irgendetwas seit unserer Kindheit zu verbergen. Solche Menschen haben einen gut gebauten Kreativmuskel entwickelt. Und genau solche Typen können wir für unsere Kreativ-Meetings gebrauchen. Ständig etwas vor seinen Mitmenschen zu verbergen, fördert auch das empathische Denken. Und Menschen mit feinsinniger Empathie sind Meister des Perspektivwechsels. Wer den Perspektivwechsel beherrscht, ist ein schneller und kreativer Denker. Kaschierer sind in Ausdenk-Sessions also besonders wertvoll: die Buckligen, die Hinkenden, die Schielenden, die besonders Dicken oder die besonders Kleinen. All diese Menschen helfen uns, spannende Ideen-Meetings zu haben.

INKOMPATIBLE MENSCHEN

Diesem Menschenschlag will es nicht gelingen, Ausdenkpartner zu finden. In Gruppen finden sie keinen Anschluss, weil mit ihnen keiner ausdenken will! Denn irgendwas an ihrer Persönlichkeit stört. Dann versuchen sie es eben als Einzelkämpfer. Aber als Einzelkämpfer scheitern sie auch. Alleine will ihnen keine schlaue Idee gelingen. Als Führungskraft muss man hier jetzt rasch handeln und entscheiden. Wie soll man solche Menschen zukünftig in Kreativprozessen einsetzen? Keine einfache Aufgabe! Im schlechtesten Fall muss man für diese Menschen eine andere Abteilung finden oder sich sogar von ihnen trennen.

GRUPPEN- UND EINZELKRANKHEITEN

Menschen, die in Quartetten, Triaden oder Dyaden arbeiten, sind produktiv und erfolgreich. Aber jede Gruppe ist anfällig für Krankheiten. Vier davon möchte ich genauer unter die Lupe nehmen:

DAS „NOT INVENTED HERE"-SYNDROM

Das „Not invented here"-Syndrom ist ein kurioses Gruppenphänomen. Demnach trauen Gruppen oder Unternehmen den Ideen nicht, die nicht in der eigenen Gruppe oder im eigenen Unternehmen entstanden sind. Der Glaubenssatz lautet: Was nicht von hier ist, kann nicht gut sein! Deshalb verfolgen Gruppen lieber ihre eigenen Ideen, obwohl diese objektiv betrachtet viel schlechter sind als die einer anderen Gruppe. Letztendlich hat diese erstaunliche Form des Gruppendenkens viel mit Stolz und Eitelkeit zu tun. Die jeweilige Gruppe hat das Gefühl, dass gruppenfremde Ideen nicht gut sein können. Denn: Wir sind ja die beste Gruppe. Es können gar keine besseren Ideen in anderen Gruppen entstehen. Und deshalb tun sich viele Teams schwer damit, Ideen von anderen Teams zu übernehmen.

„Ein bisschen Kranksein ist manchmal ganz gesund.“

Dr. Rudolf Virchow

Besonders anfällig für das „Not invented here“-Syndrom sind Konzerne, die auf der ganzen Welt verteilt sind und überall unterschiedliche Headquarters haben. Hier spielt auch Nationalstolz eine große Rolle. Wenn ein amerikanischer CEO eines großen internationalen Konzerns auf einmal eine Idee auf dem Schreibtisch vorfindet, die sich das Büro aus Slowenien ausgedacht hat, dann kann es theoretisch sein, dass ihm diese Idee deshalb nicht gefällt, weil er Slowenien nicht so toll findet wie Amerika (und vielleicht nicht einmal weiß, wo genau Slowenien liegt.) Deshalb bevorzugt er lieber die Idee seines Team, das nur drei Stockwerke unter ihm arbeitet.

Auch Mark Twain hat etwas über das „Not invented here“-Syndrom geschrieben, auch wenn es damals den Begriff noch gar nicht gab:

„Wie lange es dauert, bis ein Teil der Welt die nützlichen Ideen eines anderen Teils übernimmt, nimmt einen wunder und ist unerklärlich. Diese Form der Dummheit ist auf keine Gemeinschaft, keine Nation beschränkt; sie ist universell. Tatsache ist, dass die Menschen nicht nur sehr lange brauchen, bis sie nützliche Ideen übernehmen – manchmal beharren sie auch hartnäckig darauf, sie ganz zu verschmähen. […]“[10]

Und genau aus diesem Grund gibt es in großen Unternehmen immer mehr Integrationsmanager, die den ganzen Tag nur damit beschäftigt sind, die Abteilungen untereinander besser zu vernetzen. Und es lohnt sich, diese Integrationskultur zu leben und zu fördern. Auch dann, wenn viele Mitarbeiter diesen Vernetzungsheinis gerne mal auf die Füße treten möchten, denn sich mit anderen Gruppen auszutauschen, um Ideen abzugleichen und anzupassen, kostet Kraft und Überwindung. Aber am Ende zahlt sich Vernetzung aus, denn integrierte Ideen sind meistens große Ideen.

SOCIAL LOAFING

Dieser Begriff ist schnell erklärt und einfach übersetzt: Schlendrian, Sich-gehen-lassen, Faulenzen. Sobald die Einzelleistung eines Menschen dem Chef nicht bekannt ist, weil dieser nur das Gesamtergebnis der Gruppe betrachtet, wird es immer Menschen geben, die nicht ihr Bestes geben und beginnen, sich hinter der Gruppe zu

verstecken. Aus diesem Grund gibt es beispielsweise Social Loafing bei Ruderern, nicht aber bei Staffelläufern. Denn bei Letzteren ist die Zeit eines jeden einzelnen Sportlers messbar und sichtbar.[11]

Ich kannte mal einen Senior-Texter, der es liebte, immer gleichzeitig mit allen seinen fünf Junioren auszudenken. Nach der Ausdenk-Session kamen sie dann alle zu mir ins Büro und der Senior-Texter stellte mir die sechs besten Ideen vor. Durch ein Rechenbeispiel versuchte ich dem Team zu erklären, wie ineffizient sie waren: Offenbar haben die letzten drei Stunden sechs Personen rumgebrainstormt. Das Ergebnis sind sechs Ideen. Macht also pro Person eine Idee. Und das in drei Stunden. Das ist für einen Berufskreativen viel zu wenig! Oder anders gerechnet: Es handelte sich um 18 Mannstunden, in denen nur sechs Ideen entstanden sind. Völlig inakzeptabel. Entweder haben sich die Kreativen untereinander blockiert oder Social Loafing schlug um sich. Dazu kommt: Ich wusste überhaupt nicht, vom wem welche Idee war, weil der Senior-Texter ja im Namen aller die Ideen vorgetanzt hatte. Hätte sich also einer der Jung-Kreativen bei mir profilieren wollen, blieb ihm diese Chance verwehrt.

Jetzt verstehen Sie auch den Grund, warum in innovativen Unternehmen selten große Gruppen-Brainstormings veranstaltet werden und warum man als Führungskraft auch nicht unbedingt zulassen sollte, dass sich Thinktanks bilden, die aus mehr als vier Personen bestehen. Wenn Sie aber Teams bewusst klein halten, dann kann kein Mitarbeiter so tun als ob. Denn in kleinen Gruppen bleibt der Ideen-Output aller Teammitglieder sichtbar.

„DAS VERFLIXTE SIEBTE JAHR"-SYNDROM

Dass es in Teams zu brodeln beginnt, kann passieren, wenn erfolgreiche Ausdenkteams schon sehr lange zusammenarbeiten. Irgendwann kommt der Punkt, an dem man nicht mehr mit dem oder den jeweiligen Ausdenkpartner/n arbeiten kann. Das ist oft ein schleichender Prozess, aber plötzlich ist der Moment da. Die Gründe könnten unterschiedlicher nicht sein: Mal hält der eine das Dominanzverhalten des anderen nicht mehr aus, mal gab es eine unverzeihliche Kränkung, mal hat jemand einen für ihn besser passenden Ausdenkpartner gefunden und so weiter. Egal, ob Ideator, Modulator oder Animator, wir sind eben alle nur Menschen. Wenn ein Ausdenkteam in solch eine turbulente Zeit gerät, dann braucht man als Vorgesetzter Fingerspitzengefühl und man muss schauen, ob der Zusammenhalt des Teams noch zu kitten ist. Viele Führungskräfte machen es sich zu leicht: Sie hauen auf den Tisch, erinnern die Gruppe an die sensationellen Erfolge aus der Vergangenheit, ermahnen alle zur Ruhe und fordern die Beteiligten auf, sich zusammenzureißen und wie bisher weiterzumachen. Die Teams bleiben dann nur deshalb zusammen, weil man es so angeordnet hat. Aber sie sind geschwächt. Die Stimmung ist schlecht geworden und darunter leidet der kreative Output. Dann doch lieber brodelnde Teams auflösen und neu ordnen. In jedem Neustart steckt ja auch eine Chance. Und überhaupt: So viele berühmte Teams haben sich getrennt und dann alleine oder mit anderen weiter gemacht: Steve Jobs und Steve Wozniak, Monty Python (sind jetzt wieder zusammen), die Dassler-Brüder, Jürgen Klinsmann und der DFB oder Take That. Manche Trennungen verliefen friedlich, andere Ex-Teams bekriegen sich bis heute. Durch die Trennungen sind manche noch erfolgreicher geworden und andere tief abgestürzt. Aber nur weil man sich getrennt hat, heißt das nicht, dass alles schlecht war. Trennungen gehören in Kreativprozessen einfach dazu.

DAS GEAR ACQUISITION SYNDROME (GAS)

Der Begriff wurde im Jahr 1996 durch den gleichnamigen Artikel im Magazin *Guitar Player* geprägt. Es beschreibt den inneren Drang vieler Musiker, ständig neues Musik-Equipment zu kaufen. Was verbirgt sich aber in Wahrheit hinter diesem Drang? Es gibt Gitarristen, die merken, dass sie nicht mehr besser werden und an ihre Grenzen stoßen. Um aber doch noch irgendwie besser zu werden, kaufen sie sich andere Gitarren und immer mehr Gadgets. Aber die Gitarren und Gadgets machen sie nicht besser. Also müssen noch mehr Gitarren und Gadgets her. Und der Teufelskreis beginnt. Und eines Tages stellen diese Gitarrenspieler fest, dass sie in ihrem kleinen Heimstudio vielleicht 16 Gitarren stehen haben und 76

Gitarren-Gadgets besitzen, aber die meisten davon nie benutzen. Dieses Phänomen ist auch unter Kreativen und Innovativen weit verbreitet. Entwickler, Ingenieure oder Programmierer, die schon länger im Job sind, bekommen plötzlich das Gear Acquisition Syndrome. Woran man das merkt? Auf einmal haben sie das Bedürfnis, sich viermal im Jahr fortzubilden. Und sie brauchen ganz dringend irgendwelche neuen Software-Updates und einen größeren Bildschirm und einen neuen Stuhl. Und außerdem muss der Schreibtisch jetzt eine flexible Schreibtischplatte haben, weil sie ab und zu auch im Stehen arbeiten wollen. Wenn einer Ihrer Mitarbeiter am GAS leidet, dann beginnt er, für die anderen Teammitglieder inkompatibel zu werden. Denn dieses ständige Mit-sich-selbst-beschäftig-sein entfernt ihn von den anderen Kollegen. Da hilft nur eins: Streichen Sie ihm die Schulungen und kaufen Sie ihm keine neuen Gadgets, die er sowieso nie braucht! Geben Sie dieser Person stattdessen zwei Wochen mehr Urlaub!

VON DIVEN, INTROVERTIERTEN UND NERDS

Bei der Steuerung von Kreativprozessen kommt man um eines nicht herum: In jeder Ausdenkphase, Brainstorm-Session oder Entwicklungsstufe prallen Egos aufeinander. Und als Vorgesetzter wird die Beantwortung der folgenden Fragen stets eine Ihrer Hauptherausforderungen sein: Wie kann man die oft gegensätzlichen Charaktertypen fördern und schützen und dabei den Ideen-Output nicht gefährden? Wie schafft man es, Menschen, die sich nicht riechen können, gemeinsam für den Kreativ- und Innovationsprozess zu begeistern?

Damit das gelingt, muss man sich zwingen, Menschen zu mögen. Auch die bösen. Das klingt ein bisschen verrückt, aber man kann's versuchen. Jedes Ego ist, wie es ist. Jeder Mitarbeiter hat seine Stärken und Schwächen. Und überprüfen Sie regelmäßig auch Ihre eigenen Schwächen! Denn:

Rein statistisch gesehen sind Führungskräfte häufig speziell, anders oder sogar sonderbar. Es gibt Studien, die behaupten, dass jeder dritte Firmengründer ein Legastheniker ist. Andere Forscher wollen beobachtet haben, dass Studenten mit ADHS später mit hoher Wahrscheinlichkeit ein Unternehmen gründen. Eine isländische Studie ist der Ansicht, dass sich in Familien von Psychotikern mehr Schriftsteller, Mathematiker und Wissenschaftler befinden als in gesunden Familien.[12] Und das Beste: In den Führungsetagen von Unternehmen finden sich angeblich dreieinhalb Mal so viele Psychopathen wie im Durchschnitt der Bevölkerung.[13] Die Wahrscheinlichkeit, dass Sie autistische Züge oder eine Manie haben, ist also theoretisch gar nicht mal so gering. Und das Erschreckende: Vielleicht sind Sie genau deshalb zum Teamleiter oder Chef aufgestiegen!

Früher hatte ich den einen oder anderen Vorgesetzten, der sympathisch und großartig, aber garantiert auch etwas verrückt im Kopf war. Man wusste mit ihnen umzugehen und ihr Spleen hatte manchmal auch Kultstatus. Im Folgenden finden Sie ein paar Umgangsstrategien für drei spezielle Charaktertypen, denen man in Kreativprozessen immer wieder begegnet:

> *„I believe in benevolent dictatorship provided I am the dictator."*
>
> Richard Branson

DIE DIVA

Diven gibt es in jeder Branche. Am besten dargestellt wird sie meiner Meinung nach von Meryl Streep in dem Film *Der Teufel trägt Prada*. Das beste Beispiel für eine männliche Diva ist Jack Nicholson als manischer New Yorker Schriftsteller in *Besser geht's nicht*. Und leider muss man eines zugestehen: Diven sind meistens wirklich gut. Selten sind sie einfach nur eingebildet. Nein, meistens sind sie auf einem ganz bestimmten Kompetenzfeld schlicht und ergreifend genial. Und überhaupt: Für die Innovationskraft des Unternehmens können Diven ein außergewöhnlicher Turbo sein. Eine Studie fand Folgendes heraus: Je divenhafter und selbstverliebter ein Vorstandschef ist, desto größer ist die Wahrscheinlichkeit, dass er sich im Unternehmen für radikale Ideen einsetzt.[14] Manchmal gibt es aber auch den Effekt, dass sich Mitarbeiter genau aus diesem Grund mit Allüren schmücken und diese kultivieren. Das divenhafte Verhalten soll dann als Beleg des eigenen Genius dienen.

Die Diva wird zur Furie, wenn ihre Idee nicht gemocht wird. Außerdem ist sie uneinsichtig. Sie wird zum Monster, wenn die Idee eines anderen Mitarbeiters für besser befunden wird. Und in der Ideenbewertungsphase ist sie unfair. Sie wird die Ideen der Kollegen schlechtreden. Und wenn es sein muss, wird die Diva lügen oder manipulativ agieren. Außerdem will sie ständig gelobt werden und arbeitet ungern als Teil einer Gruppe. Sie denkt schnell und arbeitet am liebsten ohne Anweisungen. Die Diva ist selbstbewusst, sucht Herausforderungen und misst sich in Wettbewerben. Sie liebt den Applaus und lässt sich von Widerstand nicht unterkriegen.

Eine wahre Geschichte mit einer Diva

Beruflich hatte ich mal mit einer angesagten Nachwuchs-Regisseurin zu tun, die wenige Tage zuvor auf dem renommierten Filmfest in Hof einen großen Erfolg feierte. Ihr Kurzfilm gewann den Hauptpreis. Die Filmkritiker jubelten und die Feuilletonisten waren entzückt. Auf einer Party meinte diese Regisseurin zu mir, dass sie es gut verstehen könne, warum Promis mit Sonnenbrillen rumlaufen, um nicht erkannt zu werden. Denn dieses ständige Auf-der-Straße-angesprochen-werden-wegen-ihres-tollen-Films wäre auch für sie momentan eine große Belastung. Und sie würde jetzt auch nur noch mit Sonnenbrille durch Eppendorf laufen. Mannomann! Das hat diese selbsternannte Starregisseurin nicht aus Unsicherheit oder Verlegenheit gesagt und schon gar nicht war es selbstironisch gemeint. Und betrunken war sie auch nicht. Sie meinte es bierernst. Eine typische Diva à la Jennifer Lopez also (die bei *American Idol* in ihrer Umkleidekabine angeblich gerne 100 Duftkerzen für je rund 80 Dollar stehen haben will[15]), dabei hatte sie nur einen Filmpreis einer fränkischen Kleinstadt gewonnen – und mehr als 450 Menschen haben diesen Film nie gesehen.

Umgangsstrategie

Die Diva ist während des Kreativprozesses von allen Charakterpersönlichkeiten die Anstrengendste. Von Anfang an sollte man durch Führungsstärke klarmachen, dass die Impulse, Anregungen und Einwände des Vorgesetzten ernstzunehmen sind. Da Diven aber oft sehr sensibel sind, muss man Kritik geschickt verpacken. Ich persönlich habe hier sehr gute Erfahrung mit der *Sandwich-Methode* gemacht. Warum Sandwich? Ein Sandwich besteht aus drei Schichten: unten eine Scheibe Brot, in der Mitte eine Scheibe Wurst und oben eine Scheibe Brot. Bei Kritik an Diven kann man genau so vorgehen: erst ein Lob, dann die Kritik und zum Schluss noch ein Lob. Im Umgang mit Diven ist es manchmal klug, die eigene Eitelkeit etwas zurückstellen. Aber vor allem darf man keine Angst vor Diven haben. Ich habe oft genug erlebt, wie Diven wieder von ihrem Höhenflug auf den Boden der Tatsachen kamen, wenn man mit ihnen ein heftiges und deutliches Tacheles-Gespräch hatte.

DER INTROVERTIERTE

Dieser Menschenschlag ist in Kreativprozessen von hohem Nutzen. Häufig ist er ein Ideenoptimierer. Er provoziert und stört nicht. Meistens ist er uneitel und kämpft nicht für sich, sondern für die Sache. Er lässt sich auch gerne was sagen. Die

Introvertierten werden oft von Diven als Steigbügel missbraucht. Diese saugen nämlich all seine Impulse auf, machen eine klasse Idee daraus und verkaufen den Vorgesetzten diese dann als ihre eigene. Der Introvertierte hat ein ausgeprägtes kritisches Denkvermögen. Er liebt es, genau zu sein. Manchmal ist er zu bescheiden und wirkt unsicher.

Umgangsstrategie

Der Introvertierte muss vor den Diven geschützt werden. Auch wenn er nicht im Vordergrund stehen will, kann man ihn regelmäßig unaufdringlich vor der Gruppe loben. Dadurch weiß er, dass Sie das Spiel der Diven durchschaut haben. Dies gibt dem introvertierten Charakter Sicherheit. Und er wird keinen Streit mit den Diven anfangen, weil er immer wieder spürt, dass auch seine Persönlichkeit respektiert und beschützt wird. Der introvertierte Mitarbeiter wird oft ganz zurückhaltend, wenn er auf einmal mit Ikonen, Kreativstars, Innovationshelden oder vielleicht sogar mit Ihnen gemeinsam brainstormen soll. Manchmal hat er nämlich Angst davor, sein Impuls oder seine Inspiration könnte peinlich oder schlecht sein. In solchen Fällen bin ich immer gut mit der *Versager-Methode* vorwarts gekommen. Und die geht so:

Wenn Sie mit einer introvertierten Persönlichkeit brainstormen, dann erzählen Sie, wie Sie das Problem jetzt angehen würden und machen Sie sich gleich über Ihre eigene schwachsinnige Idee lustig. Basteln Sie dann aber ein bisschen weiter an dieser Idee herum und holen Sie sie aus der Lächerlichkeit heraus, um zu zeigen, dass auch aus dem albernsten Gedanken etwas Gutes entstehen kann. Und schon wird der Introvertierte weniger Angst haben, zusammen mit Ihnen auszudenken.

Eine wahre Geschichte mit einem Introvertierten

Einen Mitarbeiter, den ich aufgrund seiner genialen Ideen sehr schätzte, wollte ich in einem Personalgespräch näher kennenlernen. Ich fragte ihn: „Deine Ideen sind doch so mutig! Aber warum bist du vor der Gruppe so schüchtern?"

Bis heute bereue ich, dass ich ihm diese Frage gestellt habe. Es war, als bräche ein riesiger Damm, der einen See von Gedanken staute. Er hielt mir nämlich anschließend einen Vortrag über die Folgen von Drogen und Alkohol (ich begriff den Zusammenhang gar nicht!). Außerdem tischte er mir ein paar Verschwörungstheorien über einen ganz bestimmten Mitarbeiter und die CIA auf. Offenbar hatte ich es hier mit einem wahnsinnigen Genie zu tun. Einem stark introvertiertem Genie, das gedankenversunken in seiner eigenen Welt lebte. Und was war eigentlich mein Ziel? Wollte ich ihn wirklich aus seiner Welt zu uns holen? Wie anmaßend von mir.

NERDS

Sie alle wissen, was ein Nerd ist. Interessant finde ich, dass man sich aber nicht sicher ist, woher das Wort kommt. Die Herkunft ist – wenn man Wikipedia Glauben schenkt – unklar. Kommt es aus den Zeilen eines Gedichts von 1950? Oder wurden die Anfangsbuchstaben der Firma „Northern Electric Research and Development“, deren Computer für die Angestellten alle mit N.E.R.D. beschriftet waren, einfach zusammengefasst? Oder ist es die Aussprache von „drunk“, wenn man es rückwärts liest? Oder steht NERD dann doch nur für Non Emotionally Responding Dude?[16] Keiner weiß es so genau. Egal!

Auf diese Persönlichkeitsstruktur trifft man häufig bei Ideengenerieren und Ideenoptimierern. Manchmal auch bei Machern. Sie zeichnen sich durch hohe Kompetenz auf einem ganz bestimmten Themenfeld aus. Diese Superexperten sind auf ihrem Gebiet häufig ihrer Zeit weit voraus. Im Kreativ- und Innovationsprozess sind sie von hohem Nutzen. Denn sie wissen, was wirklich innovativ ist, und sie wagen sich hinaus über die Grenzen des Machbaren. Leider sind Nerds oft nicht präsentabel. Vor Kunden sind sie scheu und wirken sonderbar. Wenn sie Ideen präsentieren, fehlt oft die Emotion – und Kunden verspüren keine Begeisterung. Die Gefahr ist auch groß, dass sich dieser Menschenschlag in Details verzettelt. Außerdem braucht der Nerd ein vertrautes Umfeld. Denn Veränderungen machen ihn unsicher. Zusätzlich hat diese Art von Tüftlern meistens große Mankos bei den Soft Skills und sogar hygienisch kann hier manchmal einiges im Argen liegen.

Umgangsstrategie

Nerds können unerträglich sein. Ihre Besserwisserei, ihr Kleidungsstil und ihr Expertenvokabular können einen zur Weißglut bringen. Nerds haben aber oft das einzigartige Fachwissen, das den Ideen-Output des Unternehmens signifikant steigern kann. Am besten, man überlässt diesem Typus von Mitarbeiter eine eigene Spielwiese. Mit Nerds wollen die anderen Mitarbeiter ungern zusammen ausdenken. Wenn Sie jedoch merken, dass der Nerd in ganz bestimmten Phasen des Kreativprozesses mit anderen brainstormen muss, dann wenden Sie die *Diplomaten-Methode* an: Setzen Sie sich ins Meeting dazu. Schlüpfen Sie in die Rolle des Animators. Moderieren Sie zwischen den Teilnehmern und sorgen Sie für Zusammenhalt.

Eine wahre Geschichte mit einem Nerd

Für ein Unternehmen sollte eine App entwickelt werden, die eine technische Herausforderung darstellte. Also unterhielt ich mich mit einem renommierten App-Entwickler, wie wir denn die Idee am schnellsten und günstigsten umsetzen könnten. Dieser Nerd stellte mir hochkomplexe technische Fragen, von denen ich nichts verstand. Das fand der Nerd urkomisch und legte nach. Und langsam hatte ich das Gefühl, dass er sich über mich lustig machte. Aber statt es ihm mit gleicher Münze heimzuzahlen und ihn nach seinem albernen T-Shirt voller Colaflecken zu fragen, spielte ich den Diplomaten und erklärte ihm, warum App-Entwickler eines Tages die Welt regieren werden. Diese Ansicht gefiel ihm und endlich begannen wir, auf Augenhöhe zu reden.

KÖNNEN GUTE KREATIVE AUCH GUTE CHEFS SEIN?

Als ich noch Texter war, stand ich regelmäßig auf der Matte meines Chefs und sagte, dass ich Creative Director werden will. Und immer bekam ich dasselbe Totschlagargument zu hören: „Du bist vielleicht ein guter Texter, aber ein guter Creative Director bist du deshalb noch lange nicht."

„In my house I'm the boss, my wife is just the decision maker."

Woody Allen

Gehen wir der Sache also mal nach. Kann ein guter Kreativer auch ein guter Kreativ-Führer werden? In vielen Branchen hat man sich hierzu schon Gedanken gemacht. Zum Beispiel im Fußball. Auch hier stellt sich die Frage: Kann ein guter Spieler ein guter Trainer werden? So wie Felix Magath? Oder verläuft so eine Karriere dann eher wie bei Lothar Matthäus? Wenn man ein bisschen recherchiert, findet man dann doch einige namhafte Fußballtrainer, die als Spieler gar nicht so überragend waren: zum Beispiel Jürgen Klopp oder José Mourinho. Keiner von beiden hat jemals in der ersten Liga seines Landes gespielt. Insofern muss man die Frage ganz anders stellen: Können mittelmäßige Spieler erfolgreiche Fußballtrainer werden? Oder auf Kreativität und Innovation übertragen: Können mittelmäßige Kreative als Vorgesetzte Teams führen und zu innovativen Höchstleistungen motivieren?

Im Fußball vielleicht, aber in Berufen, in denen innovatives Denken erforderlich ist, ist das schwerlich vorstellbar. Jedenfalls habe ich das in meinem Umfeld selten erlebt. Wer kreatives und innovatives Denken nicht tief in seiner DNA verankert hat, der wird es wahrscheinlich auch nicht schaffen, seine Mitarbeiter so zu führen, dass diese sich für kreative Ideen begeistern. Meine Meinung (und hier werden mir sicherlich viele widersprechen): Wer nur ein mittelmäßiger Kreativer ist, hat nicht immer die Fähigkeit, zu beurteilen, ob das ihm Aufgetischte innovativ, herkömmlich oder sogar genial ist. Aber Ausnahmen bestätigen die Regel und außerdem ist es in jeder Branche anders.

Manchmal steht man aber als Führungskraft mit seinen Mitarbeitern auch noch vor einem ganz anderen Dilemma: Wie handelt man, wenn ein top-innovativer Mitarbeiter vor Ihnen steht und jetzt gerne mal richtig Karriere machen will? Auf der einen Seite denken Sie sich: Um Gottes Willen, dieser Typ kann doch kein Team führen! Der hat ein Führungsmanko, dem laufen doch alle weg! Und auf der anderen Seite denken Sie sich: Wenn ich diesen Mitarbeiter nicht halten kann, dann verliere ich einen meiner innovativsten Mitarbeiter.

Für solche Fälle haben sich einige Unternehmen etwas ganz Spezielles einfallen lassen: die sogenannte Fachkarriere.[17] Gibt's beispielsweise bei IBM und SAP. Und so funktioniert's: Man wird befördert, bekommt sogar mehr Geld und einen tollen Berufstitel, aber Mitarbeiter bekommt man nicht. Nach außen macht man also Karriere, in Wirklichkeit führt man aber keinen einzigen Mitarbeiter. Für ganz spezielle Charaktertypen kann das eine ideale Möglichkeit sein. Zum Beispiel für schwierige Diven oder eigenbrötlerische Nerds. Allerdings muss sich ein Unternehmen das auch finanziell leisten können – es ist nämlich gar nicht so billig, einen hochbezahlten Spezialisten zu haben, der niemanden führt.

Hier ein paar Vorschläge, wie Sie diese Personen im Falle einer Fachkarriere nennen könnten. Wie wär's mit Special Innovation Manager, Senior Spin Doctor, Creative Senior Consultant, Head of Craziness oder Analyst Business Development mit Cross-Cultural Powers für Ultra Flip-Out Market Boosting. Der letzte Titel ist genial und kommt aus einer Arbeitgebermarkenkampagne des Axel Springer Verlags.[18]

Bevor man allerdings jemanden befördert, der regelmäßig innovative Ideen für das Unternehmen beisteuern soll, lohnt es sich, einen Blick in den Innovation Record des Bewerbers zu werfen. Hat er schon was eigenständiges Innovatives geleistet? Hat er schon Innovationspreise gewonnen, Patente entwickelt und erfolgreich angemeldet? Hat er bei „Jugend forscht“ was gewonnen? Oder handelt es sich bei dem Bewerber nur um einen Trittbrettfahrer? Solche Leute gibt es in der Kreativbranche haufenweise. Bei irgendeinem Cannes-Löwen haben sie irgendwo ein Komma gesetzt und schon führen sie den Preis in ihrer Vita. Teams, in denen innovatives Denken gefordert ist, brauchen aber Teamleiter, die ein wahres Innovations-Gen besitzen.

DIVERSITY MANAGEMENT: ES LEBE DER UNTERSCHIED!

Als Creative Director befand ich mich einmal in einem Brainstorm-Meeting einer großen Marketing-Abteilung. Anwesend waren sechs BWLer. Drei davon kamen aus einer renommierten und in Managementkreisen sehr bekannten Business-School. Und insgeheim dachte ich mir: Kein Wunder, dass hier keine großen und mutigen Ideen entstehen. Hier denken ja alle gleich. Sogar der Seitenscheitel sitzt auf der gleichen Kopfhälfte. In diesem Raum gab es überhaupt keine Reibung. Wie sollte dann Hitze entstehen? Geschweige denn Explosionen?

Wenn Mitarbeiter nicht alle gleich sind, sondern unterschiedlich, dann ist das auf ein erfolgreiches Diversity Management zurückzuführen. Für innovative Prozesse ist das eine wichtige Sache. Denn Diversity Management kann die Innovationskraft eines Unternehmens enorm steigern.

„I'm an alien, I'm a legal alien, I'm an Englishman in New York."

Textzeile aus dem Lied „Englishman in New York" von Sting

Diversity Management bedeutet nicht, dass die Empfangsdame eine attraktive lateinamerikanische Tangotänzerin ist und der Rest der Mannschaft Top-Ingenieure der üblichen Elite-Universitäten. Im Gegenteil: Gelebtes Diversity Management bedeutet, dass Alter, Geschlecht, Ausbildungshintergrund und kulturelle Herkunft der Mitarbeiter in jeder Abteilung richtig gut durchmischt sind. Letzteres ist beispielsweise bei der New Yorker Polizei sehr bemerkenswert. Die Ordnungshüter sind da genauso multikulturell wie die Stadt selbst. Jeder fünfte der neu Ausgebildeten dort ist nicht in Amerika geboren, sondern in einem von 45 verschiedenen Ländern.

Wer in Deutschland in diesem Punkt mal richtig vorbildlich war, obwohl man es ihr im ersten Moment gar nicht so zutraut, war Kanzlerin Merkel mit ihrem Kabinett Merkel II aus CDU und FDP: Da war eine ostdeutsche Frau Kanzlerin, ein schwuler Außenminister, ein adoptierter Vietnamese Gesundheitsminister und ein Rollstuhlfahrer Finanzminister. Sensationell! Vielleicht sogar einmalig in der Welt. Und für eine konservative Regierung durchaus überraschend. Deutsche Dax-Konzerne sind da noch nicht so weit. Bisher gibt es dort in den Vorstandsetagen keinen bekannten oder bekennenden Schwulen. Im US-Unternehmen Facebook dagegen sollen sich schwule und lesbische Mitarbeiter besonders wertgeschätzt fühlen. Sie sollen die gleichen Rechte wie Heterosexuelle haben. Deshalb wird wie selbstverständlich eine Krankenmitversicherung der Partner von homosexuellen Angestellten angeboten. Und zwar für umsonst! Später auftauchende Steuernachteile werden auch übernommen.[19] Das Bemühen der Arbeitgeber um homosexuelle Mitarbeiter hat in Deutschland übrigens einen eigenständigen Namen: Gerne nennt man es „Rosa Recruiting“[20].

Diversity Management soll also in erster Linie die Andersartigkeit und die Unterschiedlichkeit in der Belegschaft fördern und schützen. Menschen, die „anders“ sind als die Mehrheit der Belegschaft, fühlen sich manchmal nicht akzeptiert von der Masse – mit gut gemachtem Diversity Management kann man da aber gut gegensteuern. Dahinter stecken allerdings nicht nur gesetzliche, soziale und gutmenschliche Interessen, sondern auch knallharte Eigeninteressen der Unternehmen. Verschiedene Menschen und Kulturen fördern das differenzierte Denken und das Wettbewerbsverhalten der Mitarbeiter. Einschlafen wird da also niemand, irgendwo köchelt es immer.

In Sachen Diversity Management sind vor allem die Internet-, Software- und Computerfirmen sehr fortschrittlich: In fast jedem Team gibt es dort mittlerweile Menschen aus anderen Ländern und Kulturen. Und viele von ihnen kommen gar nicht aus Europa, sondern aus

Indien, Ecuador oder sonst woher. Oft wird nur englisch gesprochen. Und gemeinsam sind sie eine wilde und bunte Truppe: Programmierer sitzen neben Designern, Teilzeitmüttern, pakistanischen Germanisten, 60-jährigen oder lesbischen BWLerinnen. Auch Ikea Deutschland kann sich in Sachen Diversity Management blicken lassen. In einer Broschüre aus dem Jahr 2009 stellte der Konzern Mitarbeiter vor, die bei IKEA Karriere gemacht haben, obwohl sie ganz möbelhausuntypische Ausbildungshintergründe hatten.[21] Zum Beispiel wurde da ein Personalentwicklungschef vorgestellt, der früher mal Akrobat war, und ein Studienabbrecher hatte es immerhin bis zum Gesamtbetriebsrat geschafft. Einem Wurstfabrikanten erzählte ich von dieser Veröffentlichung und fragte halb im Spaß, ob es unter seinen Angestellten auch fleischuntypische Karrieren gäbe. Könnte man in seiner Firma beispielsweise auch als Vegetarier Karriere machen? Mein Eindruck war leider, dass der Herr meine Frage gar nicht lustig fand.

Mittlerweile gibt es zum Thema Diversity Management sogar pompöse Preisverleihungen, zum Beispiel den Deutschen Diversity Preis. 2013 wurden dort SAP als vielfältigstes Großunternehmen und die Urbanara GmbH als vielfältigste mittelständische Firma ausgezeichnet.[22] Übrigens: Es gibt auch vermeintlich konservative Unternehmen, die in puncto Diversity Management sehr vorbildlich sein können. Wie zum Beispiel die Deutsche Bank: Da hat es Anshu Jain, ein britischer Bankmanager indischer Herkunft, bis zum Co-Vorstandsvorsitzenden geschafft (als Nachfolger von Josef Ackermann, einem gebürtigen Schweizer).

Wie es in Deutschland um die Diversity-Kultur wirklich bestellt ist, wollte ich mal genauer unter die Lupe nehmen und habe mir regelmäßig Feedback von einer ausgewiesenen Marketing-Spezialistin geben lassen, die aufgrund eines Umzugs in eine andere Stadt kurz vor der Bewerbungsphase stand.

Zahlreiche Einladungen für Gespräche flatterten ihr ins Haus. „Haben Sie Erfahrungen im Trade Marketing?“, fragte man die Marketing-Spezialistin am Telefon beispielsweise in einem der ersten Gespräche. „Nein, noch nicht direkt, aber genau deshalb möchte ich ja zu Ihnen! Außerdem habe ich Erfahrungen in den Marketing-Bereichen X, Y und Z und habe mit der Trade-Marketing-Abteilung eng zusammengearbeitet“, antwortete sie. „Hm“ war dann leider die Gegenantwort der Firma.

Oder: „Diversity ist für unser Unternehmen von großer Bedeutung“ – dieser Satz in der Anzeige eines Joghurt-Herstellers hörte sich sehr gut an. Weniger gut klang dann die Absage für die Marketing-Spezialistin: „Sie haben beeindruckende Qualifikationen, aber wir haben uns für einen Kandidaten aus dem Food-Bereich entschieden.“

Die Frage ist berechtigt: Sind Diversity Management und Quereinsteigertum vielleicht nur eine Floskel, die Unternehmen inflationär in den Mund nehmen? Eins ist sicher: Der nächste Top-Bewerber kommt schneller als man denkt – aber man wird ihn nicht bekommen, wenn die HR-Leute nur schablonenartige Online-Bewerbungen zulassen und sich erst nach sechs Wochen melden.

Wer übrigens mal ein grandioses Statement für Diversity-Kultur gemacht hat, war McDonald’s in Schweden. Eine Stellenanzeige dort lautete: „We don’t hire Turks, Greeks, Poles, Indians, Ethopians, Vietnamese, Chinese or Peruvians.“ Auf den ersten Blick könnte man hier denken: Um Gottes Willen! Was für eine provokative Anzeige. Doch die Subline verrät eine ganz andere Absicht. Dort liest man nämlich unter anderem: „We hire individuals. We don’t care what your surname is. Because ambition and determination have nothing to do with your nationality.“

Einfach nur fantastisch. |||

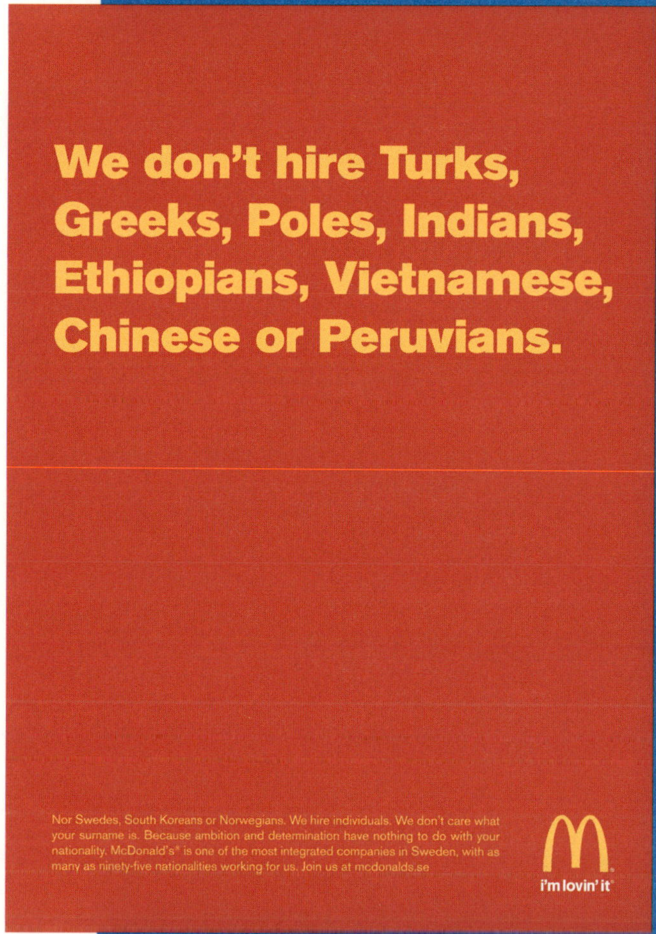

JÜRGEN SCHULZE-SEEGER

Leadership-Trainer, Autor und Geschäftsführer des Trainingsunternehmens BRIDGEHOUSE GmbH

Was macht Teams zu kreativen Teams? Ein Wunder?

Als Kommunikationstrainer und Teamentwickler arbeite ich seit vielen Jahren in Unternehmen, die kreative Leistungen fest in ihrer Strategie und Kultur verankert haben. Werbeagenturen, Softwareentwickler, Autobauer, Start-ups, Forschungs- und Entwicklungsabteilungen in großen Konzernen. Darunter befand sich eine große Anzahl von Gruppen, die man getrost als kreative Hochleistungsteams bezeichnen kann. Glühend heiße Ideenschmieden. Innovationsgeneratoren. A-Teams! In Workshops und Seminaren werden diese Gruppen durch ihre Trainer vor extrem herausfordernde Probleme gestellt, die sie dann zumeist mit einer atemberaubenden Kreativität lösen. Probleme, in denen normale Abteilungen nicht die Spur einer Chance haben. Ziel dieser Übungen ist es zumeist, die Teamkultur bezüglich Fehlertoleranz, Umgang mit abweichenden Denkmustern, Wertschätzung und Commitment zu stärken. Je länger man mit solchen Gruppen arbeitet, desto größer wächst die Versuchung, in den beobachtbaren Verhaltensweisen und Denkgewohnheiten übergeordnete Muster zu sehen. Sehen zu wollen! Sozusagen das Geheimnis ihrer Kreativität zu entschleiern. Und in der Tat es gibt ein paar Mechanismen, die ich hier aufzählen kann. Mechanismen, die die Innovationskraft einzelner Teams enorm stärken können:

Empowerment steht für mich darunter an allererster Stelle. Hochinnovative Teams sind innerhalb ihrer Organisation in der Regel mit einer hohen Handlungsmacht ausgestattet. Sie sind *bevollmächtigt*, in ihrem Bereich frei zu agieren. In der Praxis bedeutet das, dass man diesen Teams die Aufgabenstellung nebst Ziel und Zeithorizont dezidiert aufträgt, und sie ab diesem Zeitpunkt jedoch eigenständig über Vorgehensweisen und Entscheidungen bestimmen lässt.

Ich würde deshalb behaupten, je mehr ein Team gegängelt wird, desto weniger kreativer Output ist zu erwarten. Gleichzeitig beobachte ich, wie solche Teams freizügiger mit notwendigen Ressourcen versorgt werden. Ich nenne diesen Mechanismus **Maintenance**. Das Team wird in der Praxis zudem von allen überflüssigen administrativen Aufgaben befreit. Kreative Köpfe sollen ihre Zeit nicht mit Reportings oder Verwaltungsaufgaben verschwenden.

Praise Diversity! Je unterschiedlicher die Talente der einzelnen Teammitglieder sind, desto größer ist die Innovationskraft. Dieser Umstand wird in diesem Buch mehrfach beleuchtet. Erst wenn wirkliche Gegensätze im Denken aufeinanderstoßen, entzünden sich bahnbrechende Ideen und finden den nötigen Widerstand, um daran zu wachsen. In den kreativsten Teams, mit denen ich je arbeiten durfte, konnte ich immer wieder eine große Wertschätzung für diese Unterschiede ausmachen. „Danke, dass du anders denkst als ich!"

Ein großes Maß an Unterschieden zwischen den Teammitgliedern erfordert wegen der zu erwartenden Reibungshitze gleichzeitig ein gewisses Maß an Übereinstimmungen – **Congruence**. Dazu gehört auch das gemeinsame **Commitment** zu den übergeordneten Teamzielen, dem Team selbst und ihrem Leader. Hinzu kommen die Spielregeln, die auch für nicht so kreative Teams gleichermaßen gelten können: Wertschätzung, offenes Adressieren von Konflikten, Loyalität nach außen, gemeinsame Rituale, die den Zusammenhalt stärken oder die Hilfsbereitschaft füreinander.

Bei all dem Glauben an die Wirksamkeit dieser Axiome und vermeintlich fruchtbaren Rahmenbedingungen ist jedoch eine zentrale Erfahrung mit kreativen Hochleistungsteams nicht wegzureden: Sobald man glaubt, man habe die Rezeptur für das „ideale" Kreativteam gefunden, kommt ein weiteres Team daher, das, obwohl es gänzlich anderen Mechanismen unterworfen ist, trotzdem – oder gerade deshalb – herausragende Ideen entwickelt. Der kreative Output von Hochleistungsteams folgt zwar nicht dem Zufall. Er folgt Rahmenbedingungen, Regeln und Mechanismen. Den Rest jedoch dürfen wir vorerst weiterhin als das betrachten, was es ist: ein wirkliches Wunder.

HEIDI STOPPER

Vorstand ProSiebenSat.1 Media AG

Auch für Führungskräfte gilt: Wer rastet, der rostet.

Erst vor Kurzem habe ich mich darüber unterhalten, wie viele Flugstunden ein angehender Berufspilot absolvieren muss, bevor er zum Flugkapitän aufsteigt:

In der Ausbildung sind es rund 320, weitere etwa 5 000 kommen noch während der zwischen acht und zwölf Jahren dauernden Co-Piloten-Zeit hinzu. Erst nach all diesen erfolgreich absolvierten Stunden kann er oder sie sich als Berufspilot qualifizieren. Die Zahlen haben mich beeindruckt. Aber schon bevor ich sie kannte, war ich sicher: Der Mensch, der vorne im Cockpit sitzt und für uns alle im Flieger die Verantwortung trägt, muss viel Erfahrung haben und ständig im Training bleiben, sonst kann er seinen Job nicht gut machen. Eine Selbstverständlichkeit.

Viel Erfahrung, im Training bleiben, ständig Neues lernen. Eine Selbstverständlichkeit auch für Führungskräfte? Sollte es sein, ist es aber nicht immer. Wir Führungskräfte haben manchmal ein seltsames Selbstverständnis. Wir gehen davon aus, dass wir mit der Übernahme unseren Job beherrschen, einfach mitbringen und können, was zum Führen gehört. Schließlich traut uns die Geschäftsleitung das zu, sonst hätte sie uns die Aufgabe nicht übertragen.

Es ist ja auch eine tolle Aufgabe, gerade in kreativen Arbeitsgebieten Teams zusammenzustellen, die Menschen zu entwickeln und gemeinsam Ziele zu erreichen. Das macht unheimlich Spaß. Wenn es klappt! Angeboren ist die Fähigkeit, Teams zusammenzustellen und zu managen, nämlich niemandem. Das erlebe und beobachte ich als Führungskraft, Personalchefin und Coach jeden Tag. Vor allem, wenn es um die Zusammenarbeit mit kreativen Menschen geht. Bei ihrer Führung spielt die Emotion eine besonders große Rolle. Innovative Menschen legen häufig ein enormes Maß an Herzblut an den Tag und investieren viel von sich selbst in ihre Arbeit. Die Identifikation der Kreativen mit ihrer Idee und dem Produkt, das daraus entsteht, ist ungleich höher als in anderen Berufszweigen. Kritik wird in einer solchen Arbeitsbeziehung schnell persönlich genommen und als ein „Ich mag dich nicht" einsortiert. Das ist die Tücke, die Führungskräfte neben dem Vergnügen, kreative Teams zusammenzustellen und zu managen, erleben. Aber ein Team zu managen heißt ja auch, einzugreifen und zu steuern.

Wie schwierig es sein kann, ein erfolgreiches Team aufzubauen, merken Führungskräfte spätestens dann, wenn sie das erste Mal einen Wunschkandidaten wieder gehen lassen müssen. Wie es dazu kommt? Ein Beispiel: Die Führungskraft muss eine Stelle im Team besetzen, erinnert sich an einen ehemaligen Kollegen, mit dem sie vor Jahren inhaltlich und persönlich wunderbar zusammengearbeitet hat. Schnell ist sie sicher: „Das ist der oder die Richtige für den Job“. Die beiden treffen sich, die Führungskraft preist den Job an, der Kandidat ist begeistert. Nach intensiver Lobbyarbeit im Unternehmen sind auch die weiteren Verantwortlichen überzeugt. Alles scheint perfekt. Bis nach wenigen Monaten der große Katzenjammer einsetzt. Was ist passiert? Etwas sehr Menschliches: Die Führungskraft hat sich bei der Besetzung der Stelle von Sympathie und der Erinnerung an die frühere Zusammenarbeit leiten lassen. Außer Acht gelassen hat sie die Tatsache, dass Menschen, die in einer bestimmten Position einen tollen Job gemacht haben, die selbe Leistung nicht unbedingt auch in einer anderen Teamkonstellation abrufen können. Schließlich ist das Umfeld dort ein ganz anderes. Vielleicht kommt der Mitarbeiter nicht mit der neuen Unternehmenskultur zurecht, stimmt die Zusammensetzung des Teams nicht oder es fehlt ein Kollege, der dem neuen Mitarbeiter in seinem früheren Job unverzichtbar zugearbeitet hat. Vielleicht hat sich aber seit den Gesprächen mit dem Kandidaten auch der Job, für den er an Bord geholt wurde, schon wieder verändert. Kreativindustrien, auch die Medienindustrie, in der ich arbeite, sind extrem schnelllebige, lebendige Universen, in denen Veränderung zum Geschäftsmodell gehört. Oder vielleicht war ein Kreativer, ein Querdenker zu viel im Team? Und stattdessen hätte ein Kaufmann einsteigen sollen, der nicht nur Ideen spinnt, sondern Ideen von anderen aufnehmen und auf die Straße bringen kann?

Wie hätte die Führungskraft diese – vor allem für den Mitarbeiter – sehr schmerzhafte und aufwändige Erfahrung vermeiden können? Für mich ist das ganz einfach und zugleich doch schwer. Wir Führungskräfte müssen nämlich viel Vorarbeit investieren, wenn wir Teams zusammenstellen und managen wollen. Umso mehr, wenn es um Kreativteams geht – so wie ein Pilot vor dem ersten Flug. Wir kommen nicht umhin, immer wieder Bilanz zu ziehen, uns zurückzuziehen, um unverzichtbare Fragen zu formulieren und zu beantworten: Welche Strategie verfolgt das Unternehmen und welchen Teil soll mein Team dazu beitragen? Welche Mitglieder braucht das Team dafür? Welche Anforderungen stellt die Aufgabe uns heute und welche morgen? Diese Reflexion ist manchmal mühsam und zeitlich schwer zu realisieren. Aber sie ist unverzichtbar.

Wir lernen: Führungskräfte müssen wie ein Pilot permanent an sich und ihrem Team arbeiten. Nur so können sie ihren Job wirklich gut machen und den Teammitgliedern alle Steine aus dem Weg räumen. Damit diese bestmöglich performen können.

INNO VATIONS KULTUR

KAPITEL 2

INNOVATIONSKULTUR: WIESO, WESHALB, WARUM?

Dass es bei Deutschlands Innovationskultur noch Luft nach oben gibt, zeigt eine Umfrage der Personalberatung von Rundstedt. Demnach fühlen sich nur 9 Prozent der Mitarbeiter von ihrer Firma zu innovativem Arbeiten angehalten![23]

Kann man nachvollziehen. Ich habe schon in Unternehmen Innovationstrainings gehalten, wo die Mitarbeiter einen Zettel ausfüllen mussten, wenn sie nur einen Radiergummi aus dem Büroutensilienschrank mitnehmen wollten. Es gibt sogar jede Menge Unternehmen, bei denen die Belegschaft externe Ideen ohne Auftrag gar nicht annehmen darf, da man ja nie wissen kann, ob die eigene Tüftlerwerkstatt schon an einer ähnlichen Idee arbeitet. Wenn Mitarbeiter also langsam aber sicher das Gefühl entwickeln, dass man sich mit Ideen nur verdächtig macht oder dass sich kreative Freiheit nur darauf beschränkt, ob man am Kaffeeautomaten Latte Macchiato oder Cappuccino drückt, dann muss das Top-Management überlegen, mit welchen Maßnahmen man im Unternehmen eine erfolgreiche Innovationskultur etablieren kann.

Aber was genau ist Innovationskultur? Wieso gibt es Unternehmen, in denen man diese Kultur sofort spürt? Und wieso gibt es so viele Firmen, in denen das mit der befruchtenden Innovationskultur einfach nicht klappen will?

Kann man schnell beantworten: Die wettbewerbsorientierte Personalauswahl ebnet erfolgreichen Machern und zahlengetriebenen Denkern den Weg ins Top-Management. Aber: Das Neue, das Innovative, das Unerwartete und das Überraschende ist mit keiner Rechenformel vorhersehbar. Ausgeprägte Zahlenmenschen haben außerdem nicht immer ein Gespür für Kultur. Und deshalb können sie den Mitarbeitern auch keine Innovationskultur vorleben.

Unter Innovationskultur versteht man auch flankierende Maßnahmen, die den Innovationsprozess beflügeln und fördern. Es gehören also all die Dinge dazu, die das Team dazu motivieren, nachhaltig innovativ zu denken und zu handeln. Eine Kultur,

> *„I believe every day that Google is run by its culture, not by me."*
>
> Eric Schmidt, Executive Chairman Google

die es möglich macht, dass Innovation jeden Tag gelebt wird und nicht nur mittwochs zwischen 15 und 16 Uhr.

Aber könnte man dann nicht auch sagen, dass Innovationskultur fast dasselbe ist wie Unternehmenskultur? Da ist was dran.

Heutzutage gilt Innovationskultur als ein wichtiger Bestandteil des Innovationsmanagements. Und hierzu gleich mal eine Idee: Wäre es nicht spitze, eine neue Berufsbezeichnung einzuführen? Statt Innovationsmanager sollten die Unternehmen viel lieber „Innovationskultur-Attachés", „Innovationskulturbeauftragte" oder „Innovationskulturmanager" einstellen! Das würde dann hoffentlich zu weniger Prozessen und dafür zu mehr Inspiration führen.

Schon vor fast 100 Jahren gab es innovative Persönlichkeiten, die versuchten, in ihrem Umfeld eine Art Innovationskultur zu etablieren. Der Wissenschaftshistoriker Ernst Peter Fischer hat ein Buch über den dänischen Physik-Nobelpreisträger Niels Bohr geschrieben, der diese Auszeichnung 1922 gewann. Bohr förderte bewusst eine teilweise verrückte Arbeitsatmosphäre, um Forschungserfolge herbeizuführen. Er verlangte sogar „Verrücktheit". Wenn es allerdings zu verrückt wurde, dann musste er wieder für Ordnung sorgen. Und wie tat er das? Bei zu viel „Verrücktheit" durften Spielzeugkanonen abgefeuert werden, um alle wieder auf den Boden der Tatsachen zu holen. Interessant, oder? Das war vor fast 100 Jahren! In Zeiten von Ordnung und Disziplin! Ich kann mir gut vorstellen, dass es Großkonzerne in Deutschland gibt, die ihre Mitarbeiter abmahnen würden, wenn sie mit Spielzeugkanonen rumschießen würden. Umso erstaunlicher ist es also, wie weit Niels Bohr seiner Zeit damals voraus war.

Innovationskultur kann man auch schön bildlich erklären. Dem Karikaturisten Tom Fishburne ist das gelungen. Auf einem seiner Bilder namens „Garden of innovation" ist eine junge Dame zu erkennen, die voller Stolz einen kleinen und noch sehr zerbrechlichen Setzling pflanzen will. Ihr Gesichtsausdruck verrät, dass dieser kleine, zarte Baum ihr Baby ist, den sie hegen und pflegen möchte, bis er eines Tages ganz groß ist. Was sie jedoch nicht sieht, ist die Meute von Arbeitskollegen hinter ihr, die sie bereits umzingelt. Alle Mitarbeiter halten in ihren Händen Hacken, Motorsägen, Gartenscheren und Rasenmäher bereit. Offensichtlich können die Kollegen es gar nicht abwarten, die Idee der jungen Frau wieder zu zerstören.

© marketoonist.com

Denken Sie immer wieder an dieses Bild. Denn es ist Ihr Job, eine Kultur zu etablieren, bei der das Abschießen von Ideen nicht wie im Wilden Westen abläuft – auch das gehört zu einer erfolgreichen Innovationskultur.

Und jetzt gleich mal die 95/5-Regel verinnerlichen! Chris Martin, der Sänger von Coldplay, hat das in einem Interview mit der *BILD*-Zeitung mal prima auf den Punkt gebracht. Er meinte, dass mindestens 95 Prozent seiner Songs für die Tonne sind.[24] Und Smudo sagte mal was Ähnliches: „Von 15 Songs wird bei den Fantastischen maximal einer ein Hit."[25] Das sollte Sie und das komplette Innovationsteam jetzt gleich ermutigen, nicht sofort mit den ersten zehn Ideen zufrieden zu sein. Und eigentlich ist es noch viel drastischer: In der Kreativbranche gilt teilweise die 99/1-Regel. 99 Prozent der Ideen sind für die Katz, und nur 1 Prozent erblickt das Licht der Welt. Ein Beispiel: Wenn ein Versicherungs-, ein Energie- oder ein Autokonzern von einer Kommunikationsagentur einen neuen, großen Image-Film haben will, kann es sein, dass die Kreativteams innerhalb von acht Wochen bis zu 200 verschiedene Skripte schreiben. Am Ende wird es aber nur einen Film geben. Streng genommen handelt es hier dann also um die 99,5/0,5-Regel! Es ist wichtig, dass in Innovationsprozessen immer wieder von dieser Regel erzählt wird, denn wenn dieses Prinzip erst mal verstanden ist, entwickeln die Mitarbeiter – wie erfolgreiche Boxer – bessere Nehmerqualitäten. Wenn Sie als Führungskraft das nächste Mal nämlich Ideen abschießen, wird Ihr Team es weniger persönlich nehmen. Außerdem werden die Mitarbeiter es sich abgewöhnen, sich sofort in die eigenen ersten drei Ideen zu verlieben.

Welche Themen Innovationskultur ausmachen, zeigt übrigens wunderbar der TOP-100-Preis.[26] Dieser Award beschäftigt sich vor allem mit dem Thema Innovationsmanagement. Es wird wunderbar veranschaulicht, was deutsche Unternehmen innovativ macht und wo genau Innovationskultur eingreifen kann. Die wissenschaftliche

Leitung dieses Awards hat Prof. Dr. Nikolaus Franke von der Wirtschaftsuniversität Wien. Und so geht er vor:

Er vergleicht alle am Wettbewerb teilnehmenden Unternehmen miteinander und erstellt in drei Größenklassen jeweils eine Liste der 100 innovativsten Firmen. Es ist hochinteressant, was dort alles gemessen und verglichen wird. Und besonders spannend sind die Zahlen, die für die Studie 2013 berechnet wurden. Für die innovativsten Unternehmen des Wettbewerbs gilt demnach Folgendes[27]:

Das Innovationsbudget in Relation zum Umsatz beträgt bei den TOP 100
im Durchschnitt 9,8 Prozent.
Bei den TOP 100 hat im Durchschnitt jeder Mitarbeiter 4,2 Verbesserungsvorschläge eingereicht.

Und noch etwas ist bei den TOP 100 interessant:

Bei 94 Prozent wird die Entwicklung von Markt, Technologie und Wettbewerb systematisch verfolgt und bewertet.
Bei 90 Prozent gibt es einen klar definierten Innovationsprozess.
Bei 98 Prozent gibt es eine flexible Anpassung des Innovationsprozesses an geänderte Rahmenbedingungen.

Die TOP 100 sind auch sehr kooperativ:

85 Prozent arbeiten regelmäßig mit Kunden zusammen.
72 Prozent arbeiten regelmäßig mit Lieferanten zusammen.
57 Prozent arbeiten regelmäßig mit Universitäten und Forschungseinrichtungen zusammen.
14 Prozent arbeiten sogar regelmäßig mit Wettbewerbern zusammen.

Das sind doch mal spannende Zahlen! Am besten Sie schnappen sich jetzt Ihren Personalchef, Ihren CFO, Ihren Marketing-Leiter und Ihren Entwicklungschef und schauen mal, ob diese Zahlen auch für Ihr Unternehmen zutreffen. Und nehmen Sie sich vor, in den kommenden Jahren bei diesem Wettbewerb mitzumachen!

Lassen Sie uns jetzt ein paar Kategorien der Innovationskultur näher beleuchten.

ZWISCHEN HIMMEL UND HÖLLE

„*Cause you're hot then you're cold, you're yes then you're no.*"

Textzeile aus „Hot N Cold" von Katy Perry

Psychologen meinen, dass kreative Menschen häufig Charaktere sind, die in ihrer Persönlichkeit starke Gegensätze vereinen, wie beispielsweise Souveränität und Aufgeregtheit. Es gibt Mitarbeiter, bei denen Trägheit auf Tatendrang oder akademische Bildung auf jugendliche Naivität treffen. Und manchmal gibt es sogar ausgeprägte Machertypen, die ihre Liebe zum kindlichen Spiel immer noch nicht verloren haben. Menschen, die also immer wieder zwischen zwei Polen switchen können oder müssen, weil ihre Persönlichkeit so strukturiert ist. Das Spannungsfeld zwischen diesen zwei Extremen lässt sie kreativ und innovativ werden. Dieses Prinzip ist auch auf Gruppen übertragbar, und eine erfolgreiche Innovationskultur entsteht dann, wenn in Unternehmen bewusst solche Spannungsfelder gebildet werden. Man versucht also, zwei gegensätzliche Pole zu kultivieren, und das geht am besten mit einer Kultur der Toleranz.[28]

Im Folgenden nenne ich fünf Spannungsfelder, die im ausgewogenen Zustand in Firmen regelmäßig zu Kreativschüben führen können:

Chaos vs. Ordnung

Widmen wir uns beim Thema Toleranz gleich mal einer aktuellen US-Studie der University of Minnesota. Diese versuchte zu erforschen, welchen Einfluss der Ordnungsgrad eines Büros auf die Arbeitsweise hat. Eine Erkenntnis, zu der die Forscher dabei gelangten, war, dass ein sauberer Schreibtisch die Kreativität negativ beeinflussen würde. Ein nicht so ordentliches Büro hingegen würde mehr kreative Ideen erzeugen.[29] Ich glaube an dieses Studienergebnis nicht. Und an dieser Stelle möchte ich gar nicht wissen, welche kreativen Experimente die Forscher mit den Besitzern der nicht so ordentlichen Schreibtische gemacht haben. Wahrscheinlich wieder irgendwelche Kinderassoziationsübungen, wie es Kreativitätsforscher manchmal gerne machen. Interessant wäre eine Studie gewesen, die herausfindet, wer im Unternehmen wirkliche kreative Impulse setzt oder verwirklicht, und dann überprüft, was diese Menschen für einen Ordnungsgrad am Schreibtisch haben. Hier würde dann vielleicht etwas vollkommen anderes herauskommen: dass es nämlich auch jede Menge Ideentreiber gibt, die aufgeräumte Schreibtische haben. Das wäre auch nicht weiter verwunderlich, denn erfolgreiche und durchsetzungsstarke Kreativität braucht meiner Meinung nach am Ende Struktur und Organisation.

Die sogenannte Clean Desk Policy ist in Unternehmen und Abteilungen immer wieder so ein Streitthema, an dem sich die Geister scheiden. Von den Chefs werden als Begründung meistens ästhetische Gründe vorgeschoben. Die damalige Top-Agentur Springer & Jacoby (die es mittlerweile in Deutschland nicht mehr gibt) war ein Verfechter dieser Sauberer-Schreibtisch-Regelung – und viele Kunden wunderten sich manchmal, warum es hier eher wie in einer Zahnarztpraxis aussah als in einer Kreativschmiede.

Meine Erfahrung: schön tolerant bleiben. Lieber zu spät als zu früh beim Thema Ordnung eingreifen. Zum Beispiel erst dann, wenn sich der Geruch von verfaulten Äpfeln und Bananen aus irgendwelchen Schubladen im ganzen Office breitmacht, ein wichtiger Kundenbesuch ansteht, leere Flaschen im Flur stehen oder die Technomusik einfach zu laut ist.

Persönlich ziehe ich es vor, morgens einen ordentlichen Schreibtisch vorzufinden, habe aber auch gleichzeitig gelernt, dass es schwer ist, diese Denke auf alle Mitarbeiter (vor allem auf Ideatoren und Nerds) zu übertragen. Ich habe auch noch nie eine Leistungssteigerung bemerkt, wenn Schreibtischchaoten mal eine Woche lang versuchten, ihren Schreibtisch ordentlich zu halten. Machen Sie doch lieber einmal im Monat eine „Alles muss raus“-Aktion. Das nervt die Chaoten unglaublich, aber das Aufräumen macht sie kreativer, denn sie müssen zu einem Gegenpol switchen. Und in chaotischen Zeiten kann man ab und zu auch an Albert Einsteins weise Worte denken:

> *„If a cluttered desk is a sign of a cluttered mind, of what, then, is an empty desk a sign?“*

Halten Sie das Spannungsfeld Chaos vs. Ordnung aufrecht!

Disziplin vs. Disziplinlosigkeit

Nach meiner Erfahrung sind die erfolgreichsten Kreativen nicht deshalb so erfolgreich, weil sie ausschließlich kreativ sind, sondern weil sie auch besonders diszipliniert sind. Solchen Menschen fällt es nicht schwer, pünktlich im Büro zu erscheinen und außerdem lassen sie sich von Threema, Twitter, Pinterest, Instagram, Vine & Co. nicht ständig ablenken. Aber diese Mitarbeiter machen vielleicht nur 10 Prozent der Belegschaft aus. Dem Rest kann man kleine Ablenkungen nicht einfach so verbieten. Meines Erachtens gibt es Mitarbeiter, die süchtig nach Ablenkung sind. Mal eine Zigarette hier, dann schnell eine SMS dort, dann ein Kommentar auf Facebook, dann ein Kaffee in der Cafeteria. Und trotzdem oder vielleicht gerade deshalb haben diese Menschen immer wieder geniale Geistesblitze! Und in der Tat: Es gibt eine Studie, die behauptet, dass Menschen, die häufig mit ihren Freunden via Social Media kommunizieren, glücklicher und letztendlich auch produktiver sind.[30]

Louis van Gaal, der strenge und legendäre Fußballtrainer, hat immer wieder betont, wie wichtig Disziplin im Fußball ist, um kreativ zu sein. In vielen Interviews redet er mit Hingabe über Kreativität oder über Disziplin. Seine Worte als damaliger Ajax-Trainer in einem *Spiegel*-Interview waren: „Jeder einzelne Ajax-Spieler ist kreativ. Du musst nur zuerst deinen Job tun, du musst pünktlich und höflich sein. In diesem Rahmen kannst du deine Identität und deine Kreativität voll entwickeln. Disziplin ist der Boden für Kreativität.“[31]

Und in einem späteren Interview antwortete er auf die Frage, ob Kreativität erlernbar ist: „Nein. Die hat man oder nicht. Und die muss man immer in einer Mannschaft haben. Wenn man nicht drei oder vier Kreative hat, dann hat man ein schlechtes Gleichgewicht.“[32]

Aha! Selbst hochbezahlte Fußballtrainer lassen also ein Spannungsfeld zwischen Kreativität und Disziplin entstehen. Wer aber Disziplin und Ordnung krampfhaft und vehement bei seinen Mitarbeitern durchsetzen will, lässt keine Kreativität entstehen. Lassen Sie mich hier deshalb mal Buddha zitieren:

> *„Spannst du eine Saite zu stark, wird sie reißen. Spannst du sie zu schwach, kannst du nicht auf ihr spielen.“*

Diese Erkenntnis ist fundamental für eine erfolgreiche Innovationskultur und wenn man als Chef den Hang zu Strenge und Disziplin hat, dann darf man bei sich selbst und den Mitarbeitern auch ab und zu Disziplinlosigkeit tolerieren. Und überhaupt! Seien Sie bloß kein zu strenger Chef. Das hemmt die Kreativität der Mitarbeiter. Es wurde mal ein Experiment durchgeführt, bei dem die Teilnehmer unhöfliches Benehmen ertragen mussten. Das Ergebnis: Kreativität und Konzentration verminderten sich um 20 bis 30 Prozent.[33]

Ein weiteres Thema, das auch in das Spannungsfeld Disziplin vs. Disziplinlosigkeit passt, ist das Thema Alkohol und Nikotin. Auch hier, denke ich, darf man als Vorgesetzter bis zu einem gewissen Grad tolerant gegenüber seinen Mitarbeitern sein. Wirklich seltsam finde ich (Nichtraucher) deshalb diese totale Raucherverdammnis, die mittlerweile in einigen Unternehmen vorherrscht. In diesen Unternehmen müssen Raucher gefühlte 500 Meter weit laufen, bis sie endlich an einem kalten, grauen und schmuddeligen Platz vor dem Haupteingang angekommen sind, um endlich ihrem Laster nachgehen zu können. Diese Mitarbeiter verlieren nur durchs Hin- und Herlaufen bis zu 30 Minuten Zeit pro Tag. Diese Raucherverdammnis ist keine Kultur der Toleranz. Viel besser geeignet sind da Raucherkabinen, -küchen oder -balkone, die im ganzen Unternehmen gleichmäßig verteilt sein können.

Und dann gibt es Unternehmen, in denen es bei besonderen Ereignissen nicht einmal gestattet ist, ein Sektfrühstück zu organisieren. Vor allem in Großkonzernen. Begründung: Trockene Alkoholiker sollen keine Chance bekommen, an Alkohol zu gelangen. Man möchte Rücksicht auf diese Gruppe nehmen und sie schützen. Gut für die etwa 1,8 Millionen Alkoholabhängigen in Deutschland[34], aber irgendwie schade für die anderen.

Und hier jetzt ein kleiner Einschub zum Thema Alkohol, Drogen und Kreativität, denn es gibt ein hartnäckiges Gerücht, dass Alkohol und Drogen die Kreativität ankurbeln würden. Das Klischee vom drogenkonsumierenden Superkreativen ist allgegenwärtig. Stimmt das denn: Machen Alkohol und Drogen kreativer?

Unter vielen genialen amerikanischen Schriftstellern, die sogar den Literaturnobelpreis gewonnen haben, scheint es eine Korrelation zwischen Kreativität und Alkoholsucht zu geben: Sinclair Lewis, Eugene O'Neill, William Faulkner, John Steinbeck und Ernest Hemingway (der sagte sogar mal: „Reality is an illusion that occurs due to the lack of alcohol") waren alle Opfer des Alkohols.[35] Ist Alkohol also wirklich ein Kreativitätstreiber? Es wimmelt anscheinend nur so von Untersuchungen, die das behaupten wollen. Eine Studie zeigt beispielsweise, dass Alkohol bei der Lösung von Kreativproblemen helfen kann. Probanden seien dafür extra mit 0,75 Promille „moderat intoxiniert" worden. Das Ergebnis war, dass diejenigen Personen, die leicht angeschwipst waren, die „Kreativprobleme" schneller und besser lösten, als die trockene Kontrollgruppe.[36] Andere Studien belegen: Alkohol hat eine gefäßerweiternde Wirkung, das Gehirn wird stärker mit Blut versorgt.[37] Wissenschaftlich belegt ist der Kreativschub allerdings bislang nur bei zwei Glas Wein täglich und vor allem für Frauen. Und zu guter Letzt: Ein Forschungsteam an der Ohio State University hat sich mit Cannabis (seit 1. Januar 2014 beispielsweise im US-Bundesstaat Colorado legal zu kaufen) beschäftigt und will herausgefunden haben, dass der darin enthaltende Wirkstoff THC auf das Gehirn entzündungshemmend wirkt und das Wachstum von Nervenzellen anregt.[38]

Wie jetzt? Sind Alkohol, Cannabis und andere Drogen also tatsächlich kreativitätsfördernd?

Ganz sicher dann nicht, wenn man übertreibt und zu lange harte Drogen nimmt. Prof. Holm-Hadulla, ein renommierter deutscher Kreativitätsforscher, hat jede Menge Texte und Briefe des genialen Musikers Jim Morrison analysiert und diese in einem Buch veröffentlicht. Seine Erkenntnis: Die Drogen, die Jim Morrison nahm, haben ihn nicht kreativer gemacht. Auf wirtschaftspsychologie-aktuell.de zieht Rainer Holm-Hadulla folgende Schlüsse:

- *„Geringe Mengen Alkohol können das assoziative Denken verbessern. Die Fähigkeit, diese Einfälle auszuarbeiten, wird aber dadurch bereits eingeschränkt.*
- *Ein häufiger Drogenkonsum beeinträchtigt das kreative Denken und die Fähigkeit vollständig, diese Ideen umzusetzen.*
- *Es ist eine Illusion und ein Klischee, dass Drogen zu kreativen Höchstleistungen führen. Das Gegenteil ist der Fall.“*[39]

Klar: Wer mit harten Drogen spielt, der tut sich und seiner Umwelt nichts Gutes. Aber *gelegentliche* Sektfrühstücke, Latte Baileys zum Mittagessen, Prosecco-Partys am späten Nachmittag und Biergelage am Abend in der gemeinschaftlichen Lounge … ist das – in Maßen genossen – wirklich sooo schlimm?

Halten Sie das Spannungsfeld Disziplin vs. Disziplinlosigkeit aufrecht!

Krieg vs. Frieden

In dem legendären Film *Der dritte Mann* gibt es ein ziemlich geniales Zitat. Die Figur Lime sagt plötzlich Folgendes:

> *„You know what the fellow said – in Italy, for thirty years under the Borgias, they had warfare, terror, murder and bloodshed, but they produced Michelangelo, Leonardo da Vinci and the Renaissance. In Switzerland, they had brotherly love, they had five hundred years of democracy and peace – and what did that produce? The cuckoo clock."* [40]

Okay! Konzentrieren wir uns nur mal auf das Gemeinte und nicht auf den Wahrheitsgehalt, denn trotz dieses coolen Spruchs müssen wir wohlwollend anerkennen, dass die Schweiz 2013 zum dritten Mal hintereinander Innovationsweltmeister geworden ist.[41] Immerhin wurde *Der dritte Mann* 1949 gedreht und damals hatte die Schweiz eben noch nicht den erstklassigen innovativen Ruf, den sie heute genießt. Und überhaupt: Wurde die Kuckucksuhr nicht im Schwarzwald erfunden? Egal! In dem Filmzitat steckt eine wichtige Erkenntnis über erfolgreiche Innovationskultur, und die lautet: Ein chronischer Kuschelkurs erzeugt meistens keine Innovationen. Natürlich darf man sich als Vorgesetzter deshalb nicht ständig wie Karl Lagerfeld kurz vor einer Modenschau aufführen, aber ein bisschen Furie und Unberechenbarkeit darf schon in Ihnen schlummern. Das beflügelt auch die Kreativität der Mitarbeiter. Das belegt die folgende Studie von Ronald Bledow und seinem Team von der Universität Gent in Belgien. Und die lief wie folgt ab:

Probanden sollten über unangenehme Erlebnisse aus ihrer Vergangenheit berichten. Der Plan: Die Studienteilnehmer sollten in eine negative Stimmung versetzt werden. Danach wurden alle aufgefordert über schöne Geschehnisse aus ihrem Leben zu berichten, was die Stimmung der Studienteilnehmer wieder heben sollte. Anschließend wurden die Probanden angeleitet, Ideen darüber zu sammeln, wie die Lehre an Universitäten verbessert werden könnte. Der Teil der Gruppe, der den Stimmungswechsel mitgemacht hatte, schnitt besser ab als die Kontrollgruppe, die ausschließlich in eine positive Stimmung versetzt worden war.[42]

Heißt also: Wir müssen uns in der Firma nicht ständig alle lieb haben. Man kann ab und an auch mal Kante zeigen. Das führt zu Stimmungswechseln und die wiederum führen zu mehr Kreativität.

Halten Sie also das Spannungsfeld Krieg vs. Frieden aufrecht! (Und Krieg bedeutet hier natürlich nicht, vorsätzlich Verletzungen an Menschen zu verursachen, sondern Klarheit zu erzeugen, Reibung zu akzeptieren, in Konfrontation zu gehen und einen konstruktiven Diskurs zu führen.)

Normalos vs. Verrückte

Das Unternehmen SAP ließ 2013 eine spannende Meldung veröffentlichen: Man möchte jetzt und in Zukunft viel mehr Autisten einstellen.[43] Das Ziel: Bis 2020 sollen es 1 Prozent der kompletten Belegschaft sein. Momentan hat SAP etwa 65 000 Mitarbeiter. Das macht also bis dahin etwa 650 Autisten.

Und warum will SAP so viele Autisten einstellen? Na klar: weil diese Menschen häufig hochintelligent, detailverliebt und perfektionistisch veranlagt sind. Was für eine geniale Ansage! Zu dieser Entscheidung kann man SAP nur gratulieren. Und natürlich wird diese Entscheidung die ohnehin schon erfolgreiche Innovationskultur weiter positiv beeinflussen. SAP geht hier beispielhaft voran. Das Unternehmen ist tolerant gegenüber „Sonderlingen" und speziellen Persönlichkeitstypen. Und eigentlich lebt SAP mit dieser Entscheidung genau das, was Apple schon 1997 proklamierte:

> *„Here's to the crazy ones.*
> *The misfits.*
> *The rebels.*
> *The troublemakers.*
> *The round pegs in the square holes.*
> *The ones who see things differently.*
> *They're not fond of rules.*
> *And they have no respect for the status quo.*
> *You can quote them, disagree with them, glorify or vilify them.*
> *About the only thing you can't do is ignore them.*
> *Because they change things.*
> *They push the human race forward.*
> *And while some may see them as the crazy ones,*
> *We see genius.*
> *Because the people who are crazy enough to think they can change the world,*
> *Are the ones who do."*[44]

Im Abschnitt über das Ideenteam habe ich Ihnen bereits von dem Ideenfindungstypen Ideator erzählt. Stark ausgeprägte Ideatoren können diese „Crazy Ones" sein, von denen Apple spricht. Und für die muss man offen sein. Auch wenn sie manchmal tierisch nerven. Aber sie sind das Salz in der Suppe, sie halten das Unternehmen auf Trab und sorgen für eine Kultur des Staunens und Hinterfragens, was zu einer erfolgreichen Innovationskultur führen kann.

Ein paar Verrückte tun der Innovationskultur gut. Und die sollen sich mit den Normalos reiben. Denn Hitze führt zu kreativen Explosionen.

Halten Sie also auch das Spannungsfeld Normalos vs. Verrückte aufrecht!

Termindruck vs. Zeit für Ideen

Im Internet gibt es einen wunderschönen Film namens *Deadlines*. Folgendes ist dort zu sehen:

Schüler einer achten Schulklasse bekommen eine vorgefertigte Zeichnung. Darauf zu sehen ist ein gemalter großer und ein kleiner Zeiger. Außerdem sind noch die Ziffern 3, 6, 9 und 12 symbolisch als Punkt angedeutet. Eindeutig: Es handelt sich hier um den ersten Ansatz einer Uhr. Die Schüler bekamen zehn Sekunden Zeit, um die Zeichnung zu vervollständigen. Na klar: Die Schüler hatten gerade mal Zeit, ihre erste und einzige Idee umzusetzen und *alle* vervollständigten das Bild, indem sie eine Uhr malten.

Dann wurde das Experiment wiederholt. Dieses Mal bekamen die Schüler zehn Minuten Zeit. Und jetzt passierte etwas ganz Erstaunliches. Niemand malte eine Uhr, stattdessen entstanden ganz unterschiedliche Ideen. Aus den Zeigern wurden plötzlich Tomatenblüten, Blumen, Vogelschnäbel, Drachen, Schmetterlinge, Katzennasen und andere Dinge. Die Aussage des Films leuchtet schnell ein: Wenig Zeit lässt die Kreativität der Mitarbeiter nicht gedeihen. Bei extremem Termindruck fallen allen nur die gleichen und die naheliegenden Ideen ein. Sobald aber der Zeitdruck genommen wird, entstehen Ideen, mit denen vorher keiner gerechnet hätte.

Als Creative Director habe ich diesen Film schon einigen meiner Kunden empfohlen, die gern von heute auf morgen Vorschläge zu ihrem Briefing hätten. Oft wirkt dieser Film Wunder, und man kann die Deadline noch mal um ein bis zwei Tage hinauszögern.

In wie weit vorgegebene Zeitlimits den Kreativprozess beeinflussen, wird immer wieder von Wissenschaftlern untersucht. Sogar die Bundesanstalt für Arbeitsschutz und Arbeitsmedizin beschäftigt sich mit diesem Thema. Die Empfehlung ist oft ein Kompromiss. So darf man kreativen Teams für eine Aufgabe weder zu viel Zeit lassen noch zu wenig. Denn ein bisschen Druck braucht es schon, um kreativ zu sein.

Zu viel Druck ist natürlich schädlich. Dauert ein Werbe-Pitch nur zehn Tage, ist das Geschrei groß. Man überlegt sechs Tage lang und entschließt sich, die erstbeste Idee in den nächsten drei Tagen umzusetzen. Dauert der Pitch hingegen sechs Monate, wird der Kreativprozess zäh und die Kreation nicht wirklich besser. Vier bis acht Wochen hingegen fühlen sich genau richtig an.

Mit Zeitdruck kann während Ausdenk-Sessions auch ganz spielerisch umgegangen werden. Hierfür gibt es eine ganz lustige Stoppuhr namens BRING TIM!, die aussieht wie ein ganz normaler Radiowecker. Man muss eintippen, wie viele Mitarbeiter beim Brainstormen mitmachen und angeben, was der durchschnittliche Stundensatz der Gruppe ist. Dann drückt man auf START und das Brainstormen kann beginnen. Wenn sich jetzt beispielsweise zehn Teilnehmer im Raum befinden, die einen durchschnittlichen Stundensatz von 120 Euro haben, dann können Sie auf der Uhr ablesen, dass Sie diese Session nach einer halben Stunde schon 600 Euro kostet. Und irgendwie macht es Spaß, zuzusehen, wie das Meeting immer teurer wird. Und es motiviert alle Beteiligten, schnell zu einer Lösung zu kommen. Als Chef kann man auch die Ansage machen, dass dieses Meeting bei 200 Euro vorbei ist, weil die Aufgabenstellung nur 200 Euro wert ist (zum Beispiel: Wo findet die nächste Weihnachtsfeier statt?). Solche „Zeit ist Geld“-Ausdenk-Sessions machen viel Spaß, denn auf einmal kann aus Zeitdruck ein Spiel werden.

Halten Sie also auch dieses Spannungsfeld aufrecht. Mal muss Termindruck ohne Murren ausgehalten werden, mal muss es Momente geben, in denen viel Zeit für eine kreative Leistung zur Verfügung steht.

BÜRO-KONZEPTE: ARBEITEST DU NOCH ODER LEBST DU SCHON?

Kennen Sie die gesetzlichen Mindestanforderungen für einen Arbeitsplatz im Büro? So lauten sie: Der Bürostuhl soll mindestens einen Meter Rückrolltiefe haben, die Schreibtischfläche soll mindestens 1,28 Quadratmeter groß sein und die Raumhöhe soll mindestens zweieinhalb Meter betragen.[45] Wie gesagt, das soll die Mindestanforderung sein. Top-innovative Firmen halten sich aber nicht an ein Mindestmaß. Vielleicht haben Sie schon mal davon gehört, in was für einem wunderschönen Paradies Google-, 3M-, Wooga-, Facebook-, Pixar-, Airbnb- oder Red-Bull-Mitarbeiter leben. Es gibt Filme und Fotos, die die verrücktesten Dinge wie Schlafkugeln, Rutschbahnen, Game Rooms, Schwimmbäder, Massageräume, Yoga-Räume, Ruheräume mit Badewannen, Kinderbetreuung, Räume zum Wäschewaschen, Kletterwände, riesige Volleyballplätze, modernste Fitnessräume, einen privaten Busservice, vegane Essensangebote, kostenloses Frühstück und so weiter zeigen.[46]

„Just play. Have fun. Enjoy the game."

Michael Jordan

Red Bull: Treppe oder Rutsche?

In manchen Firmen wird für diese Annehmlichkeiten extra ein „Chief Culture Officer" eingestellt. Der soll sich vor allem darum kümmern, dass es den Mitarbeitern gut geht und es ihnen an nichts fehlt. Warum, ist klar: Wohlbefinden führt zu mehr Produktivität und Produktivität, steigert den kreativen Output.

Wenn man sich aber beispielsweise den Film *Life at Google* anschaut, der auf YouTube herumgeistert, fragt man sich schon, ob die Mitarbeiter da überhaupt noch arbeiten, oder ob sie vor lauter Bespaßung und Annehmlichkeiten gar nicht mehr arbeiten können oder wollen. Und vor allem stellt sich die Frage: Bringt das überhaupt was? Im Innovations-Ranking 2013 von Forbes ist Google ja „nur" noch auf Platz 47.[47] Das ist sicherlich immer noch sensationell. Hat man da in letzter Zeit vielleicht trotzdem zu viel rumgeblödelt?

Nicht nur Mitarbeiterbespaßung, auch Architektur kann das innovative Denken positiv beeinflussen. Leuchtet ein: Im Schloss von Versailles fallen uns allen bestimmt bessere Ideen ein als in dreckigen Bruchbuden. Und noch etwas beeinflusst unsere Kreativität positiv: Abwechslung! Hier kann unterschiedliche Raumgestaltung in einer Firma einen wichtigen Beitrag leisten. Wenn Sie dieses architektonische Thema besonders interessiert, dann empfehle ich Ihnen das Buch *Workscape: New Spaces for New Work* von S. Borges, S. Ehmann und R. Klanten. Das Buch ist ein berauschender Bildband über moderne Büroarchitektur. Und Sie werden Ihren Augen nicht trauen! Mein Lieblings-

Hingucker: die Büroräume des Kommunikationsunternehmens DTAC in Bangkok. Da gibt es ein Stockwerk, das nur für Sport, Entspannung und Unterhaltung da ist. Wer dort gemütlich einen Kaffee trinken will, kann Jogger auf einer Laufbahn direkt an einer probenden Band vorbeirennen sehen. Auch der schalldichte Samtsofaraum von Google ist sehenswert. Und in so eines dieser Karussells, wie sie beim britischen Modelabel Monsoon rumstehen, würde ich mich auch gerne mal während einer Ausdenk-Session setzen.

Nicht nur Architekturpsychologen, sogar Möbeldesigner beschäftigen sich mittlerweile ausgiebig mit dem Wohlbefinden und der Produktivität der Arbeitsgesellschaft. Der Schweizer Möbelhersteller Vitra beispielsweise entwickelt Büromöbel nach dem „Net ‚n' Nest"-Prinzip. Dieses Prinzip beinhaltet flexible Großraumbüros, in denen die Mitarbeiter sich austauschen und miteinander kommunizieren können. Das nennt man Netting. Als Gegenpol gibt es aber auch Rückzugsorte für alle Mitarbeiter, in denen man relativ ungestört arbeiten kann. Das nennt man dann Nesting.[48]

Zugegeben: Manches, was die Top-Innovatoren da so alles auffahren, ist ganz schön aufwändig. Und leider können sich die wenigsten Firmen eine echte Luxusbespaßung leisten, trotzdem versucht man vielerorts, es zumindest anzustreben. Welches Unternehmen hat heutzutage nicht irgendwo einen Kicker herumstehen?

Auch ich hatte mal so eine Phase, in der ich meinen Mitarbeitern viel Ablenkung und Unterhaltung bieten wollte. Also kaufte ich eine Dartscheibe, einen Golfschläger samt Bällen, einen Rugby-Ball, zwei ferngesteuerte Rennautos, einen aufblasbaren Boxsack, und ein Kollege brachte noch seine Spielkonsole mit. Das Ergebnis war völlig ernüchternd: Der Boxsack platzte nach nur einer Woche, die Autos waren bereits nach drei Tagen kaputt. Beim Dart flog ein Pfeil fast ins Auge einer Kollegin und die Spielkonsole war zwar da, wurde aber nie aufgebaut. Und überhaupt: Nur die Männer spielten! Die Mitarbeiterinnen fanden das alles albern. Also räumte ich nach und nach die Sachen wieder weg. Nur die Dartscheibe und der Golfschläger blieben. Und irgendwie war das auch gut so, denn die Mitarbeiter wurden der Spaßkultur überdrüssig. Vor allem der Rugbyball stellte mehr Sachschaden an, als dass er Inspiration lieferte.

Eigentlich ist doch nur wichtig, dass man als Führungskraft signalisiert, dass man selber gerne Spaß hat und ab und zu auch gerne spielt. Ich hatte früher Chefs, die regelmäßig mit uns rumblödelten. Wir machten Telefonstreiche, hatten Scheinschlägereien und veranstalteten Baseballwettbewerbe mit Papierkugeln im Büro. Und oft waren das die Momente, die mich zu noch besseren Ideen inspirierten. Mitarbeiterbespaßung funktioniert also auch im Kleinen, ohne dass man gleich Luxuswohnungen für Mitarbeiter auffahren muss, wie es Facebook gerade angekündigt hat.[49]

YIPPIEYEAHYEAH UND BLABLA

Ach ja, das böse, böse Geld: Immer wieder hört man von diesen Studien, die davon berichten, dass Extrageld als Motivationstreiber für mehr kreative Leistung kontraproduktiv sei. Erstaunlich ist, dass vielen innovativen Top-Unternehmen diese Erkenntnis ziemlich egal zu sein scheint. Es gibt Firmen, da bekommt man als Willkommensgeschenk gleich mal ein Mountainbike, und die Risikolebensversicherung wird auch gezahlt. Auch schön: Manchmal gibt's pro gewonnenen Innovationspreis 1000 Euro extra bar auf die Hand. Und das hier ist nicht zu toppen: Ein Praktikant bei Palantir Technologies beispielsweise verdient im Monat sage und schreibe durchschnittlich 7012 US-Dollar.[50] In manchen innovativen Firmen spielt Geld also eindeutig eine große Rolle und dient sogar als wichtiger Leistungsantrieb.

„As a modern employer you have to treat people well."

James Dyson

In vielen Unternehmen macht man sich aber auch Gedanken, wie man Mitarbeiter auch ohne ständige Geldgeschenke zu noch mehr Leistung beziehungsweise kreativem Output motivieren kann. So gibt es eine Berufsbezeichnung, die in Amerika schon länger etabliert ist und langsam auch nach Deutschland schwappt. Sie nennt sich Evangelist. Was so viel heißt wie Prediger. Und hier ist der Name Programm: Der Evangelist predigt die guten Nachrichten. Der Berufstitel Evangelist leitet sich aus dem griechischen Evangelium ab, was sich auch tatsächlich mit „die gute Nachricht" übersetzen lässt. Der Evangelist soll Konsumenten und Mitarbeiter für die eigene Marke begeistern und er soll alle Angestellten nachhaltig motivieren. Zum Beispiel hat Google Hamburg mittlerweile auch einen Creative Evangelist angestellt.

Weltweit gibt es Technology Evangelists, Development Evangelists oder Educational Evangelists[51]. Und auch ihr Job ist es, gute Laune zu verbreiten. Wissenschaftler finden diesen Beruf prima, denn eine positive Einstellung fördert ihrer Meinung nach das kreative Problemlösen.

Ein Vorreiter und eine Ikone dieser Zunft ist Guy Kawasaki, der mal Apple Chief Evangelist war und heute ein erfolgreicher Investor und Unternehmer ist. Und wer Guy Kawasaki mal gesehen oder gehört hat, weiß: Richtig gute Evangelists wie er sind das genaue Gegenteil von Bedenkenträgern. Stattdessen sind sie überzeugte Begeisterungsträger. Sie sind echte Fackelträger einer Marke. Außerdem nimmt man den meisten Evangelists ab, dass sie ihren Job nicht nur fürs Geld machen, sondern dass sie echte Überzeugungstäter sind.

Wir Deutschen tun uns mit der Evangelist-Kultur noch etwas schwer. Und ganz im Ernst: Würde zwischen Ihren Büros immer so ein schwer begeisterter Typ rumrennen, der alles immer supidupi findet, möchten Sie ihm wahrscheinlich irgendwann gerne weh tun … Aber dennoch könnten Sie als Führungskraft etwas von ihm lernen: die totale Begeisterung!

In den Unternehmen, in denen ich gearbeitet habe, hatte ich oft das Glück, CCOs (Chief Creative Officers) vor mir zu haben, die wahre Begeisterungsträger waren. Und diese Begeisterung schwappte immer wieder auf alle Beteiligten über. Die grenzenlose Begeisterung für das Ziel, für das Innovative und für den guten Kampf! Ich erinnere mich beispielsweise daran, wie mein damaliger Chef einmal vom Kunden zurückkam. Er servierte uns das Briefing (zusammengefasst auf vier Seiten) auf einem silbernen Tablett, so begeistert war er davon. Und sofort sprang die Begeisterung auf uns über. Wir trauten uns gar nicht, das Papier anzufassen. Rückblickend ist das doch sehr erstaunlich, denn soweit ich mich erinnern kann, beinhaltete das Briefing eine Mailing-Aktion eines Fensterbauers. Also eigentlich ziemlich unspektakulär. Aber wir freuten uns so, als ob es sich um einen 360-Grad Kampagnenauftrag für Nike handelte. Und ist doch logisch: Wenn Chefs wahre Begeisterung versprühen, dann wird die kreative Leistung der Mitarbeiter umso besser. Begeisterung ist die Glut, die ein Feuer entfachen kann – und die sorgt für kreative Explosionen.

Ich habe schon öfter mit Abteilungsleitern anderer Firmen zusammengearbeitet, die ebenfalls das Evangelist-Gen in sich trugen. Die Produkte, die sie verkauften, waren aus Konsumentensicht völlig nutzlos, aber wenn man die Abteilungsleiter reden hörte, spürte man wahre Begeisterung. Und wenn es wirklich wahre Begeisterung ist, dann spürt man das, da springt der Funke sofort über. In meinen Trainings erzähle ich an dieser Stelle gerne von der Stelle aus Loriots Uralt-Film *Pappa ante portas*. Mitten in der Innenstadt läuft Loriot mit seiner Ehefrau an einem Schaufenster vorbei, wo zufälligerweise das neueste Röhrensystem seiner Firma ausgestellt wird. Völlig fasziniert bleibt Loriot davor stehen und möchte seiner Frau davon erzählen. Nur aus reiner Höflichkeit hört sie ihm zu, weil sie seine kindliche Begeisterung nicht bremsen oder dämpfen möchte. Der Zuschauer nimmt in diesem Moment Loriot zu 100 Prozent ab, dass er mit Haut und Haaren an dieses seltsame, hässliche, verwirrende und hochkomplexe Röhrensystem glaubt.

Jetzt wissen wir also, dass ein Stück Evangelist auch in uns stecken muss. Denn wer begeistert ist, der motiviert. Und motivierte Mitarbeiter sind innovative Mitarbeiter und gemeinsam bilden diese das Fundament für eine erfolgreiche Innovationskultur.

Was aber schadet eigentlich einer gesunden Innovationskultur?

Zum Beispiel Fehlzeiten, also Krankheitstage. Leuchtet ja auch irgendwie ein: Wenn weniger Leute da sind, gibt's weniger Flurfunk, Kollaboration und Schwarmintelligenz – und dann gibt's auch weniger Ideen. Also sollte man seine Mitarbeiter irgendwie dazu motivieren, nicht zu Hause krank zu machen. Und dazu nenne ich Ihnen jetzt mal zwei Möglichkeiten, die unterschiedlicher nicht sein können:

Es gibt Unternehmen in Deutschland, die viel Geld in die Hand nehmen und ihren Mitarbeitern private Krankenversicherungen anbieten. Die gesetzlich versicherten Mitarbeiter erhalten also auf Firmenkosten private Zusatzversicherungen mit Chefarzt-Behandlung und dem ganzen Schnickschnack drumherum, Akupunktur inklusive. Das Besondere: Die Mitarbeiter werden sogar ohne Gesundheitsprüfung aufgenommen. Auch eventuelle Vorerkrankungen sind offenbar keine Hindernisse.[52] Das Ziel ist klar: Solche Aktionen stärken die Mitarbeiterbindung und eine bessere medizinische Versorgung der Mitarbeiter sorgt hoffentlich für weniger Fehlzeiten.

Es kann aber auch ganz anders funktionieren: Der Dortmunder Unternehmer Jörg Hübner geriet mal in die Schlagzeilen, weil er an jeden seiner Mitarbeiter 1000 Euro Prämie zahlt, wenn die keinen einzigen Fehltag im Jahr haben. Pro krankheitsbedingten Fehltag reduziert sich die Prämie um 100 Euro. Wenn also ein Mitarbeiter zehn Tage im Jahr krank war, dann bekommt er keine Prämie ausgezahlt.[53] Und auch hier ist das Ziel klar: Fehltage sollen reduziert werden.

Beide Möglichkeiten verfolgen ein ähnliches Ziel, aber bei der ersten Möglichkeit haben die Mitarbeiter das Gefühl, dass sie von ihrem Chef besonders wertgeschätzt werden. Bei der zweiten Möglichkeit wollen die Mitarbeiter, dass ihnen eine Zusatzprämie nicht weggenommen wird. Deswegen kommen sie lieber zur Arbeit, als dass sie einen Tag krank machen. Und deshalb stößt diese Vorgehensweise bei Gewerkschaften immer wieder auf Kritik. Wie auch immer: Beide Möglichkeiten kosten die Unternehmen viel Geld. Und beides ist erfolgreich. Fehlzeiten und Krankheitstage werden so effektiv reduziert.

Fehltage wollte übrigens auch Marissa Mayer bei Yahoo reduzieren. Allerdings nicht krankheitsbedingte, sondern Home-Office-bedingte. Diese ganzen Leute, die ständig von zu Hause arbeiteten, waren ihr plötzlich suspekt. Deshalb ließ sie über ihre Personalchefin einen „high confidential"-Text versenden, der trotz der Geheimhaltungsambition einfach im Netz auffindbar ist und für den sie viel Kritik einstecken musste:

„YAHOO! PROPRIETARY AND CONFIDENTIAL INFORMATION — DO NOT FORWARD

Yahoos,

Over the past few months, we have introduced a number of great benefits and tools to make us more productive, efficient and fun. With the introduction of initiatives like FYI, Goals and PB&J, we want everyone to participate in our culture and contribute to the positive momentum. From Sunnyvale to Santa Monica, Bangalore to Beijing — I think we can all feel the energy and buzz in our offices.

To become the absolute best place to work, communication and collaboration will be important, so we need to be working side-by-side. That is why it is critical that we are all present in our offices. Some of the best decisions and insights come from hallway and cafeteria discussions, meeting new people, and impromptu team meetings. Speed and quality are often sacrificed when we work from home. We need to be one Yahoo!, and that starts with physically being together.

Beginning in June, we're asking all employees with work-from-home arrangements to work in Yahoo! offices. If this impacts you, your management has already been in touch with next steps. And, for the rest of us who occasionally have to stay home for the cable guy, please use your best judgment in the spirit of collaboration. Being a Yahoo isn't just about your day-to-day job, it is about the interactions and experiences that are only possible in our offices.

Thanks to all of you, we've already made remarkable progress as a company — and the best is yet to come.

Jackie“ [54]

Also ganz klare Ansage: Alle Home-Office-Yahoos zurück ins Büro! Zusammenarbeit und Kollaboration ist bei Yahoo offenbar essenziell. Aber ob es wirklich so klug ist, Mitarbeiter generell vom Home Office abzuhalten, bleibt diskussionswürdig. (Wer übrigens im Kapitel „Das Ideenteam“ genau aufgepasst hat, hat bemerkt, dass Jackie in ihrem Brief die Sandwich-Methode angewandt hat.)

Auch die deutsche Werbeagentur Nordpol hat sich was Nettes einfallen lassen, um Kollaboration und Kommunikation zu fördern. Dort hält der Fahrstuhl nur im vierten Stock. Dadurch verbringt man mehr gemeinsame Zeit im Aufzug und kann sich so auf engstem Raum miteinander reiben. Sehr schön!

Und was ist, wenn jetzt alle Mitarbeiter im Unternehmen anwesend sind, kommunizieren, kollaborieren und volle Pulle arbeiten? Eine befruchtende Innovationskultur kann natürlich auch nur dann gelingen, wenn die Mitarbeiter nicht ständig unter Beobachtung und Dauerstrom stehen. Denn wer dauernd Stress hat, wird nicht die Zeit und Muße finden, sich zu entspannen, geschweige denn innovative Gedanken zu formulieren. Und deswegen Applaus für eine mutige Entscheidung, die Volkswagen für eine große Anzahl von Beschäftigten getroffen hat: Diese Mitarbeiter können sich darauf verlassen, dass sie nach Feierabend nicht mehr über ihr Smartphone mit Beruflichem belästigt werden. Und wie macht Volkswagen das? Mit Genehmigung des Betriebsrats wird dort einfach eine halbe Stunde nach Arbeitsschluss der Server heruntergefahren und erst am nächsten Tag, eine halbe Stunde vor Arbeitsbeginn, wieder hochgefahren![55] Folgt Volkswagen hier einem Ratschlag des Hirnforschers Ernst Pöppel? Der hat nämlich mal Folgendes gesagt:

> *„Wenn ganz Deutschland jeden Tag für eine Stunde nicht kommunizieren würde, dann hätten wir hier den größten Innovations- und Kreativitätsschub, den man sich vorstellen kann."*[56]

Das Volkswagen-Beispiel zeigt erneut, wie eng Unternehmenskultur und Innovationskultur beieinanderliegen können. Der Betriebsrat wollte in erster Linie eigentlich etwas gegen Burn-out unternehmen, hat aber gleichzeitig mit dieser Aktion die Innovationskultur beflügelt. Eine Frage würde ich hier dennoch gerne an VW stellen: Gilt diese Kommunikationspause auch für die VW-Lieferanten und -Dienstleister drumherum? Viele Burn-outs, die im Umfeld von Unternehmen wie VW entstehen, geschehen doch sicherlich nicht nur im eigenen Konzern, sondern auch außerhalb.

BMW macht zum Thema Burn-out-Prävention übrigens auch gerade einen interessanten Vorstoß. Dort gibt es nun offenbar eine Betriebsvereinbarung, nach der die BMW-Mitarbeiter berufliche Telefonate und die Bearbeitung von E-Mails nach Dienstschluss auf ihrem Arbeitszeitkonto gutschreiben können.[57] Wir dürfen gespannt sein, ob sich dieses Vorhaben auch in anderen Unternehmen durchsetzen wird!

PANTA RHEI: ALLES MUSS FLIESSEN

In diesem Zusammenhang bedeutet Flow, dass alles fließt. Dass Mitarbeiter im Fluss sind, dass sie also in Ausdenkprozessen nicht ständig unterbrochen oder abgelenkt werden. Man muss sich das mal vorstellen: Laut einer Studie der AKAD Leipzig geht täglich durchschnittlich ein Fünftel der Arbeitszeit für die Bearbeitung von E-Mails drauf![58]

Das Gegenteil von Flow ist Stau. Wenn man also Flow entstehen lassen will, muss man wissen, wie man Stau verhindert.

In Nordrhein-Westfalen gibt es eine kleine Stadt namens Blomberg und in der wurde im Jahr 2009 etwas ganz Besonderes ausprobiert. Sechs Wochen lang wurden dort 33 Verkehrsschilder verhüllt. Die Verkehrsordnung war quasi außer Kraft gesetzt. Anarchie war das Gesetz. Es ging also zu wie an einer Straßenkreuzung in Hanoi oder Neu-Delhi. Das „Shared Space"-Experiment nach holländischem Vorbild wollte prüfen, ob sich ohne Verkehrsregeln die Lebensqualität steigern lässt. Was das Blomberg-Experiment dem Dorf Blomberg wirklich gebracht hat, außer dass sich alle Verkehrsteilnehmer viel achtsamer fortbewegt haben, darüber streiten Experten vielleicht heute noch. Eine Lehre kann man schon mal ziehen: Wenn man den Menschen weniger Regeln gibt, zwingt man sie zu mehr Eigenverantwortlichkeit.[59] Uns Innovationsbegeisterte kann an diesem Experiment aber noch etwas ganz anderes interessieren: Kommt es zu weniger Stau? Kommen alle Verkehrsteilnehmer statt Stop and Go in einen Flow-Zustand?

„Wie wird fester Honig wieder flüssig?“

Frage auf www.gutefrage.net

Ja, das tun sie! Und mit weniger Bürokratie und flacheren Hierarchien wird auch in einem Unternehmen der kreative Spielraum von allen Mitarbeitern aller Ebenen besser genutzt. Der Grund ist ganz einfach: Die Kreativen haben mehr Platz zum Spielen. Hindernisse können sie schneller umgehen. Dadurch entsteht Flow! Und im Internet kursiert ein nettes Filmchen mit dem Titel *Breaking Up a Traffic Jam!*[60], das diese These unterstützt. In dem Video berichtet ein Mann, wie er es als Einzelgänger schafft, den Stau auf den Autobahnen für sich und die Autofahrer hinter ihm erträglich zu machen oder sogar aufzulösen.

Und hier seine Theorie:

Staus auf der Autobahn vermeidet man am besten, indem man in Stop-and-Go-Phasen kontinuierlich mit der Durchschnittsgeschwindigkeit fährt. Das führt allerdings dazu, dass vor der jeweiligen Person, die Durchschnittsgeschwindigkeit fährt, große Lücken entstehen können, weil in Stauphasen ja manchmal das Tempo angezogen wird, jedenfalls so lange, bis man wieder abbremsen muss, weil es sich plötzlich wieder staut. Wenn man aber kontinuierlich Durchschnittsgeschwindigkeit fährt, muss man kaum noch abbremsen und das macht das Autofahren schon mal viel entspannter – und schon befindet man sich im Flow. Das Tolle daran: Sobald man selbst im Flow auf der Autobahn ist, sind es auch die Autos hinter einem. Und plötzlich kann es passieren, dass sich Hunderte von Autos in einer Stauphase befinden, aber trotzdem im Flow sind, weil einer angefangen hat, kontinuierlich mit der Durchschnittsgeschwindigkeit zu fahren.

Wie kann man das jetzt aufs Arbeitsleben übertragen? Wie löst man Staus in Büros auf? Hier ein paar Überlegungen:

1. Nach vorne eine Lücke bauen. Also am besten ab und zu Pufferzonen in den Kalender eintragen.
2. Mit Durchschnittsgeschwindigkeit fahren. Nicht bei einem Meeting aufs Gas und bei dem anderen Meeting auf die Bremse drücken, dadurch verursacht man nur Staus bei den Folge-Meetings.
3. Nicht in die kleinen Lücken der vollen Terminkalender der anderen drängeln. Das nimmt den anderen den Flow.
4. Feste Flow-Zeiten im Kalender markieren und es zum Gesetz machen, dass keine Telefongespräche oder Termine in den Flow-Zeiten vereinbart werden dürfen.

Punkt 4 könnte als festes Ritual ganz einfach so ablaufen: Alle Mitarbeiter haben dienstags und donnerstags von 16 bis 18 Uhr „Flow-Zeit" und in dieser Zeit darf es kein Meeting mit irgendjemandem geben. Ihre Mitarbeiter werden diese Zeiten lieben!

FEHLER-KULTUR: WER HAT DAS VERBROCHEN?

Die Flop-Rate von neuen Produkten variiert zwischen 60 und 80 Prozent.[61] Also braucht man doch gar nicht lange rumzureden: Bei Innovatoren und Entwicklern sind Fehler vorprogrammiert. Eigentlich produzieren Kreative viel mehr Fehler als Erfolge. Vielleicht 100-mal mehr Flops als Tops! Als innovativer Geist braucht man also Nehmerqualitäten, sonst würde man eines Tages vor lauter Frust sehr bald sehr unglücklich werden. Und Frust ist schlecht für eine befruchtende Innovationskultur. Wer hat schon schlaue und kluge Gedanken, wenn alle um einen herum depressiv sind und rumheulen?

Aber was soll man machen? In Deutschland herrscht die Null-Fehler-Toleranz, wobei die Einsicht, dass man aus Fehlern schlau wird, sicherlich vorhanden ist.

> „It was a mistake.“

Bill Gates über den komplizierten Tastengriff „Strg+Alt+Entf“.

Wie schafft man es trotzdem, ein Umfeld aufzubauen, in dem man keine Angst davor hat, Fehler zu machen? Machen Sie's doch ab und zu mal wie die Amerikaner. Die brüsten sich geradezu mit ihren Misserfolgen. Manchmal hat man das Gefühl, die Manager dort möchten ihre Anzugsjacken am liebsten mit Fehler-Orden bestücken. Viele CEOs erzählen dort in Interviews immer wieder gerne, welche fürchterlichen Fehler sie schon gemacht haben. In einem Interview mit der *Welt* hat Vinton G. Cerf, ein US-Internet-Pionier, das einmal super auf den Punkt gebracht: „Vor ein paar Jahren besuchte der ehemalige britische Premierminister Tony Blair das Silicon Valley. Er fragte eine Gruppe von IT-Unternehmern, wie man aus London das nächste Silicon Valley machen kann. Keiner der Firmenchefs traute sich etwas zu sagen, bis Apple-Gründer Steve Jobs die Hand hob und antwortete: ‚Alle Unternehmer im Silicon Valley sind mindestens einmal gescheitert. Dafür müssen wir uns hier nicht schämen. Wenn aber ein Unternehmer in Europa scheitert, hat er ein echtes Problem.'“[62]

Warum das so ist in Europa, weiß keiner. Es ist halt so. Meine Lieblingschefs waren früher immer die, die gerne mit und über sich gelacht haben. Das waren Chefs, die uns gerne Geschichten darüber erzählten, was sie schon alles für grandiose Fehler gemacht haben und wie sie dafür Lehrgeld bezahlen mussten. Wenn man das Gefühl hatte, dass sie sich selbst nicht immer ganz so ernst nahmen, dann war die Atmosphäre gleich viel entspannter.

In der Werbebranche gab es in Deutschland zum Thema Fehlerkultur mal ein sehr gelungenes Projekt. In dem Buch *Mein größter Fehler* des Lektorats- und Übersetzungsbüros WIENERS+WIENERS haben jede Menge Top-Kreative über ihre größten beruflichen Fehler geschrieben. Besonders spannend fand ich folgende Geschichte: Ein bekannter Agenturgründer berichtete, dass er als junger Texter unwissentlich eine Passage aus der *Todesfuge* von Paul Celan für einen lustigen Limonaden-Funkspot benutzte. Die Aufregung war groß und der Spot musste abgesetzt werden. Wenn Chefs die Größe haben, über solche Fehler zu sprechen, dann haben sie Respekt verdient! Und wenn sich Chefs gekonnt als unperfekt darstellen können, dann ist das gut für die Innovationskultur. Dann sind alle weniger verkrampft und Ideen können besser gedeihen und sprießen.

Ein Unternehmen, das eine konstruktive Fehlerkultur offenbar ganz ordentlich vorlebt, ist der indische und international agierende, 540 000 Mitarbeiter starke Mischkonzern und Autobauer

Tata. Dort gibt es einen Mitarbeiterpreis namens „Dare to try“. Hier kann man Ideen einreichen, die zwar angefangen wurden, aber später nicht die Erfolge eingefahren haben, die man erwartet hatte. Und eine dieser waghalsigen, aber gescheiterten Ideen bekommt dann den „Dare to try“-Preis. Man könnte auch sagen, dass hier Ideen prämiert werden, die zeigen, wie etwas nicht geht. Oder man könnte sagen: Mit diesem Preis sollen Mitarbeiter für ihre Risikobereitschaft belohnt werden. Auf Tata.com liest man dazu: „The Dare To Try category recognises and rewards most novel, daring and seriously attempted ideas that did not achieve the desired results.“ [63]

So ein „Dare to try“-Preis ist Ihnen zu aufwändig? Die Mitarbeiter motivieren, wenn Projekte gescheitert sind – das kann man auch sehr wirkungsvoll auf einem viel niedrigeren Level machen. Auf der Website der amerikanischen Filmproduktion Psyop gibt es beispielsweise eine Kategorie namens „Fails“. Dort werden all die Arbeiten gezeigt, auf die man besonders stolz ist, obwohl man durch sie die Projekte verloren hat.[64] Eine kurze Erklärung hierzu auf dem Blog lautet wie folgt: „Oh, and make sure to thoroughly explore the Projects area, where you'll find Fails, our collection of style frames and pitches that we didn't win. (We hate the idea of all that beautiful work never being shared, so please enjoy.)“ [65]

Besser geht's nicht! Was für ein stolzes Unternehmen. Da arbeitet man doch gerne.

BLEIBEN SIE MUTIG!

Wenn das Team merkt, dass Chefs in Sachen Innovation mutig voranschreiten, dann werden die Mitarbeiter auch waghalsige Ideen liefern. Und das ist eine prima Basis für eine erfolgreiche Innovationskultur. So wie bei Volkswagen. Jedes Jahr staunt man aufs Neue, wie viele Mitarbeiter sich dort beim Ideen-Management engagieren. So wurden beispielsweise im Jahr 2013 62760 Verbesserungsideen eingereicht.[66] Daraus ergaben sich Einsparungen von 125,7 Millionen Euro.

Zur „Idee des Jahres 2012“ wurde das Rojahnsche Nebelverfahren von Hartmut Rojahn gekürt. Der hat ein Prüfverfahren mit trockenem Kunstnebel entwickelt, das bei der Entwicklung von neuen Modellen die kleinsten Undichtigkeiten aufspüren und lokalisieren kann. Nach eigenen Angaben spart VW mit diesem Verfahren jährlich rund 350000 Euro ein.[67] Was für eine grandiose Idee! Und solche großen Ideen bekommt man von seinen Mitarbeitern meistens dann geliefert, wenn diese wissen, dass sie sich trauen können, weil die Vorgesetzten für mutige Ideen offen sind.

Noch so eine legendäre Idee: Zwei schlaue Angestellte der Deutschen Steinkohle AG hatten beobachtet, dass mehrmals im Jahr eine extra bestellte Mähmaschine eine ganz bestimmte Wiesenfläche des Unternehmens mähte. Ihr Vorschlag: Könnten diesen Job nicht auch Schafe erledigen? Und vor allem: Sind die nicht viel billiger als diese Profi-Mähmaschine? Und tatsächlich! Diese Idee war wirtschaftlich sinnvoll. Von den Chefs wurde sie genehmigt und umgesetzt.[68] Und jetzt Hand aufs Herz: Hätten Sie als Vorgesetzter den Mut gehabt, diese Idee zu befürworten? Oder hätten Sie die Idee für daneben gehalten? Oder hätten Sie vielleicht sogar die Ideeneinreicher für verrückt erklärt? Oder hätten Sie gesagt, dass das mit der Mähmaschine schon immer so war und es keinen Grund gibt, das zu ändern (also so wie der 08/15-Bankdirektor aus der Sparkassen-Werbung, der sagt: „Wir machen das mit den Fähnchen!").

Immer schön mutig bleiben, wenn es um Innovationen geht! Aus welchem anderen Grund sollten Ihre Mitarbeiter Ihnen denn überhaupt atemberaubende Knallerideen vorstellen?

Als Förderer von Innovationen darf man also gerne mit Augenmaß radikal und waghalsig agieren.

Wichtig ist allerdings, dass man als innovative Führungskraft nie in Versuchung gerät, aus dogmatischen Gründen zu handeln. Vor allem wenn Sie in der Wissenschaft oder in der Forschung tätig sind. Ein besonders skurriles, aber auch trauriges Beispiel für eine dogmatische „Wissenschaft" sind die sogenannten Kreationisten. Das sind Menschen, die fest daran glauben, dass die Erde vor 6000 Jahren von Gott erschaffen wurde. Und zwar wortwörtlich, so wie es in der Genesis geschrieben steht. Diese Strömung spielt in Deutschland Gott (!) sei Dank keine Rolle. Wir aufgeklärten Europäer können uns gut gegen solche religiös geprägten Fundamentalisten wehren. In Amerika sorgen die Kreationisten aber immer wieder für Probleme. In Petersburg in Kentucky beispielsweise gibt es seit 2007 das sogenannte Creation Museum. Der Bau hat etwa 27 Millionen Dollar gekostet. Das Museum ist riesengroß und laut eigenen Schätzungen hatte es bis August 2013 1,9 Millionen Besucher.[69] Denen wird da leider unglaublich viel pseudowissenschaftlicher, antievolutionärer Quatsch erzählt. Dass Dinosaurier beispielsweise gemeinsam mit Menschen gelebt haben, dass

„He who is not courageous enough to take risks will accomplish nothing in life."

Muhammad Ali

Adam und Eva die ersten Menschen und damals vor 6000 Jahren alle Tiere noch Vegetarierer waren. Die Initiatoren des Creation Museum haben sogar ein eigenes Wissenschaftlerteam (teilweise mit Leuten aus amerikanischen Spitzenuniversitäten), die gemeinsam „Beweise" sammeln, dass die Erde nur 6000 Jahre alt und Evolution nichts als Lug und Trug ist. Einfach haarsträubend! Wer sich ein paar von diesen „Beweisen" durchlesen möchte, kann ja mal auf www.answersingenesis.org rumstöbern. Das Erschreckende ist eben, dass dieses ganze Gesabber leider irgendwie „wissenschaftlich" daherkommt und richtig viele Amerikaner diesen Blödsinn glauben. Besonders schlimm ist es, wenn Kinder mit so etwas indoktriniert werden. Laut einer Studie unterrichtet jeder achte Lehrer in den USA kreationistische Theorien.[70] Und wer beigebracht bekommt, dogmatisch zu glauben und Dinge unkritisch zu hinterfragen, wird niemals lernen, ergebnisoffen zu forschen. Und Ergebnisunoffenheit gehört wahrscheinlich zu den größten Kreativitäts- und Innovationskillern, die es gibt.

Und werden Sie bitte auch nicht aus rein ideologischen Gründen innovativ. Über die Forderungen der sympathischen Idealisten hinter der in Berlin gegründeten Gruppierung „Amt für Werbefreiheit und Gutes Leben"[71] diskutiere ich beispielsweise immer wieder gerne. Ihr zentraler Auftrag lautet, „den Berliner Bezirk Friedrichshain-Kreuzberg so weit wie möglich werbefrei zu machen"[72]. Erst dachte ich: „Super! Hier sind ein paar coole Künstler unterwegs, die mit ein paar schlauen Aktionen die Konsumgeneration zum Nachdenken inspirieren möchten." Aber weit gefehlt! Diese Leute meinen es bierernst. Die würden am liebsten aus Berlin ein São Paulo (2010 hat der Bürgermeister Gilberto Kassab hier Werbung verboten) machen. Die Überzeugung der Macher ist nämlich ungefähr die Folgende: Wenn es an jeder Ecke eine Konsumaufforderung gibt, wird es niemals eine nachhaltige Welt geben. Deswegen weg mit dem Kommerz! Wie sonst soll so das Leben gut werden?

Schadet ständige Konsumaufforderung wirklich einer nachhaltigen Welt? Muss man gleich mit Verboten kommen? Und ist es nicht so, dass die Gemeinden und Bezirke durch Werbung in der Öffentlichkeit finanziell profitieren? Die angestoßene Diskussion der Aktivisten ist auf jeden Fall hochinteressant. Außerdem macht es Spaß, den

Elan und den Umsetzungswillen der Gruppierung zu beobachten. Die Ansichten dahinter empfinde ich persönlich jedoch als noch nicht ganz zu Ende gedacht.

Als Führungskraft merkt man sich deshalb am besten: Dogmatische und ideologische Sichtweisen verengen häufig den Blick auf das Unvorhergesehene, auf das Überraschende und auf die Andersdenkenden. Deshalb lieber bewusst regelmäßig mutige und überraschende Entscheidungen treffen, anstatt auf der Stelle zu treten. Immer schön offen bleiben, dann entsteht hoffentlich auch eine blühende Innovationskultur in der Firma.

Und zum Schluss dieses Abschnitts noch ein paar versöhnliche Worte zu den Unternehmen, die sich auf Produktebene einfach nicht ändern wollen und sich sogar gegen Veränderung wehren. In seltenen Fällen kann nämlich auch diese Vorgehensweise mutig sein. Denn innovativ ist ja all das, was *trotzdem* zum Erfolg führt. In Deutschland gibt es tatsächlich noch ein paar Unternehmerpatriarchen, die mit der Strategie „Mut zur Tradition“ ganz gut fahren. Wie beispielsweise William Verpoorten von der Eierlikör-Marke Verpoorten. In einem Interview mit der *Süddeutschen Zeitung* gab er sich erstaunlich innovationsscheu. So möchte er weiterhin an dem Uralt-Slogan „Ei-Ei-Ei Verpoorten“ festhalten, auch wenn ihm das mehrere Werbefachleute nicht mehr empfehlen: „Diesen Slogan weiter behutsam einzusetzen, gehört zur Pflege der Marke. Er schlägt die Brücke zwischen gestern und heute. Hier an diesem Tisch haben viele Werbefachleute gesessen, die mir klarmachen wollten, das sei Kram von gestern. Denen habe ich gleich gesagt: Sie haben das Thema nicht verstanden. Es wäre doch töricht, auf etwas zu verzichten, was fest in den Köpfen der Verbraucher verwurzelt ist, und gänzlich neue Wege zu beschreiten.“[73] Auch will er sein Sortiment nicht um weitere Spirituosen erweitern; es soll bei Verpoorten nur um Eierlikör gehen. Man will in der Nische bleiben und dort auch künftig stark sein.[74] Es ist schön, dass der Weltmarktführer Verpoorten nach wie vor so exzellent dasteht, dennoch ist es bemerkenswert, dass ein Unternehmer so offen darüber spricht, dass große Produktveränderungen unter seiner Führung kaum möglich sind. Auf anderen Gebieten ist das Unternehmen allerdings sehr wohl innovativ: Auf dem Dach steht eine der größten Fotovoltaik-Anlagen Bonns. Außerdem lässt sich das Unternehmen Eigelb nicht liefern, sondern hat eine eigene Eieraufschlagmaschine!

INNOVATIONSKULTUR-CHECKLISTE

		eher ja	neutral	eher nein
1	In Ihrem Unternehmen werden *alle* Mitarbeiter dazu aufgefordert, regelmäßig Ideen zu entwickeln und voranzutreiben.			
2	In Ihrem Unternehmen herrscht vorwiegend eine gute Stimmung.			
3	Die meisten Vorgesetzten können motivieren und begeistern.			
4	Der CEO Ihrer Firma ist mutig und setzt sich spürbar für Innovationen ein.			
5	In Ihrer Firma herrscht eine konstruktive Fehlerkultur.			
6	In Ihrer Firma darf man auch mal was alleine machen.			
7	In Ihrer Firma werden Spannungsfelder aufrechterhalten. Es herrscht eine Kultur der Toleranz.			
8	Mitarbeiter können sich zum Nachdenken an einen stillen Ort zurückziehen.			
9	Abteilungsübergreifende Kollaboration und Kommunikation finden statt.			
10	Die Unternehmenskultur erlaubt Spiel & Spaß.			

Hier sehen Sie eine Checkliste mit 20 Fragen. Wenn Sie mindestens zehnmal „eher ja" angekreuzt haben, dann sind Sie in Sachen Innovationskultur auf einem guten Weg. Wenn Sie aber mindestens zehnmal „eher nein" angekreuzt haben, dann ab in die Werkstatt!

		eher ja	neutral	eher nein
11	Ihr Unternehmen ist nicht besonders hierarchisch aufgebaut.	☐	☐	☐
12	Die Mitarbeiter ersticken nicht im Tagesgeschäft.	☐	☐	☐
13	Zum Ideenausdenken bekommt man Freiräume und Zeitfenster eingeräumt.	☐	☐	☐
14	Die Mitarbeiter wissen, wieviel Geld in der Innovationskasse ist.	☐	☐	☐
15	Ihre Firma ist ein architektonisch inspirierender Ort.	☐	☐	☐
16	Die Unternehmenskultur toleriert stark ausgeprägte Ideatoren.	☐	☐	☐
17	Ihr Unternehmen hat das festverankerte Ziel, erfolgreiche Innovationen hervorzubringen.	☐	☐	☐
18	In Ihrem Unternehmen wird Diversity Management bewusst gefördert.	☐	☐	☐
19	Nicht nur ein Team, sondern mehrere Teams arbeiten auf einem Innovationsprojekt.	☐	☐	☐
20	Es bewerben sich jede Menge junge Menschen bei Ihrem Unternehmen.	☐	☐	☐

MARTINA BRUDER

CEO bei der FriendScout24 GmbH

Arbeiten, leben, glücklich machen

Ich bin Steinbock. Wir Steinböcke sind sehr strukturiert und haben gerne alles unter Kontrolle. Kreativität gehört nicht gerade zu unseren Kardinaltugenden. Kreative? Das sind doch die mit den chaotischen Schreibtischen. Mein Schreibtisch ist immer aufgeräumt. Da liegt alles im rechten Winkel.

Das Tolle an meinem Job ist, dass es gar nicht auf meine Kreativität ankommt. Da wären wir ja auch ziemlich arm dran. Es kommt auf die Kreativität aller an. Auf die Kreativität der Kollegen in der Produktentwicklung, die sich coole Features oder seidenweiche Userflows ausdenken, auf die Kreativität der Developer, die diese Ideen in smoothe Algorithmen und blitzsaubere Codes umsetzen. Auf die Kreativität der Kollegen im Marketing sowieso, aber das ist hier ja eh ein weißer Schimmel. Auf die Kreativität der Kollegen im Kundenservice, in HR, in der Admin, in Corp-Dev. Und im Finanzbereich. Jawoll, auch und gerade da.

Worauf will ich hinaus? Wir Onliner arbeiten in einem sich extrem schnell verändernden Marktumfeld. FriendScout24 besteht hier seit langen Jahren als Marktführer. So was wird einem nie geschenkt. Während andere Branchen Change-Management-Projekte durchführen, habe ich für uns das Motto ausgerufen: Change ist unsere DNA.

Veränderungen bringen bekanntlich extrem viel Unsicherheit mit sich, auf die wir Menschen naturgemäß eher panisch reagieren. Deshalb hängt alles davon ab, ein Umfeld zu schaffen, das Veränderungen nicht nur aushält oder ermöglicht, sondern zum positiven Normalfall macht. Und damit wären wir wieder bei der Kreativität – und ihren Bedingungen.

Bei FriendScout24 arbeiten wir nicht nur in der Softwareentwicklung nach agilen Grundsätzen. Das lateinische „agilis" heißt behände, flink, beweglich. Das gefällt mir sehr, kann für ein Unternehmen aber nicht funktionieren, wenn es als Arbeitsweise und Haltung nur auf Produktionsprozesse beschränkt bleibt. Das Prinzip „build, measure, learn" und die damit verbundene Bereitschaft, Fehler in Kauf zu nehmen, schnell aus ihnen zu lernen und die nächste Optimierung oder gar den ganz neuen Ansatz in Angriff zu nehmen, stehen dafür, dass wir die Balance aus startupiger Kreativunruhe und hoher Professionalität leben. Und zwar in allen Unternehmensbereichen.

Aber weit vor den Arbeitsweisen und methodischen Ansätzen kommen die Werte. Sie allein und die Konsequenz, mit der sie gelebt werden, können letztlich unternehmenskulturstiftend sein. Wir haben sie uns erarbeitet als Teil unseres Führungskompasses in einem der Offsites, die wir regelmäßig organisieren: Verantwortung, Wertschätzung, Transparenz, Leistungswille. Und für den Steinbock an der Spitze steht hier im Subtext: Loslassen – und im Hintergrund für Struktur, klare Regeln und Ziele sorgen!

Wer wissen will, wie es um die Innovationskultur im eigenen Haus bestellt ist, der frage seine Mitarbeiter. Wir haben das getan und „stellten dabei erstaunlich Positives fest" – so die offensichtlich überraschte Formulierung des begleitenden Coachs. Es sind Vertrauenskultur und flache Hierarchien, Teamgeist und kollegialer Zusammenhalt, der Raum zur Entfaltung und zur echten Übernahme von Verantwortung, eine Kultur der permanenten Verbesserung, gepaart mit der Möglichkeit zur persönlichen Weiterentwicklung – übrigens alles O-Töne –, die unsere Mitarbeiter für ihre Arbeit motivieren. Nicht unterschlagen will ich den Aspekt „Rücksicht auf die persönliche Lebenssituation", die starken Support-Prozesse vor allem durch HR und „allgemeine positive Rahmenbedingungen".

Aus all dem wurde aus Mitarbeiterhand unser Claim fürs Employer Branding: „Arbeiten, leben, glücklich machen", der Marke, Werte und Nutzenstiftung mit Leichtigkeit verheiratet.

Und dann gibt's da die große Belohnung, die Glücksmomente, wenn die Kreativität fließt und der Steinbock mittendrin stehen darf und zusieht, wie ein ganzes Unternehmen sich selbst organisiert, kurz durchs Chaos geht, dann ganz schnell in die Performanz kommt und die Glückswellen berauschender Ideen und funktionierender Lösungen alle überfluten.

Noch eine Warnung: Unternehmenskultur ist harte Arbeit. Aber ich halte es da mit Erich Kästners „Es gibt nichts Gutes, außer man tut es."

Und an alle Steinböcke: Es gibt eine Hoffnung jenseits des rechten Winkels!

CHRIS KUNZENDORF

Geschäftsführer Beratung und Partner bei der Serviceplan Gruppe für innovative Kommunikation GmbH & Co. KG

The new India

In den letzten 20 Jahren habe ich bereits mehrere Werbeagenturen geleitet und aufgebaut. Seit Januar 2014 stehe ich aber vor einer ganz neuen Herausforderung:

Meine Aufgabe ist es, eine Werbeagentur in Indien zu restrukturieren und weiter voranzutreiben. Das Fundament ist da und die indischen Mitarbeiter bereits an Bord. Nun ist es mein Job, diese neue Firma mit deutschen Wurzeln erfolgreich durch „Incredible India“ zu führen.

Was man als Ausländer in diesem unbeschreiblichen Kosmos allerdings schnell merkt: Es ist nicht möglich, eine europäische Unternehmenskultur – geschweige denn eine Innovationskultur – 1 zu 1 auf Indien zu übertragen. Und zu versuchen, diese mit Gewalt aufzudrücken, wäre fatal. Denn ich bin der festen Überzeugung: Innovationskultur kann die Menschen und deren kreativen Output nur dann positiv beeinflussen, wenn die Menschen diese auch verstehen und nachvollziehen können.

Ein Beispiel: Am täglichen Verkehrschaos in Neu-Delhi kommt keiner vorbei. Manche Mitarbeiter haben Anfahrtswege von über drei Stunden. Und abends müssen sie wieder drei Stunden nach Hause fahren. Deshalb ist es völlig sinnlos, Mitarbeiter zu ermahnen, wenn sie immer wieder zu spät am Arbeitsplatz erscheinen. Noch ein Beispiel: In Indien gibt es Mitarbeiter, die sich wie selbstverständlich krankmelden, wenn der Bruder, die Schwester, die Oma oder der Schwager krank ist. In solchen Fällen fühlen sich die Angehörigen verpflichtet, zu Hause zu bleiben und dieser Person zu helfen. Auch die breitgefächerten Werte und Traditionen der unterschiedlichen Kasten sorgen immer wieder für spannende Herausforderungen. Erst kürzlich kam hier ein Angestellter mit einem Säbel am Gürtel zur Arbeit. Die Aufregung war groß. Warum macht er das? Darf man das überhaupt? Der Mitarbeiter erklärte uns, dass er zur Sikh-Kaste gehöre, also der Kaste der Krieger, und dass ein solches Accessoire am Gürtel völlig normal sei. Und in diesem Moment musste ich an mein Heimatland Bayern denken. Auch dort gehörte es lange Zeit zum Brauchtum, mit einem kleinen Dolch an der Lederhose in den Biergarten zu gehen. Sind gewisse Kulturen aus Indien und Deutschland vielleicht gar nicht so verschieden?

Meine Erkenntnis aus Indien zum Thema Innovationskultur:

Indien ist ein top-innovatives Land mit top-ausgebildeten Menschen. Die Schere zwischen Arm und Reich ist unglaublich – für unser abendländisch geprägtes Verständnis sogar brutal. Aktives innovatives Denken für das eigene Unternehmen kann aber nicht stattfinden, wenn Menschen täglichen Existenzängsten ausgesetzt sind. Um eine befruchtende Innovationskultur in der Agentur gedeihen zu lassen, ist somit eines unserer primären Ziele, den Mitarbeitern ein ehrliches Geborgenheits- und Sicherheitsgefühl zu vermitteln. Außerdem: Landeskultur und Religionsgefüge der jeweiligen Region sind Basis für eine prägende Unternehmenskultur. Und die wiederum bestimmt die Innovationskultur. Wenn man etwas einfordert, was dem innersten Gefüge widerspricht, fährt man gegen die Wand.

PS: Wenn ich morgens in die Agentur komme und die Sonne in die Büroräume scheint, dann schleicht sich manchmal das Gefühl ein, ich betrete die Raumstation Clavius. Ein Ort, völlig abgeschirmt von der Welt, die 20 Stockwerke tiefer ihren Lauf nimmt. Ein Ort, in dem man seinen Gedanken freien Lauf lassen kann, der inspiriert und der von einem Geist getragen wird, den manche unserer indischen Angestellten „the new India“ nennen.

IDEEN GENE RIERUNG

KAPITEL 3

DAS BEWUSSTE UNBEWUSSTE

Die Meinung zu Kreativitätstechniken von Top-Kreativen ist eigentlich immer dieselbe: alles Larifari. Würde ein Star-Kreativer mit einem Kreativitätstechnikenbuch unter dem Arm erwischt werden – es wäre für ihn wohl eine peinliche Angelegenheit. Man stelle sich vor, James Dyson würde in einem BBC-Interview gestehen, dass er auf all seine genialen Ideen mit der Kreativitätstechnik X, Y und Z gekommen sei. Plötzlich wären seine kreativen Gedanken im Kopf entmystifiziert. Offensichtlich ist er mit einer Art Anleitung zur Lösung gekommen. Er ist gar kein Genie! Dass hinter großartigen Ideen eben oft einfach nur harte Arbeit steckt, berichtet auch der Apple-Ingenieur Greg Christie. Er erklärte kürzlich, wie das erste Apple-Smartphone, das iPhone, entstand. Demnach soll Steve Jobs im Jahr 2005 ihm und einem kleinen Team nach einer längeren Vorlaufzeit ein zweiwöchiges Ultimatum gestellt haben. Entweder würden sie es in dieser Zeit schaffen, ein revolutionäres Konzept hervorzubringen, oder aber ein anderes Team würde sich zukünftig diesem geheimen Projekt widmen. Christie erzählt von strenger Kontrolle, extremem Druck und einem genervten Steve Jobs. Er erzählt aber nichts von der geheimnisvollen Anwendung irgendwelcher Kreativitätstechniken.[75]

Es scheint also tatsächlich so: Top-Kreative greifen nur unbewusst oder sogar nur im Notfall in die Kreativmethoden-Kiste. Oder eigentlich nur aus Verzweiflung.

Wenn Sie beispielsweise Produktmanager, also kein Berufskreativer sind, dann kann es Ihnen aber herzlich egal sein, wie Kreativ-Stars denken. Manchmal können Kreativ-Tools wirklich zum Durchbruch verhelfen.

Dennoch: An unzähligen Ideen-Workshops innovativer Unternehmen habe ich teilgenommen – und selten habe ich es erlebt, dass uns der Moderator, der Entwicklungschef oder der Marketing-Leiter in Gruppen eingeteilt und gesagt hat: „So! Gruppe 1 geht jetzt in Konfi 7 und versucht, das Problem mit den **SIX THINKING HATS** zu lösen, Gruppe 2 geht bitte in Konfi 8 und versucht es mit der **REIZWORT-ANALYSE** und Gruppe 3 bleibt hier. Mit euch mache ich jetzt mal gemeinsam eine **FREIE-ASSOZIATION-SESSION**.

> *„Ich hasse Ideen. Und wenn ich trotzdem mal eine habe, dann gehe ich spazieren, um sie zu vergessen.“*
>
> **Robert Rauschenberg, amerikanischer Künstler**

Bewusst eingesetzte Kreativitätstechniken bleiben in innovativen Unternehmen verpönt. Vor allem Gruppen-Brainstormings. Die Wissenschaft unterstützt diese Ansicht und hat hierzu auch glasklare Erkenntnisse. Der Sozialpsychologe Wolfgang Stroebe von der Universität Utrecht fasst es etwa so zusammen: Beim Brainstorming blockieren sich die Teilnehmer, sie vergessen ihre Einfälle, ihre mutigen Ideen halten sie zurück (weil sie Angst vor einer möglichen Blamage haben) und andere sagen in Gruppen-Brainstormings deshalb wenig, weil ja die Gruppenleistung zählt und nicht ihre eigene.[76] Auch die Personalberatung Kienbaum hat in einer Studie den Ursprung von Produktideen herausfinden wollen. Das erbärmliche Ergebnis: Nur etwa 1 Prozent dieser Ideen waren auf Kreativitätstechniken wie Gruppen-Brainstormings zurückzuführen.[77]

Wie bereits im Kapitel „Das Ideenteam" beschrieben, sind effiziente Einer-, Zweier-, Dreier- oder Viererteams die besseren Thinktanks. Aber ist der Ausdenkprozess in diesen Teams nicht auch eine Art Brainstorming? Na klar! Es bringt also nichts, Gruppen-Brainstormings generell zu verteufeln. Letztendlich kommt es auf die Größe der Gruppe an. Und auf die Mischung! Als Armin Jochum noch Kreativchef der Werbeagentur Jung von Matt war, begann er eine sanfte Revolution. Er mischte die Kreativteams vollkommen neu. Die altbewährte Zweierkombo aus Texter und Artdirektor wurde abgeschafft. Digitale Kreative kamen in die Gemengelage hinzu und mischten die alten Strukturen auf.[78] Und diese kleinen gemischten Teams, die aus spannenden Charakteren mit unterschiedlichen Berufsausbildungen bestehen, sind es, die kreative Explosionen herbeiführen können.

Und auch wenn diese eingeschworenen Miniteams das bewusste Verwenden von Kreativitätstechniken vermeiden, benutzen sie diese sehr wohl unbewusst. Ich vergleiche das immer gerne mit den Fähigkeiten von Profiboxern. Wenn die ihren Gegner zermürben wollen, dann schlagen sie Kombinationen: Seitwärtshaken und rechte Geraden, gepaart mit Kopf- und Bauchtreffern et cetera. Und sie überlegen auch nicht lange herum. Intuitiv und explosionsartig bedienen sie sich der Techniken, die sie beherrschen und setzen die ein, die sie gerade als sinnvoll erachten. Erfolgreiche Ausdenkteams gehen ähnlich vor. Gemeinsam brüten sie über das Problem. Es ist ihr Gegner. Und sie wollen ihn besiegen. Mit kontrollierter Sprengkraft. Und zwar aus Technikkombinationen, die sie beherrschen.

Dennoch gibt es natürlich Tools, die Top-Kreative immer wieder gerne einsetzen (obwohl sie es manchmal gar nicht wissen), und von diesen möchte ich Ihnen einige vorstellen. Aber Moment:

Ideengenerierungs-Tools wollen strukturiert sein. Die Wissenschaftler sprechen von ruhigen, lauten und bewegten Techniken, von diskursiven Methoden und Kombimethoden. Hm. Ich sehe es, wie bereits erwähnt, eher wie einen Boxkampf oder eine Boxkampfveranstaltung:

1. Vorkampf
Welche Tools sorgen dafür, dass man relativ schnell auf viele neue Ideen kommt? Welche Tools stellen sicher, dass die Aufgabenstellung überhaupt von allen Beteiligten richtig verstanden wurde?

2. Hauptkampf
Schlagtechniken für die Ausdenk-Sessions.

3. Kampfformate
Welche Kreativ-Workshop-Formate sind für welche Aufgabenstellungen effizient und bringen Ergebnisse?

4. Lucky Punches
Welche Schlagtechniken gibt es noch, wenn die anderen nicht weiterhelfen?

Und los geht's!

VORKAMPF

VON 24 STUNDEN, EISBRECHERN UND MAUERN

Stellen Sie sich vor, ein schwerreicher Industriekonzern lädt für ein großes Projekt fünf Innovationsunternehmen ein. Nur eine Firma wird am Ende gewinnen. Ihr Team hat die Briefing-Unterlagen bereits erhalten. In sechs Wochen ist Endpräsentation. Wann, denken Sie, sollte sich Ihr Team intern zum ersten Ideenaustausch treffen?

„I have not failed 1000 times. I have successfully discovered 1000 ways to not make a light bulb."

Thomas Edison

In innovativen Unternehmen trifft man sich nicht erst eine Woche später, sondern ganz bewusst gleich am nächsten Tag. Ganz gezielt möchte man die ersten Denkrichtungen rasch besprechen, um Folgendes zu klären:

- *Haben wirklich alle Teams das Briefing verstanden?*
- *Gibt es gleich nach 24 Stunden Ideen, die überhaupt nicht zur Strategie passen, die aber trotzdem irgendwie genial sind? Sollte man deshalb das Briefing um diesen Punkt erweitern?*
- *Haben alle Ausdenkteams dieselben Ideen? Sind Briefing und Strategie also zu eng? Muss man die Aufgabe öffnen?*

Zu oft werden die ersten internen Ideenbesprechungen erst nach einer Woche gemacht. Auch deshalb, weil die Teammitglieder darauf drängen. Typische Sätze wie *„Ich brauch mehr Zeit!"* oder *„Ich muss das erst mal auf mich wirken lassen!"* lassen Führungskräfte weich werden und sie zögern die erste Ideenzusammenkunft nach hinten hinaus. Und dann kommt das böse Erwachen: Die erste Ideen-Session nach sieben Tagen zeigt, dass nur die Hälfte des Teams die Aufgabe überhaupt verstanden hat. Was für eine traurige Zeitverschwendung.

Auch mir passiert es immer wieder, dass ich Briefings erst dann richtig verstehe, wenn ich mich 24 Stunden später erneut mit den Kollegen treffe. Einmal sollten wir uns beispielsweise für eine große Möbelhauskette mehrere TV-Spots ausdenken. Ich war mir sicher, dass das Briefing meinte, die neuen Möbel seien unglaublich geräumig. Von außen sehen sie normal aus, aber innendrin sind sie richtig groß. Also überlegte ich mir lustige Spots für geräumige Möbel. Beispielsweise, dass ein Papa und eine Mama ihre Kinder auf dem Dachboden mit einer Taschenlampe suchen. Der Twist am Ende war dann, dass alle vier aus einem Kleiderschrank der Möbelhauskette heraussteigen.

Gut, dass wir uns gleich am nächsten Tag zum internen Ideenaustausch getroffen haben. Das Briefing zielte nämlich auf etwas völlig anderes: Die neuen Möbel sind so platzsparend, dass man in seiner Wohnung viel mehr Raum hat. Richtiger wäre also ein Spot gewesen, in dem jemand durch seine überschaubare Wohnung ruft und seine Freunde mit einem klaren Echo beeindruckt, das erst zwei Sekunden später antwortet.

Häufig liegt man bei den 24-Stunden-später-Treffen aber noch mit etwas völlig anderem daneben: mit der Tonalität. Als ich noch Junior-Texter war, waren meine Ideen oft schwarzhumorig. Hauptsache unterhaltsam, das war meine Devise! Das ist aber bei manchen Versicherungen, Banken und auch Automarken überhaupt nicht erwünscht. Die 24-Stunden-Methode ist für einen Teamchef also ein gutes Tool, solche unbeabsichtigten Missverständnisse rechtzeitig zu korrigieren.

Eine kleine Anmerkung:

In etlichen Kreativitätsbüchern kann man lesen, dass man doch bitte im Ideenprozess so spät wie möglich mit der Ideenbewertung anfangen soll. Also eigentlich ein krasser Widerspruch zur 24-Stunden-Methode. Ich teile diese Ansicht nicht, dass man in der Anfangsphase der Kreativität erst mal keine Grenzen setzen soll. Das Gegenteil ist der Fall: Kreativität braucht Grenzen. Es sei denn, Sie sind künstlerisch motiviert. Sicherlich ist es schlau, das Briefing oder die Strategie kontrolliert zu sprengen, aber am Ende suchen wir ja nicht nach verrückten Ideen, sondern nach neuartigen und relevanten Lösungen.

Es soll schon zweitägige Ideen-Workshops gegeben haben, bei denen der Moderator am ersten Tag noch keine Ideenbewertung zugelassen hat. Solche Workshops halte ich für Kinderveranstaltungen. Welches Frustgefühl muss beim Team entstehen, wenn am zweiten Tag festgestellt wird, dass von den 260 Ideen nur zwei für den Kunden oder die Entwicklungsabteilung infrage kommen! Umgekehrt wird ein Schuh draus: In gut organisierten Ideen-Workshops werden die Kreativteams für ein bis drei Tage zusammengeholt. Morgens wird gebrieft, dann gehen die Teams auseinander und entwickeln zwei bis drei Stunden lang Konzepte. Dann kommen alle wieder zusammen und jedes Team stellt seine Ansätze vor, die auch sofort bewertet werden. Das Briefing wird dann eventuell feinjustiert und danach beginnt das Spiel wieder von vorne. So entstehen drei bis vier Ideenrunden. Das ist effektiv. Rechnen Sie's aus: drei Runden je vier Teams mal drei bis vier Ansätze pro Runde macht zwischen 36 und 48 Ansätze. Pro Tag!

Wenn Briefings oder Strategien übrigens richtig komplex sind und man in sechs Wochen den Abgabetermin hat, dann greift man in innovativen Unternehmen auch gerne auf **EISBRECHER** zurück. Das geht so:

Für einen oder zwei Tage holt man sich ein freies Kreativteam ins Haus. Das sind meistens super erfahrene Konzepter (auch „Eisbrecher" genannt), die teilweise über 20 Jahre Berufserfahrung auf dem Buckel und jedes Briefing schon mindestens zweimal in einer ähnlichen Form behandelt haben. Solche Teams kosten pro Tag zwischen 800 und 2000 Euro. Dafür kann man sich aber darauf verlassen, dass man am nächsten Tag garantiert sechs bis acht durchdachte Konzepte erhält. Von denen sind dann sicherlich zwei Drittel nicht verwertbar. Aber das, was übrig bleibt, sind gute Sprungbretter, an denen das eigene Team intern weiterarbeiten kann.

Noch ein anschauliches Experiment zur 24-Stunden- und zur Eisbrecher-Methode:

Gerd Gigerenzer schrieb in der *Frankfurter Rundschau* einen interessanten Artikel über Intuition. Unter anderem berichtet er über eine Studie bei Golfspielern. Diese ging etwa so: In dem Experiment wurden Golfspieler in Profis und Anfänger eingeteilt. Beim ersten Golfschlag sollte jeder, nachdem er den Golfball positioniert hat, innerhalb von drei Sekunden abschlagen. Hier waren die Profis den Anfängern überlegen. Ihre Treffsicherheit war bedeutend höher. Beim zweiten Schlag sollte man, nachdem man den Ball positioniert hatte, mindestens drei Sekunden warten, bevor man abschlug. Und diesmal war es umgekehrt. Diesmal war die Treffsicherheit der Anfänger besser als die der Profis.[79]

Und ich denke, das ist nicht nur bei Golfern so, sondern auch bei innovativ arbeitenden Menschen. Hat man beispielsweise eine schwierige Aufgabenstellung zu knacken, dann lässt man oft mehrere Kreativteams ausdenken. Sowohl Seniorteams als auch Juniorteams. Und manchmal bucht man, wie oben erwähnt, auch noch Eisbrecher dazu. Und es stimmt wirklich: Die Seniorteams haben gleich nach ein bis zwei Ausdenktagen mehrere Ideen entwickelt, die dem Ziel schon sehr nahe kommen. Aber nach drei Tagen werden die Ideen nicht besser. Umgekehrt ist es jedoch bei den Junioren und Trainees. Hier sind die Ideen nach zwei Tagen oft nur fragmentarisch oder gehen sogar völlig am Ziel vorbei. Man möchte da schon oft die Hoffnung aufgeben. Dafür ist es dann umso erstaunlicher, dass die Unerfahrenen häufig nach ein paar Tagen des ineffizienten Ausdenkens plötzlich mit einer Hammeridee daherkommen. Vor allem dann, wenn ihre Konzepte auf Ideen der Senior- oder der Eisbrecherteams basieren.

Eine weitere spannende Vorgehensweise in der Vorkampf-Phase ist die **MAUER-METHODE**. Stellen Sie sich vor, Sie arbeiten in einem Kosmetikkonzern. Für das Luxus-Pflegeprodukt ShinyblingblingSuperb sucht Ihr Unternehmen nach einem noch nie dagewesenen Verschlusssystem. Momentan ist es eine Dose mit einem ganz simplen Drehverschluss. Sie wollen aber etwas Überraschendes. Etwas Extravagantes. Sollten Sie jemals vor so einer Aufgabe stehen, dann probieren Sie doch mal Folgendes aus: Teilen Sie Ihr Team in mehrere Gruppen auf. Starten Sie einen Wettbewerb. Jede Gruppe soll auf Zetteln so viele Verschlusstechniken aufschreiben wie irgend möglich. Zum Beispiel: Reißverschluss, Kronkorken, Klettverschluss, Schlüssel-Schloss-Prinzip und so weiter. Sagen Sie, dass diejenige Gruppe einen Preis gewinnen wird, die am meisten Verschlusstechnikoptionen auf die Zettel schreiben wird. Dann lassen Sie die Kollegen schreiben. Brechen Sie das Spiel nach etwa zwei Minuten ab. Lassen Sie jetzt jede Gruppe ihre Zettel an die Wand hängen und die Anzahl der Begriffe zählen. Und spätestens jetzt lassen Sie die Katze aus dem Sack. Sie sagen: „Und jetzt überlegen wir uns ein Verschlusssystem, auf das noch keiner gekommen ist. Ein Verschlusssystem also, das noch nicht hinter Ihnen an der Wand hängt!" Ein schönes Spiel! Diese Methode wurde schon als

Ausschluss-Methode bezeichnet.[80] Auch gut. Besser finde ich aber den Begriff Mauer-Methode. Das Ausdenkteam hat nämlich nun die Erkenntnis, dass sie soeben über eine Mauer geklettert ist und jetzt in Welten einsteigen kann, in denen noch keiner war. Endlich ist eine Tür geöffnet worden für wirklich neue und noch nie dagewesene Ideen.

METHODE 6-3-5

Hier handelt es sich ebenfalls um eine Vorkampf-Methode, eine sogenannte Brainwriting-Technik. Sie wurde 1968 von Bernd Rohrbach entwickelt. Und so geht's: Sechs Teilnehmer erhalten ein Blatt Papier. Dieses wird mit drei Spalten und sechs Zeilen in 18 Kästchen aufgeteilt. Jeder Teilnehmer schreibt nun in die erste Zeile drei Ideen. Nach etwa drei Minuten muss jeder das Blatt nach rechts reichen. Und jetzt muss jeder Teilnehmer in der nächsten Zeile weiterschreiben. Er muss versuchen, die über ihm formulierten Ideen aufzugreifen, zu optimieren, zu perfektionieren oder weiterzuentwickeln. Oder aber er schreibt etwas völlig Neues. Und wenn sechs Zettel fünfmal weitergereicht werden und jeder drei Ideen daraufschreibt, dann hat man am Ende etwa 108 Ideen.[81] Wenn das nicht effizient ist! Und alle Ideen bauen aufeinander auf. Es sind alles echte Gemeinschaftsideen. Absolut teamspirit-fördernd! Und so sieht ein 6–3–5-Blatt aus, wenn man mal überlegt, welche coolen Zusatzfunktionen ein Toaster noch haben könnte:

Wie kann man einen Toaster noch attraktiver gestalten?

IDEE 1	IDEE 2	IDEE 3
Toaster „brennt" auf die Toasts das aktuelle Datum oder Schlagzeilen	Bevor die Toasts rausspringen, ertönt ein Countdown	Die Außenschale nimmt die selbe Farbe an, die der Toast gerade im Toaster hat
Auf die Toasts wird ein tägliches Gewinnspiel „gebrandt". Die Toasterfirma verlost also jeden Tag einen Hauptgewinn	Wenn die Toasts rausspringen, sagt eine Computerstimme „Lift off!"	Der Toaster gibt ein Warnsignal ab, bevor ein Toast zu verkohlen beginnt
Per USB-Stick kann man Fotos auf den Toaster laden. Die Fotos werden dann auf die Toasts draufgebrannt	Wie hoch die Toasts rausspringen kann man einstellen. Wer's mag, kann sie auch 30 cm hoch rausspringen lassen	Der Toaster hat einen automatischen "Entbröseler". Wenn man auf den Knopf drückt beginnt der Toaster zu husten und zu vibrieren
Den Toaster kann man mit seinem Facebook-Account verbinden. Auf den Toast wird dann „eingebrannt" wie viele neue Freundschaftsanfragen oder Nachrichten man gerade hat	Den Countdown gibt es in 10 verschiedenen Sprachen. Kann man auswahlen	Der Toaster ist faltbar. Heisst: aus einem Zweischlitzer kann man auch einen langen Einschlitzer machen
Wenn ein Brot zu dick ist, und nicht in den Toaster passt, kann man irgendwo drehen und den Schlitz vergrößern	Statt „Lift off" sagt der Toaster „Fertig!"	Jeder Toaster ist mit einem anderen Toaster verbindbar. Heisst: aus zwei Kurzschlitzigen kann man einen Doppellangschlitz machen
Der Toaster ist mit dem Terminkalender verbunden und „brennt" die heutigen Termine auf den Toast	Man kann einstellen mit welchem Neigungswinkel die Toasts aus dem Toast raugeschossen werden, so kann man dann das Toastkörbchen perfekt positionieren	Man kann den Toaster so klappen und umformen, dass man daraus auch ein Raclette bauen kann.

GRÖSSENWAHN

In der Vorkampfphase schwören innovative Unternehmen ihre Mitarbeiter kurz vor der heißen Ausdenkphase auf „Think big“ ein. Warum? Weil man am Ende eine Idee immer noch verkleinern oder zurechtstutzen kann. Man kann am Ende aus einer kleinen Idee aber nie eine große, marktdurchdringende, radikale Innovation machen. Das hat schon Einstein erkannt:

> *„If an idea at first glance doesn't seem absurd, it can't be a good idea!“*

Bei einem Workshop erlebte ich es einmal, dass der CEO einen Uralt-Witz zum Einheizen benutzte: „Nixon bekommt einen Anruf von der CIA, die ihm berichtet, dass die Chinesen auf dem Mond gelandet sind und ihn komplett rot angemalt haben. Nixon brüllt zurück: ‚Die CIA soll rauffliegen und Coca-Cola draufschreiben!‘“ *Bäng!* Und schon befinden sich die Kreativen nicht mehr im Klein-Klein, sondern wissen, wo sie hinsollen! Zum Mond! Ich habe auch schon erlebt, dass vor Ideen-Workshops extra Videos zusammengeschnitten worden sind, in denen 200 Prozent „Bigger than Life“ gezeigt wurde: ein Zusammenschnitt aus Weltraumreisen, Desertec, Disney World, Felix Baumgartner und so weiter. Das Ganze gesalzen mit Zitaten der üblichen Verdächtigen wie Steve Jobs und Richard Branson. Alles unterlegt mit einem treibenden Song der Band Muse. Zwischendurch immer wieder Bilder von größenwahnsinnigen Monumenten der Architektur wie den Stalin-Bauten in Moskau, dem Schloss Neuschwanstein, der Dubai-Skyline und so weiter. Wenn die Ideen-Workshop-Teilnehmer diese größenwahnsinnige Metaebene erst mal verinnerlicht und sich an den Bildern berauscht haben, fällt es ihnen leichter, kreative Explosionen zu produzieren. |||

HAUPTKAMPF

Nach dem Vorkampf haben wir schon mal jede Menge Ideen und Sprungbretter. Außerdem kann man sicher sein, dass alle die Aufgabenstellung richtig verstanden haben. Und man weiß, Herkömmliches von Neuem zu unterscheiden. Und jetzt geht's ans Eingemachte, nämlich in die Ausdenk-Sessions. Allein, zu zweit, zu dritt oder auch zu viert. Jetzt wird intensives Ideen-Pingpong gespielt!

„Nothing is more dangerous than an idea when it is the only one you have."

Émile Chartier

Die Kampf-Techniken im Überblick:

DIE ZEHN SCHLAGTECHNIKEN DER OSBORN-CHECKLISTE

Die Osborn-Checkliste[82] wurde von Alex Osborn, Gründer der Werbeagentur BBDO, um 1957 bekannt gemacht, der übrigens auch das Brainstorming salonfähig machte. Also gleich zwei gängige und nicht totzukriegende Kreativitäts-Tools verdanken wir diesem hippen Werber aus den 50ern. Bei dieser Checkliste hatte Osborn einen ziemlich cleveren Hintergedanken: Nachdem er viele Innovationen untersucht und analysiert hatte, stellte er fest, dass Optimierungen, Veränderungen oder Neuerfindungen oft auf den folgenden Herangehensweisen basieren. Sie lauten:

1. *Put to other uses*
2. *Adapt*
3. *Modify*
4. *Magnify*
5. *Minify*
6. *Substitute*
7. *Rearrange*
8. *Reverse*
9. *Combine*
10. *Transform*

Und die gehen wir jetzt mal anhand von einfachen, brillanten, inspirierenden und verständlichen Beispielen gemeinsam durch. Manchmal erkennt man, dass sich die Herangehensweisen ähneln oder sogar zu den gleichen Ergebnissen führen. Das ist egal. Kreativität lässt sich eben nicht katalogisieren.

Und los geht's:

PUT TO OTHER USES

Welche anderen Anwendungsmöglichkeiten gibt es für das Produkt?

Schon mal von der Firma CLOUD & HEAT gehört? Die haben ein Produkt, das so funktioniert: Ein feuerfester Sicherheitsschrank, der mit vielen Servern bestückt ist, wird eben nicht nur als Datensammler benutzt, sondern auch noch als Heizsystem angewendet. Die Wärme der Server wird in Pufferspeicher eingespeist. Diese versorgen dann den Heizwasserkreislauf und kümmern sich um die Erwärmung des Trinkwassers. Auch die Lüftungsanlage ist an die Server gekoppelt. So kann die Wärme auch für die Beheizung des Hauses genutzt werden.

Oder kennen Sie die Firma Bonbon Trading Limited? Die fragten sich, warum ein Sofa, nur ein Sofa sein soll. Toll wäre doch, wenn man es auch als Stockbett anwenden könnte. Und genau das vermarkten und verkaufen sie jetzt: ein Sofa aus dem mit ein paar Handgriffen ein Stockbett wird. Oder umgekehrt. Chapeau!

Oder: der Kopfkrauler, ein Massagegerät für den Kopf. Dieses Ding scheint einen leicht esoterischen Touch zu haben und sicherlich gibt es keine Beweise, ob das Gerät irgendwelche medizinischen Wunder bewirkt. Aber sind wir ehrlich: Der Kopfkrauler fühlt sich gut an. Er wird millionenfach irgendwo in Asien produziert und irgendwer scheffelt damit sehr viel Geld. Irgendwie sieht das Ding aus wie ein Schneebesen, der unten aufgeschnitten wurde. Es würde mich nicht wundern, wenn der Kopfkrauler genauso erfunden wurde! Wie auch immer, die Beziehung zwischen Schneebesen und Kopfkrauler ist nicht zu leugnen. Und man stellt fest: Den Schneebesen kann man durch eine kleine Veränderung auch noch anders verwenden, nämlich als Kopfkrauler und schon ist die Kategorie **PUT TO OTHER USES** erklärt.

Fragen Sie sich: Wofür könnte man die Produkte Ihrer Firma sonst noch verwenden?

ADAPT

Was kann man an seinem Produkt noch besser anpassen?

Der Kinderskischuh IDEA der Firma Roces ist eine schlaue Erfindung. Er wächst nämlich mit dem Kinderfuß mit. Super praktisch, denn Eltern müssen für ihre Kinder jetzt nicht jedes Jahr neue Skischuhe kaufen. Und so funktioniert's: Die Größe der Außenschale ist verstellbar und der Innenschuh passt sich an.

Oder auch schön: der sogenannte Zehenschuh von Vibram. Dieser Schuh wurde nämlich perfekt an die Zehen angepasst. Das Vorbild ist der nackte Fuß. Jede Zehe wird hier einzeln verpackt und hat ihr eigenes Schlupfloch. Allerdings sehen die Schuhe etwas gewöhnungsbedürftig aus. Man wird darin gerne mal als Frosch oder Hobbit bezeichnet. Es ist schön, dass die Zehenschuhe trotz dieser optischen Hürde zu solch einem Erfolg wurden.

Fragen Sie sich: Wie, wo oder an was können Sie Ihre Produkte noch besser anpassen?

MODIFY

Kann man das Produkt umformen oder anders gestalten?

Japanische Melonenbauer haben die quadratische Wassermelone erfunden, ihr also eine neue Form gegeben. Und warum? Damit sie erstens in jedes Fach eines japanischen Kühlschranks passt und zweitens, damit sie beim Transport nicht ständig wegrollt. Und das Ganze hat mit Genfood nichts zu tun: Die Melone muss einfach nur in eine quadratische Schachtel hineinwachsen und wie von selbst nimmt sie dann die Form eines Quadrats an.

Und die Tüftler hinter www.jarwithatwist.com haben das Erdnussbutterglas neu gestaltet und ihm, wenn man so will, eine neue Form und Mechanik gegeben. Damit man sich die Finger nicht schmierig macht, wenn man an die Erdnussbutter ganz unten im fast schon leeren Erdnussbutterglas herankommen will, kann man am unteren Ende des Glases drehen – und *schwupps* – bewegt sich der Boden des Glases nach oben. Man muss also mit dem Messer nicht mehr so tief im Glas herumstochern und die Hände bleiben sauber. Einfach genial!

Fragen Sie sich: Wie kann man die Form Ihres Produkts verändern? Was kann man anders gestalten?

MAGNIFY

Wie kann man das Produkt vergrößern? Was kann man hinzufügen? Wie macht man es schwerer, teurer oder dicker?

Diese Herangehensweise beschreibt den American Way of Life: bigger, better, faster! Aus einem Truck wird beispielsweise ein Monstertruck. Und schnell fallen uns weitere Dinge ein: Familienpackungen, XXL-Burger, Director's-Cut-Filme oder größere Ladevolumen für LKW. Übrigens steht ein anderer Superlativ – nämlich eines der größten Klos der Welt – im deutschen Hornberg. Und zwar im Duravit Design Center. Es ist 7,10 Meter hoch, wiegt 11 Tonnen und sieht einfach genial aus.[83] Ein Unternehmen, das die MAGNIFY-Strategie in seiner Sponsoring-Kommunikation ebenfalls gerne verfolgt, ist Red Bull. Von Anfang an setzte die Marke auf Extremsport. Und der wird immer extremer. Felix Baumgartners Sprung aus der Stratosphäre setzt den momentanen Höhepunkt. Wird Red Bull auch das noch eines Tages toppen? Wird etwa Red Bull und nicht die NASA den ersten bemannten Flug zum Mars organisieren?

Fragen Sie sich:

Was können Sie an Ihren Produkten noch vergrößern oder überhöhen?

MINIFY

Wie kann man das Produkt verkleinern? Wie kann man es kompakter, kürzer oder leichter machen? Oder günstiger?

Diese Herangehensweise kommt der europäischen Denke sehr entgegen. Denn sie ist kundenfreundlich, nachhaltig und ökologisch sinnvoll: Wie bekommt man den Spritverbrauch unter 3 Liter? Wie macht man eine Luxuslimousine leiser? Wie kann man etwas noch billiger machen? Wie senkt man den Fettgehalt? Wie kommt noch weniger Straßenlärm durch die Fenster unserer Häuser? Wie senkt man das Gewicht eines Formel-1-Autos? Wie kriegt man Ketchup auch in ganz kleine Verpackungen portioniert? Und wann werden Hörgeräte wirklich nicht mehr sichtbar sein? MINIFY ist immer auch die Kunst des Weglassens und Reduzierens: wie beispielsweise eine Cola ohne Zucker.

Auch Teile der traditionell konservativen Amerikaner stehen übrigens auf MINIFY. Die Nachfrage nach einem Maschinengewehr, das klein und kompakt ist, steigt. Und deswegen wird für die schießwütigen US-Bürger immer wieder gerne daran herumgetüftelt. Es gibt bereits einen Prototypen namens Magpul FMG-9. Dieses Gewehr ist so kompakt zusammenklappbar, dass es in jede Jeans-Hosentasche passt. Die Amis halt!

Der Drang zur Verkleinerung hat aber auch seine Grenzen: In den letzten 20 Jahren sind Handys gefühlt ums Doppelte geschrumpft. Aber kleiner will es der Verbraucher nicht mehr. Die neue Generation der Smartphones beginnt wieder zu wachsen.

Fragen Sie sich:

Was kann man an Ihrem Produkt sinnvoll verkleinern?

SUBSTITUTE

Was am Produkt kann man ersetzen? Welche Teile kann man austauschen?

Bei Limonaden wird aus Zucker Süßstoff und bei Schuhen werden aus Ledersohlen Luftsohlen. Auch die Energieriesen und Autokonzerne müssen umdenken: Aus Atomstrom wird Solarstrom und aus Benzinmotoren werden Elektromotoren. Ach ja, und der Phaeton von VW wird nicht in Wolfsburg, sondern in Dresden produziert. Ein plastisches und anschauliches Beispiel für SUBSTITUTE ist die uralte Frage, ob die gute, alte Schuhschleife wirklich so bewährt ist oder ob sie jemals von etwas anderem ersetzt wird. Bisher hat ihr beim Halbschuh noch niemand den Rang abgelaufen. Nicht der Klettverschluss, nicht der Reißverschluss, kein Schnellspanner und auch kein Disc-System. Aber warten wir doch einfach nochmal 100 Jahre ab. Irgendwann wird die traditionelle Schleife vielleicht ersetzt werden. Das Thema SUBSTITUTE haben manche Unternehmen zu ihrem USP gemacht. Hierbei handelt es sich um Unternehmen, die ihren Kunden nicht massentaugliche Produkte bieten, sondern maßgeschneiderte und individuelle Lösungen. Ein paar Beispiele gefällig?

www.myparfum.de

Hier kann der Kunde sein eigenes Parfum kreieren, indem er selbst entscheidet, aus welchen Komponenten es bestehen soll. Wer es nicht fruchtig mag, kann diese Note beispielsweise durch eine orientalische ersetzen. Laut Website gibt es über 10 Millionen Möglichkeiten, die einzelnen Duftkomponenten miteinander zu kombinieren.

www.mymuesli.com

Hier kann man sein individuelles Biomüsli aus über 80 verschiedenen Zutaten zusammenstellen. Rein rechnerisch soll es etwa 566 Billiarden Müslivariationen geben.

www.chocri.de

Hier kann man seine eigene individuelle Schokolade mit über 27 Milliarden Möglichkeiten aus 80 Zutaten zusammenstellen.

Fragen Sie sich:

Was kann man an Ihren Produkten ersetzen? Was lässt sich individualisieren?

REARRANGE

Wie lässt sich das Produkt neu anordnen? Wie lässt es sich anders zusammenfügen?

Vielleicht kennen Sie das aus Ihrer Nachbarschaft: diese Leute mit ihren Liegefahrrädern. Hier sitzt man nicht auf einem Sattel, sondern liegt auf einem Schalensitz. Und die Pedale und das Tretlager befinden sich nicht unten, sondern vorne. Hier wurden also wirklich einfach nur alle Einzelteile auseinandergenommen und später neu aneinandergeordnet. Simpel, aber effektiv: Es ist immer noch ein Fahrrad, aber für manche eben das bessere Fahrrad!

Fragen Sie sich:

Wie kann man Ihr Produkt neu anordnen?

REVERSE

Was lässt sich am Produkt ins Gegenteil verkehren? Was lässt sich auf den Kopf stellen?

Auch hierzu zwei inspirierende Beispiele aus der Innovationsgeschichte. Ein absoluter Geniestreich war die Top-Down Bottle, die unter anderem durch Heinz Ketchup im Jahr 2002 richtig bekannt wurde. Zu verdanken haben wir diese Idee einem gewissen Paul Brown, einem Erfinder aus Amerika. Der wollte in den frühen 90ern ein Shampoo entwickeln, das auch auf dem Kopf stehen kann. Aber wie muss die Flasche konstruiert sein, damit sich das Ventil öffnet, wenn man draufdrückt? Und wie schließt sich das Ventil wieder, wenn man loslässt? Und überhaupt: Wie vermeidet man, dass es aus der Flasche tropft? Brown gelang nach einiger Zeit der Durchbruch. Und nicht nur sein Shampoo-Kunde war glücklich, auch ein Babynahrungshersteller wollte die Technik für seine Schnabeltassen verwenden. Die NASA klopfte ebenfalls bei ihm an, denn sie war interessiert an einem auslaufsicheren Trinksystem für ihre Weltraumastronauten. Und irgendwann wurde dann auch das Unternehmen Heinz darauf aufmerksam und revolutionierte Ketchup mit der Squeeze-Flasche. Plötzlich wurde eine kleine geniale Idee Massenware. Übrigens verkaufte Paul Brown sein Unternehmen schon 1995 und bekam dafür stolze 13 000 000 Dollar![84]

Und noch ein schönes Reverse-Beispiel: Das Unternehmen Grinon Industries vertreibt sehr erfolgreich Bierschankmaschinen mit dem Namen Bottoms Up Draft Beer Dispenser®. Hier wird das Bier nicht von oben nach unten in die Becher abgefüllt, sondern von unten nach oben. Geht viel schneller und ist garantiert ein Hingucker!

Was kann man an Ihrem Produkt auf den Kopf stellen?

Fragen Sie sich:

COMBINE

Womit lässt sich das Produkt kombinieren? Lässt es sich mit einem anderen Produkt kreuzen oder verbinden?

Ganz viele Innovationen sind Kombinationen oder Kreuzungen. Das leuchtet ein: Man beobachtet, dass beim Produkt XY ein ganz bestimmtes Prinzip sehr gut funktioniert. Dieses Prinzip nimmt man und versucht, es mit einem anderen Produkt zu verbinden oder zu kreuzen. Mit etwas Fantasie kann man auch sagen, dass die Schreibmaschine ein Vorläufer des Smartphones ist. Durch Hinzufügung, Kreuzung oder Verbindung anderer erfolgreicher Prinzipien machte die Schreibmaschine eine lange Reise.

Es gibt aber auch ganz simple Beispiele, um die Herangehensweise zu erklären. So ist Triathlon einfach nur eine Kombination aus Schwimmen, Radfahren und Laufen. Moderne Taschenmesser verbinden gleich zwölf Funktionen miteinander. Die Marke Milka hat auch immer wieder schöne Einfälle. Mal kreuzt sie sich mit Oreo-Keksen, mal mit Philadelphia-Frischkäse. Und auch im Tassimo-Kaffeesortiment gibt es mittlerweile eine Milka-Variante. (Markenkenner wissen übrigens, dass sowohl Milka als auch Oreo, Philadelphia und Tassimo zu dem Mega-Konzern Mondelēz International gehören.)

Zwischen Philips und Beiersdorf entstand ebenfalls mal eine nette Kooperation: der „Nivea for Men"-Rasierer. Das Nivea-Rasiergel wird in einen Philips-Rasierapparat gepumpt und schon kann man unter der Dusche eine herrliche Rasur beginnen.

Und wenn Sie das nächste Mal Ihr Amazon-Päckchen öffnen, wird vielleicht auch eine Broschüre oder ein Flyer von irgendeiner anderen Firma darin liegen. Das nennt man eine Vertriebskooperation!

Fragen Sie sich:

Mit welchem anderen Produkt kann man Ihr Produkt kreuzen?

TRANSFORM

Lässt sich das Produkt in einen anderen Materialzustand überführen?

Flüssigseife, Milchpulver oder Snickers als Eiscreme – hier werden Produkte in einem anderen Aggregatszustand verkauft als wie wir sie kennen. Und Regierungen, die besonders offen und transparent wirken wollen, bauen Parteizentralen mit Fassaden aus Glas und nicht aus Beton. Und Beton aus lichtdurchlässigen Materialien gibt es inzwischen auch schon. Schön auch eine Idee aus der australischen Stadt Sydney: Um zu große LKW davor zu warnen, dass sie nicht durch den Hafentunnel passen, wird am Anfang des Tunnels ein riesengroßes Stopp-Schild auf einen Wasservorhang projiziert. Und das kann nun wirklich kein LKW-Fahrer mehr übersehen. Das Stoppschild wurde neu materialisiert. Aus einem Blechschild wurde ein Wasserschild.[85]

Fragen Sie sich: Aus welchem anderen Material oder in welchem anderen Zustand lässt sich Ihr Produkt auch produzieren?

Anbei eine optische Darstellung der Osborn-Checkliste. Ein prima Spickzettel für Ideen-Sprungbretter.

Der Kopfüber-Schlag: der Perspektivwechsel

Der Perspektivwechselmuskel ist der größte Kreativitätsmuskel, den man sich antrainieren kann. Denn wem es gelingt, Probleme und Aufgabenstellungen aus den unterschiedlichsten Blickwinkeln zu betrachten, der überrascht immer wieder mit ungewöhnlichen Ideen.

So entwickelte ein damaliger Teamkollege von mir mit seinen Vorgesetzten folgendes Konzept für eine BMW-Anzeige. Sie funktionierte so:

Der Betrachter sah eine Scheune von innen. Aber weit und breit kein Auto – dafür unzählige elegante Pferde. Der besondere Twist auf dem Foto war das Scheunenfenster, das aussah wie ein typischer BMW-Grill. Und schon war alles gesagt. Mehr als die zusätzliche knappe Zeile „Der neue BMW X5 4.6is“ und das BMW-Logo brauchte diese Anzeige nicht, um Werbegeschichte zu schreiben. Die Idee „horses“ für den BMW X5 sollte im Folgejahr eine der meistprämierten Arbeiten der Welt werden.

1. PUT TO OTHER USES

Welche anderen Anwendungsmöglichkeiten gibt es für das Produkt?

Aus einem Schneebesen kann man theoretisch einen Kopfkrauler machen.

Aus einem Sofa kann ein Bett werden.

2. ADAPT

Was kann man an seinem Produkt noch besser anpassen?

Ein Kinderskischuh passt sich an die Größe des Fußes an.

3. MODIFY

Kann man das Produkt umformen oder anders gestalten?

Eine neue Form: die quadratische Melone.

4. MAGNIFY

Wie kann man das Produkt vergrößern? Was kann man hinzufügen? Wie macht man es schwerer, teurer oder dicker?

Eines der größten Klos der Welt als Balkon.

Aus einem Truck w ein Monstertruck.

DIE OSBORN CHECKLISTE

5. MINIFY

Wie kann man das Produkt verkleinern? Wie kann man es kompakter, kürzer oder leichter machen? Oder günstiger?

Handys werden immer kleiner.

Autos werden leiser.

6. SUBSTITUTE

Was am Produkt kann man ersetzen? Welche Teile kann man austauschen?

Der Klettverschluss ersetzt die Schleife.

7. REARRANGE

Wie lässt sich das Produkt neu anordnen? Wie lässt es sich anders zusammenfügen?

Beim Liegerad sind die Einzelteile anders angeordnet.

8. COMBINE

Womit lässt sich das Produkt kombinieren? Lässt es sich mit einem anderen Produkt kreuzen? Kann man es mit einem anderen Produkt verbinden?

Der Triathlon ist eine Kombination aus Schwimmen, Radfahren und Laufen.

9. REVERSE

Was lässt sich am Produkt ins Gegenteil verkehren? Was lässt sich auf den Kopf stellen?

Eine Ketchup-Flasche, die auf dem Kopf steht.

10. TRANSFORM

Lässt sich das Produkt anders materialisieren?

Trockenseife wird zu Flüssigseife.

Ein Stoppschild wird auf einen Wasservorhang projiziert.

Und das zu Recht. Die Idee befand sich auf einem vollkommen anderen Level als die vielen anderen Autowerbeanzeigen in dieser Zeit. Denn während man sich beim Ideenausdenken eigentlich immer darauf konzentriert hatte, das Auto in all seiner Schönheit abzubilden, gelang hier ein genialer Perspektivwechsel. Man schaute nicht von außen auf den BMW X5, sondern von innen, wo sich die Pferdestärken tummeln, nach draußen. Einfach nur genial.

Und genau solch einem Perspektivwechsel kann der Anfang vieler großartiger Ideen innewohnen. Stiften Sie also Ihre Mitarbeiter dazu an, gewohnte Denkmuster und Blickrichtungen kontrolliert zu sprengen oder umzudrehen. Indem Sie es selbst vorleben, aber Ihrem Team auch Hilfsmittel anbieten. Hier ein paar Beispiele:

Für eine Supermarktkette bin ich mal in einem sogenannten Old-Age-Suit (deutsch: Alterssimulationsanzug; siehe Abbildung auf der nächsten Seite) durch die Supermarktgänge gelaufen. Ein Old-Age-Suit macht Sie zum alten Mann oder zur alten Frau. Sie hören weniger, sehen schlechter, die Gelenke werden versteift und man kann nicht mehr so gut greifen. In einem Old-Age-Suit spürt man am eigenen Leib, wie sich Senioren beispielsweise im Supermarkt fühlen, und man erkennt, dass man Doppelherz besser nicht im unteren Regal platziert.

Die Drehbuchautorin und Regisseurin Doris Dörrie trug testweise für einen Tag einen Fat-Suit, als sie den Kinofilm Die *Friseuse* vorbereitete, in dem es um eine stark übergewichtige Frau geht.[86] Dörrie erfuhr am eigenen Leib, wie Übergewichtige bisweilen angegafft und gemobbt werden und welche Raffinessen sie anwenden müssen, um durchs Leben zu kommen. Einige dieser so gemachten Erkenntnisse und Erfahrungen ließ die Autorin sicherlich in ihr Drehbuch einfließen und machte den Film dadurch besonders authentisch.

Ich selbst bin schon einige Male mit einem Rollstuhl durch Hotels gefahren – und zwar gemeinsam mit verschiedenen, ebenfalls kurzzeitig berollstuhlten Bauingenieuren. Und warum?
Ich wollte, dass die Ingenieure am eigenen Leib erfahren, wie schwer es für Rollstuhlfahrer ist, in Aufzüge zukommen, in Toiletten zu wenden oder Bordsteine zu überwinden. Bei der Planung ihrer nächsten Bauvorhaben werden die Bauingenieure,

die selbst einmal für wenige Stunden im Rollstuhl saßen, die Bedürfnisse von Rollstuhlfahrern viel besser berücksichtigen können.

Überlegen Sie: Gibt es derartige Hilfsmittel oder Inspirationen, die Ihren Mitarbeitern helfen, sich noch besser in die Kunden hineinzuversetzen und dann noch passgenauere Produkte oder Dienstleistungen zu entwickeln? Grundsätzlich gilt: Solche Erfahrungen am eigenen Leib wirken nachhaltig und sind für das komplette Innovationsteam hilfreich und sinnvoll, um auf neue und einzigartige Ideen zu kommen.

Übrigens kann man auch mal schnell vom heimischen Sofa aus den Perspektivwechsel üben, zum Beispiel mit dem Film *Rashomon*: Wer hat den Räuber umgebracht? Der Samurai? Die Verlobte? War es Selbstmord? Am Ende werden Sie staunen, aus welcher Perspektive Ihnen die Wahrheit ins Gesicht lacht. Und wer nicht so gerne ARTE schaut, wählt eben eine Hollywood-Produktion: *8 Blickwinkel* beschreibt eine ähnliche Handlung (der Präsident der Vereinigten Staaten wird umgebracht, aber wer war's?) aus acht verschiedenen Perspektiven. Wenn Sie diese beiden Filme gesehen haben, dann ist Ihr Perspektivwechselmuskel garantiert um zwei Zentimeter gewachsen.

Auch im Internet gibt's ein faszinierendes Filmchen zum Thema Perspektivwechsel. Der Film heißt *Pro/Contra* und stammt von der Werbeagentur Serviceplan. Der zweiminütige Film ist eine Dokumentation über eine riesengroße Kunstinstallation während des Lead Awards in Hamburg aus dem Jahr 2009. Und was sieht man? Ein Chaos von 144 blauen Bällen, die scheinbar zufällig und wahllos an der Decke eines Museums aufgehängt wurden. Aber der Schein trügt. Bewegt man sich auf einen ganz bestimmten Punkt im Raum zu, ergeben die Bälle ein Wort: Pro. Bewegt man sich nun auf die gegenüberliegende Seite an einen ganz bestimmten Punkt, ergeben die Bälle jedoch ein ganz anderes Wort: Contra.

Diese Kunstinstallation bringt es auf geniale Art und Weise auf den Punkt: Wer Dinge ganzheitlich erschließen möchte, muss sie aus mehreren Perspektiven betrachten.

Wenn auch Sie und Ihr Team den Perspektivwechsel nachhaltig verinnerlichen wollen, dann sollten Sie ihn ab und zu wirklich leben. Tauchen Sie mindestens einmal im Jahr in eine andere Welt.

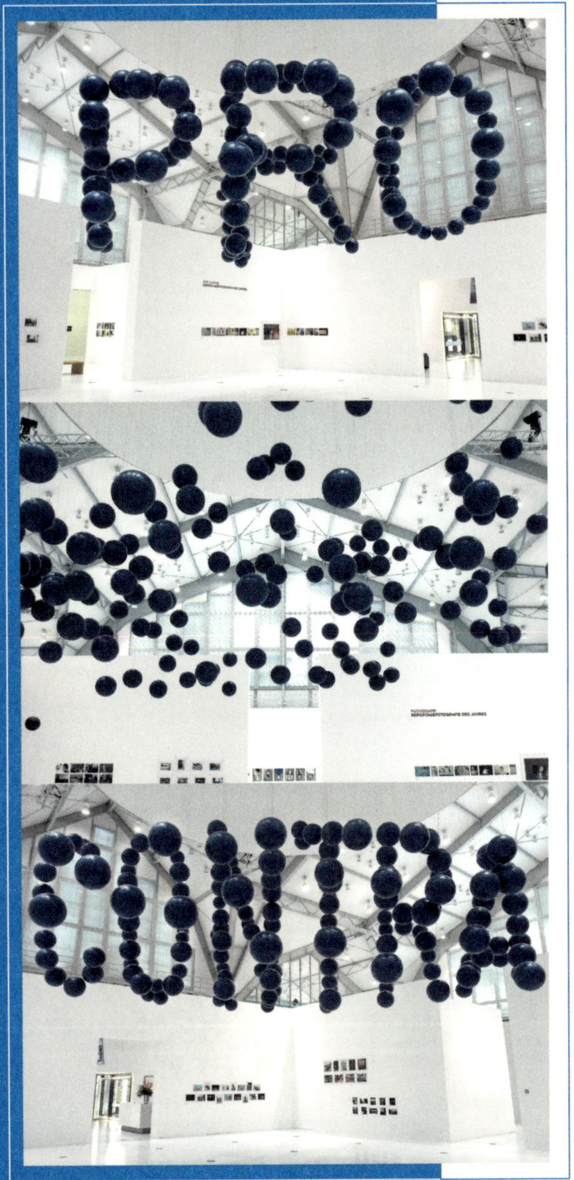

Wenn Sie und Ihr Team als Architekten oder in der Baubranche arbeiten, dann besuchen Sie einmal das Hamburger *Miniatur Wunderland* und schauen Sie sich die Welt aus einer anderen Perspektive – nämlich von oben – an. Wenn Sie in einer Branche arbeiten, in der es vor allem um Äußerlichkeiten, Design und Ästhetik geht, besuchen Sie mit Ihren Mitarbeitern doch mal ein „Dinner in the dark" und konzentrieren Sie sich auf Dinge, die fernab des Sehsinns liegen. Und wenn Sie in der Kommunikationsbranche arbeiten, dann besuchen Sie doch mal mit Ihren Mitarbeitern das New Yorker Restaurant *Eat*. Da kann man Schweige-Menüs bestellen und muss dabei ganz still bleiben.

Sudden Death: Die Negativformulierung

In diesem Fall geht man ganz bewusst mit gesundem Pessimismus an kreative Herausforderungen heran. Und genau deshalb, weil man sich die wildesten Schreckensszenarien ausdenkt, ist diese Methode so nützlich.

Stellen Sie sich vor, Sie wären Produktmanager eines großen Getränkekonzerns und verantwortlich für ein koffeinhaltiges Erfrischungsgetränk mit 25 Kalorien pro 100 Milliliter. Dieses verkaufen Sie in 0,3-, 0,5- und 1-Liter Flaschen, als Dose, mit Pfand oder im Glas. Trommeln Sie nun Ihre Mannschaft zusammen. Bilden Sie einen Sitzkreis und stellen Sie in die Mitte des Kreises beispielsweise die 0,5-Liter-Plastikflasche. Und jetzt diskutieren Sie gemeinsam mit Ihrem Team die folgende Worst-

Bleiben Sie in Ausdenk-Sessions fokussiert und am Ball. So wie die zwei roten Badminton-Spieler im Film.

Case-Frage: *„Warum wird es dieses Produkt in drei Jahren nicht mehr geben?“*

Das erste 5-Minuten-Brainstorming könnte naheliegende Aspekte zutage fördern:

1. Weil Zucker in Zukunft nicht mehr angesagt und schon gar nicht salonfähig ist.
2. Weil die Gesellschaft Plastikflaschen aus Umweltgründen nicht mehr akzeptieren wird.
3. Weil ein Konkurrenzprodukt uns überflüssig macht.

Die nächsten fünf Minuten dringen dann vielleicht schon tiefer unter die Oberfläche:

4. Die Zutat XY ist nicht mehr lieferbar.
5. Der geniale Vertriebschef wird abgeworben.
6. Der charismatische CEO dankt ab. Jetzt ist das Produkt uncool.

Und schon hat man sechs Herausforderungen, die man angehen kann, um sein Produkt fit für die Zukunft zu machen! Die Negativformulierung eignet sich also wunderbar, ein Produkt so zu optimieren, dass es einen langen Atem hat. Man überlegt sich, was alles passieren kann und richtet die Innovationsentwicklung genau darauf aus.

Übrigens: Zieht man Coca-Cola als Beispiel heran, könnte dieses Unternehmen zumindest die erste Antwort auf die Worst-Case-Frage ganz gelassen beantworten, denn: Es gibt Coca Cola Zero und Coke Light. Das Unternehmen begann außerdem vor Kurzem in Argentinien mit dem Verkauf von Coke Life, einer Brause, die mit dem pflanzlichen Süßstoff Stevia gesüßt ist. Und man kann davon ausgehen, dass – falls Coke Life auf dem argentinischen Markt gut ankommt – das Getränk dann auch in Europa verkauft wird. Immerhin: Coke Life hat im Vergleich zum Energiegehalt einer klassischen Cola weniger als die Hälfte der Kalorien.[87]

Und auch für das zweite Szenario wäre Coca-Cola vorbereitet: Sie haben nämlich bereits die PlantBottle entwickelt. Die Idee: Mineralölbasierte Rohstoffe werden teilweise durch pflanzliche Bestandteile ersetzt. Die Flasche besteht zu 35 Prozent aus wiederverwertbarem Kunststoff und zu 14 Prozent aus pflanzenbasiertem Material. Die Ziele, die sich Coca-Cola steckt, sind beachtlich: Coca-Cola strebt bis 2020 an, alle Plastikflaschen auf 100 Prozent PlantBottle-Flaschen umgestellt zu haben.[88]

Und noch eine Geschichte zur Negativformulierung: Facebook hat im Februar 2014 WhatsApp für 19 Milliarden Dollar gekauft.[89] Und warum? Um aus einem gefährlich werdenden Wettbewerber ein Familienmitglied zu machen. Das Worst-Case-Szenario, dass sich in Zukunft alle nur noch auf WhatsApp tummeln statt auf Facebook, wollte man durch diesen spektakulären Kauf verhindern.

Das waren ein paar Kampftechniken für die Ausdenk-Sessions. Nur Mut! Zermürben Sie die jeweiligen Aufgabenstellungen. Ein Top-Manager sagte mal zu mir:

> *„Das Problem, vor dem wir heute stehen, wollen wir nicht lösen, sondern töten!“*

KAMPFFORMATE

Nicht alle kreativen Herausforderungen lassen sich intern mit zweistündigen Ausdenk-Sessions lösen. Manchmal muss ein organisiertes Workshop-Format her, das irgendwo in einem Hotel mit weiteren Marktpartnern oder sogar Konsumenten stattfindet. In diesem Abschnitt beschäftigen wir uns mit der Frage, welches Workshop-Format für welche kreative Herausforderung am sinnvollsten ist.

Als ich Creative Director bei Saatchi & Saatchi war, gefielen mir vor allem die sogenannten Tribe-Formate. Die gingen so: Wenn eine Saatchi & Saatchi-Agentur aus irgendeinem Land ein großes Neugeschäft gewinnen wollte, dann wurden mehrere Kreative aus anderen weltweiten Saatchi-Agenturen zu einem mehrtägigen Thinktank in dieses Land eingeladen. Dort brütete man dann gemeinsam über das Briefing.

„Wer als Werkzeug nur einen Hammer hat, sieht in jedem Problem einen Nagel.“

Paul Watzlawick

Einen wirklich spannenden Tribe erlebte ich in England für ein großes internationales Kreditkarten-Unternehmen. Gastgeber war Saatchi & Saatchi London. Wir waren etwa 18 verschiedene Kreative aus ungefähr sechs verschiedenen Ländern und sollten uns neue Kommunikationsideen überlegen. Jeder sprach Englisch (mit den wildesten Akzenten). Als ich ankam, war mein erster Gedanke: Wird es überhaupt möglich sein, so einen Haufen von verrückten Kreativen zu organisieren?

Es war möglich! Schon nach 20 Minuten wurde mir klar, dass die Moderatorin des Workshops es nicht zulassen würde, die Veranstaltung zu einem zweitägigen kuscheligen Zeltlager verkommen zu lassen. Bereits in den Heimatländern mussten wir uns mit der Aufgabenstellung auseinandersetzen. Kaum in London angekommen, wurde man nach einer kurzen Begrüßung einer kleinen Gruppe zugeordnet, mit der man ausdenken sollte. Und schon nach einer Stunde sollte man die Ideen präsentieren. Und dann gab's nicht etwa eine Kaffeepause, sondern man wurde sofort einer neuen Gruppe zugeteilt. Und wieder: Nach einer Stunde musste man präsentieren! Und diesmal war sogar der Kreditkartenchef samt seinen Produktmanagern anwesend. Und der war schnell entschlossen: 80 Prozent der Ideen sortierte er aus und brachte uns auf Spur. Dann ging es sofort wieder mit einer neuen Gruppe in den Ausdenkraum und plötzlich wurde ein Illustrator in unsere Gruppe eingeschleust. Er sollte unsere drei besten Ideen visualisieren. Er hatte nur noch 20 Minuten – denn dann ging's schon zur nächsten Präsentation. Und da wurde dann wieder selektiert, kombiniert und vertieft. Und dann gab's endlich Lunch. 20 Minuten (wenn das überhaupt 20 Minuten waren …). Die meisten Teilnehmer waren von dem fast schon militärischen Vorgehen etwas überrascht, aber hey, wir waren in London und man machte schnelle Fortschritte. Den Italienern war das alles zu stressig und sie drohten, abzureisen. Die Moderatorin aber blieb hart und machte mit dem gleichen Tempo weiter.

Das Ergebnis nach zwei Tagen: ein riesengroßer Raum, dessen Wände nicht mit fragmentarischen Ideen, sondern mit detaillierten Lösungen tapeziert waren und die der Kunde alle „approved" hatte. Der ständige Wechsel zwischen Ideengenerierung und Ideenbewertung in Anwesenheit des Kunden war unglaublich produktiv. Seitdem bin ich großer Fan dieses Formats. Ich nenne es den durchgetakteten Ideen-Workshop.

Es gibt aber noch viele andere effiziente und unterhaltsame Workshop-Formate, -Schwerpunkte oder -Motti. Hier eine kleine Auswahl:

FUN THEORY

Bekannt gemacht wurde dieses Denkkonzept durch den Autokonzern Volkswagen. Hierzu gibt es sogar eine eigene Website namens www.thefuntheory.com. Und einen Fun Theory Award gibt es auch. Dort werden regelmäßig Gedanken, Ideen und Erfindungen prämiert, die die Fun Theory bestätigen. Das ist per Definition dann der Fall, wenn die eingereichte Idee mithilfe von Spaß oder Unterhaltung das menschliche Handeln oder Verhalten zum Positiven verändert. Hier zwei interessante Experimente, die die Fun Theory bestens erklären:

Experiment #1: Die tiefste Mülltonne der Welt

Ausgewählte öffentliche Mülltonnen in Schweden wurden von Technikern mit einem Soundchip versehen. Wann immer ein Passant Müll in diesen Abfalleimer warf, wurde der Soundchip durch eine Lichtschranke aktiviert. Und da staunte der Passant nicht schlecht, denn er hörte ein Geräusch, bei dem man dachte, dass der Müll, den er soeben hineingeworfen hat, ungefähr zehn Meter tief fiel. Das fanden die allermeisten Passanten so lustig, dass sie gleich nach noch mehr Abfall suchten. Das erstaunliche Ergebnis: An diesem Tag wurden 72 Kilogramm Müll gesammelt. Das waren immerhin 41 Kilogramm mehr als sonst![90]

Experiment #2: Die Klavierstufen

Zu jeder U-Bahn-Station führen normale Treppen und Rolltreppen. Die Rolltreppen befinden sich in der Regel direkt neben den normalen Treppen. In einer Nacht- und Nebelaktion wurden die Stufen einer normalen Treppe einer Stockholmer U-Bahn-

Station so präpariert, dass sie wie die Tasten eines Klaviers aussahen. Zudem wurden die einzelnen Tasten mit Soundchips versehen. Wenn man darauftrat, erklang der Ton eines Klaviers. Und wenn man die ganze Treppe hinauf oder abwärts ging, erklang eine ganze Tonleiter. Das machte den Passanten unheimlich Spaß. An diesem Tag nutzten 66 Prozent mehr Menschen die normale Treppe anstelle der Rolltreppe. Ein toller Sieg über die Faulheit.[91]

Spaß kann also menschliches Handeln zum Positiven verändern. Vor allem dann, wenn man jemandem etwas Unangenehmes schmackhaft machen oder Menschen eine Unsitte abgewöhnen möchte. Genau deshalb kann die Fun Theory in Ideen-Workshops manchmal ein sehr wirkungsvoller Schwerpunkt sein. Stellen Sie sich beispielsweise vor, Sie wären Chef der Münchner U- und S-Bahnen. Jedes Jahr entstehen enorme Kosten, weil Fahrgäste still und heimlich ihre Füße auf den Sitzen gegenüber ablegen. Die dreckigen Schuhe oder Stiefel verursachen Schmutz auf den Polstern und die müssen dann regelmäßig gereinigt werden. Überlegen Sie, wie man mithilfe der Fun Theory dafür sorgen kann, dass Fahrgäste ihre Schuhe nicht mehr auf den gegenüberliegenden Sitzen ablegen.

Oder stellen Sie sich vor, Sie wären Kantinenleiter. Jedes Jahr entstehen immense Kosten, weil Mitarbeiter das Essen samt Geschirr mit zu ihren Schreibtischen nehmen, um dort weiterarbeiten zu können. Das benutzte Geschirr verschwindet dann in irgendwelchen Kleinküchen oder Schubladen und man sieht es nie wieder. Haben Sie eine Idee, wie man mithilfe der Fun Theory dafür sorgen kann, dass Mitarbeiter das Geschirr erst gar nicht mitnehmen oder gerne wieder zurückbringen?

Würde man die Fun Theory nicht kennen, dann würde man vermutlich Warnhinweise aufstellen, wie etwa „Bitte Schuhe nicht auf den Sitzen ablegen!“ oder „Bitte Geschirr nicht mit in die Büros nehmen!“. Das ist aber erwiesenermaßen nutzlose Verbotskultur und fordert im schlechtesten Falle die Passanten oder Mitarbeiter sogar heraus. Mit der Fun Theory erreicht man das Gegenteil: Man wird motiviert, konstruktiv zu handeln. Vorschläge nach der Fun Theory für die Münchner U- und S-Bahnen könnten beispielsweise auf dem Boden aufgeklebte Schuhe in diversen Tanzpositionen sein. Die Bahnreisenden würden im Idealfall versuchen, ihre Schuhe auf den Aufklebern zu positionieren, statt ihre Füße auf den Sitzen gegenüber abzulegen. Beim Kantinenbeispiel könnte es hilfreich sein, die Abteilung, die am Monatsende am meisten Geschirr in die Kantine zurückbringt, am nächsten Tag gratis mit Kaffee und Kuchen zu versorgen.

Wenn eine Idee oder eine Innovation mit Spiel und Spaß (ein neues passendes Buzzword dazu heißt übrigens Gamification) garniert ist, ist sie begehrlicher. Letztendlich ist das auch das Geheimnis der Urinalfliege. Für die weiblichen Leser: Männern macht es Spaß, sie beim Pinkeln zu treffen und ganz nebenbei sorgt sie für weniger Verschmutzung und somit für weniger Reinigungskosten in den Herrentoiletten, weil nicht mehr so viel danebengeht. Eine Frankfurter Bar (in Kooperation mit einem Taxi-Unternehmen) toppte das mit ihren Toiletten sogar noch. Männliche Stehpinkler wurden aufgefordert, bei einem Computerspiel mitzumachen, in dem der Rennwagen per Urinstrahl gesteuert wurde. Dazu wurden im Pissoir extra Sensoren angebracht.[92] Die Idee nannte sich „Piss Screen" und männliche Barbesucher konnten damit ganz spielerisch herausfinden, ob sie für den Nachhauseweg doch lieber ein Taxi bestellen sollten.

Zum Schluss noch zwei Fun-Theory-Geschichten aus Amerika und Japan: Die Firma Recyclebank mit Sitz in New York will, dass die Amerikaner umweltbewusst leben. Deswegen werden die Kunden beispielsweise für erfolgreiches Mülltrennen belohnt. Wer seine Container regelmäßig ordentlich getrennt mit Papier, Plastik oder Aluminium vollmacht, erhält Punkte, für die man bei diversen Partnerfirmen Geschenke oder Preisnachlässe erhalten kann.[93] Und damit sich Autofahrer der japanischen Provinz Aichi freiwillig an die Höchstgeschwindigkeit halten, hat man in das Asphaltprofil Rillen gezogen. Fährt man mit der vorgeschriebenen Geschwindigkeit darüber, ertönt die Melodie eines bekannten Kinderliedes.[94]

KOOPERATIONEN, CO-KREATION und CROSS-INNOVATION

Alles Leben ist Evolution. Neues Leben entsteht, wenn sich zwei Lebewesen kreuzen. Genauso ist es mit neuen Ideen oder Produkten. Sie sind nichts anderes als schlaue Kreuzungen. Und das Ergebnis sind dann Kooperationen, Co-Kreationen oder Cross-Innovationen. Die Kurzformel hierfür könnte auch lauten: 1 + 1 = 3. Also Foto + Handy = Fotohandy. Oder Gabel + Löffel = Göffel. Oder Breakfast + Lunch = Brunch. Durch Kooperations-Workshops entstehen zwischen Unternehmen oft

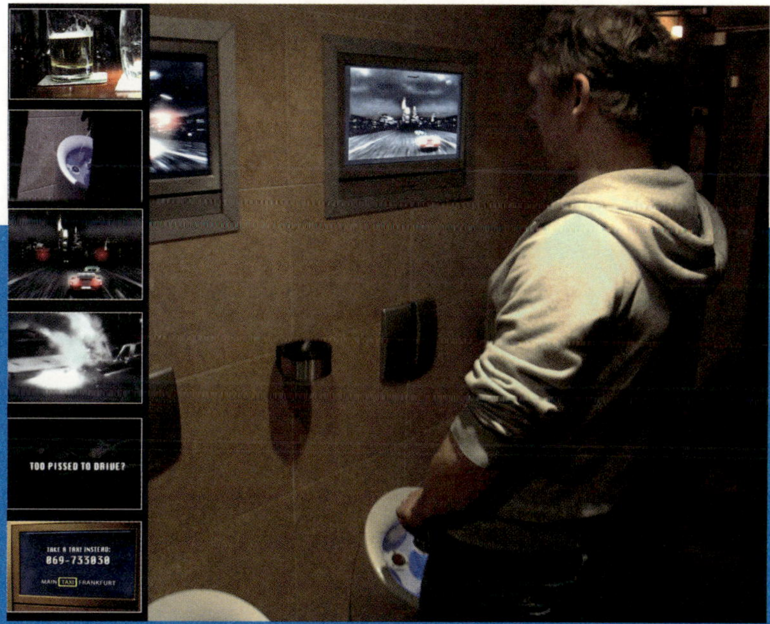

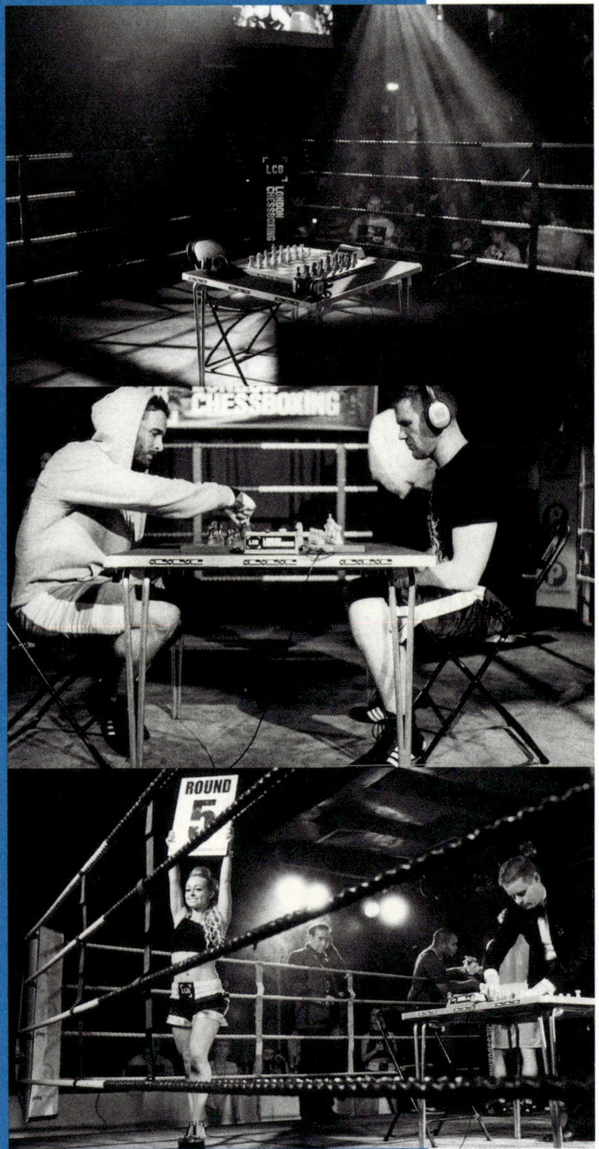

nicht nur einzigartige Innovationen, sondern auch ganz neue Möglichkeiten.

Kuriose Kreuzungen kommen vor allem aus dem Sport: Seit etwa fünf Jahren ist Schachboxen immer mehr im Kommen. Erst boxen hier die Kontrahenten eine Runde gegeneinander und dann spielen sie eine Runde Schach. Der Erste, der schachmatt geht oder k.o. geschlagen wird, hat verloren. Für diese immer beliebter werdende Sportart gibt es mittlerweile sogar einen Weltverband. Die abgebildeten Fotos sind in London entstanden.

In Amerika gibt es eine Unicycle Football League. Hier wird American Football auf Einrädern gespielt.

Im asiatischen Raum spielt man gerne eine Art KungFu-Soccer namens Sepak Takraw. Zwei Mannschaften mit jeweils drei Spielern stehen sich auf einem durch ein Netz geteilten Spielfeld gegenüber. Ziel ist es, den Ball mit den Füßen über das Netz auf den Boden des Gegners zu bekommen. Das Ganze sieht ziemlich spektakulär aus und erinnert eben irgendwie an eine Mischung aus KungFu, Volleyball, Badminton und Fußball.

An dieser Stelle sei auf den genialen Film *Flash of Genius* verwiesen. Er basiert auf einer wahren Geschichte: Ein amerikanischer Ingenieur namens Dr. Kearns verklagt den Autokonzern Ford, weil dieser ihm seine Idee des Intervallscheibenwischers geklaut haben soll. Ein Gutachter wirft Dr. Kerns allerdings vor Gericht vor, dass dieser nichts

Neues erfunden, sondern Dinge lediglich neu angeordnet oder miteinander kombiniert habe. Darauf gibt Dr. Kearns dem Richter folgende schlaue Antwort: „Alle Erfinder der Geschichte waren auf die Werkzeuge angewiesen, die es bereits gab. Telefon, Weltraumsatelliten – all diese Dinge wurden aus Bauteilen gefertigt, die schon existierten."

Dieser Satz ist im Film einer der auschlaggebenden Sätze, der die Jury überzeugt. Übrigens: Im echten Leben war der Fall weitaus komplexer, aber tatsächlich gewann Robert Kearns 1990 (nach über zwölf Jahren) den Prozess. Der Autokonzern Ford wurde wegen unbeabsichtigter Patentrechtsverletzung zu einer Strafe von 10,2 Millionen US-Dollar Schadensersatz verurteilt! Auch Chrysler wurde später zu einer Zahlung von etwa 20 Millionen US-Dollar aufgefordert.[95] Ach ja, und wie kam Dr. Kearns auf die Idee des Intervallscheibenwischers? Während seiner Hochzeitsnacht 1953! Ein Sektkorken beschädigte sein linkes Auge stark.[96] Als Konsequenz musste er sein Auge regelmäßig mit Augentropfen versorgen und stellte fest, dass die Bewegungen des Lids dafür verantwortlich sind, wie die Flüssigkeit im Auge verwischt wird.

Zurück zum Kooperations-Workshop. So könnte er ablaufen:

Etwa zwölf bis 20 Entwicklungschefs, Marketing-Leiter oder Innovationsmanager sitzen in einem Raum. Und zwar paarweise gegenüber, sodass sich insgesamt zwei Reihen bilden. Die so entstandenen Pärchen haben jetzt etwa drei Minuten Zeit, ihre jeweiligen Produkte zu kreuzen. Alle Ideen sollen stichwortartig und schnell auf ein Blatt Papier geschrieben werden. Wenn die Zeit um ist, stehen alle Teilnehmer auf und gehen einen Platz nach rechts. Dann müssen sich alle wieder setzen. Und schon hat jeder einen neuen Sitzpartner. Und wieder sollen nun alle neu entstandene Pärchen ihre Produkte miteinander kreuzen. Wenn man das mit circa zwölf Leuten macht und ungefähr sechsmal den Platz wechselt, dann können in einer 20-Minuten-Session bis zu 100 neue Ideen entstehen.

Ein prima Workshop-Format, das Ihnen die Möglichkeit gibt, mit den eigenen Produkten einen Blick über den Tellerrand zu wagen, mit anderen Unternehmen zu kooperieren und neue Zielgruppen zu erschließen. Und wer das erst mal alleine oder mit Kollegen testen will, kann das mit dem Spiel *Cross Innovations*, einer Workbox für trendgestütztes Brainstorming zur Entwicklung von Produkt- und Service-Innovationen, tun, die vom Zukunftsinstitut entwickelt wurde.

LEAD USER

Wussten Sie, dass es beim Wäschewaschen in vielen Ländern unterschiedliche Waschgewohnheiten und -rituale gibt? Im *Spiegel* war neulich Folgendes zu lesen: „Spanier waschen ihre Wäsche am liebsten kalt, Griechen kochend heiß. Franzosen wollen Wäsche von oben in die Maschine füllen, Deutsche von vorn. Russen kaufen schmale Geräte und stopfen sie ordentlich voll, Amerikaner lieben riesige und lassen sie halb leer. Chinesen trennen penibel zwischen Männer- und Frauenkleidung, Ober- und Unterwäsche. Manche haben sogar eine Zweitmaschine nur für Kindersachen – mit farbigem Gehäuse, blinkendem Display und Glockenspiel-Tastentönen.“[97]

Das ist faszinerend! Und als Waschmaschinenhersteller wäre es fatal, wenn man diese Insights nicht beachten würde. Doch der Zielgruppe, den Konsumenten oder den Kunden wird in Kreativprozessen ja leider sehr oft vorgeworfen, nicht besonders innovationsaffin zu sein. Ein legendäres Zitat von Henry Ford unterstützt diese These:

> *„Wenn ich die Menschen gefragt hätte, was sie wollen, hätten sie gesagt: schnellere Pferde.“*

Ist es aber eigentlich nicht so, dass man einfach nur die *richtigen* Menschen fragen muss? Denn so dumm kann das gemeine Volk gar nicht sein! Wer im Internet recherchiert, findet schlaue Erfindungen und Ratschläge von Normalos für Normalos. Zum Beispiel, dass man Fensterscheiben auch mit Cola sauber kriegt, dass man verschlossene Briefe wieder öffnen kann, indem man sie 30 Minuten im Tiefkühlfach liegen lässt, dass verstopfte Duschbrausen mit Essig wieder frei werden oder dass man dreckige Toiletten mit Kukident wieder sauber bekommt.

In innovativen Unternehmen werden deshalb bei Ideen-Workshops solche cleveren Normalos integriert. Diese werden auch Lead User genannt: Menschen, die ganz bestimmte Produkte überdurchschnittlich häufig benutzen. Beispielsweise Profi-Gitarrenspieler oder „World of Warcraft“-Spieler, die am Tag mindestens sechs Stunden vor dem Computer sitzen. Wenn Sie jetzt also beispielsweise Gitarrenbauer wären oder „World of Warcraft“-Direktor, dann macht es mehr als Sinn, diese heavy consumers bei Verbesserungs- oder Ideenentstehungsprozessen dabeizuhaben. Und wenn diese von ihrem Psychogramm her auch noch kommunikativ und kreativ sind, dann können sie in Ideen-Workshops sogar richtig beflügelnd sein. Lead User haben diesen Blick von außen und wissen, was wirklich nachgefragt wird und was beim Konsumenten ankommt.

Eine schöne Geschichte für die gelungene Integration des Verhaltens von Lead Usern ist das Surfboard-Beispiel aus den 70ern: Hardcore-Surfer auf Hawaii kamen damals auf die Idee, Fußschlaufen für ihre Surfbretter zu entwickeln. Diese waren wichtig, um bei den großen Sprüngen zwischen den Wellen weiterhin fest auf dem Surfboard stehen zu können. Durch diesen festeren Halt verloren sie seltener ihr Surfboard und außerdem verletzten sie sich weniger. Diese weiterentwickelten Bretter wurden schnell sehr beliebt. Der Impuls hierfür kam aber eindeutig von den Surfern und nicht von den Produktentwicklern.[98]

Kann man Ideen von Lead Usern auch abgreifen, ohne gleich einen Workshop organisieren zu müssen? Ja, vorausgesetzt, Sie produzieren etwas, was man physisch anfassen kann! Es gibt nämlich ein schönes Spielzeug namens **SUGRU** und wer das

Zeug mag, kann davon gleich mal auf www.sugru.com ein paar Kilo bestellen. Die Idee von **SUGRU** ist ganz einfach: Silikongummi, der aussieht wie Knete, kann passgenau an unbequeme, kaputte oder wackelige Gegenstände geklebt werden. 24 Stunden später ist die Knetmasse fest, aber elastisch mit dem Gegenstand verbunden und dazu auch noch wasserresistent und unkaputtbar. Ideal für Bastler, Tüftler, Sportler und Techniker.

Stellen Sie sich vor, Sie wären ein Küchenhersteller, der Küchen passgenau und individuell liefert oder sogar vor Ort aufbaut. Lassen Sie den Abnehmern einfach mal sechs bis acht Päckchen **SUGRU** da und motivieren Sie diese, den Inhalt der Päckchen in den nächsten vier bis sechs Wochen ausschließlich in der Küche anzuwenden. Wenn Sie dann später wieder mal vorbeischauen, werden Sie erstaunt sein, wie erfinderisch Ihre Kunden waren. Denn mit **SUGRU** haben diese in der Zwischenzeit an Schränken, Schubladen und Spülmaschinen gewerkelt, um sie noch bedienungsfreundlicher zu machen. Oder stellen Sie sich vor, Sie wären ein Möbelhersteller wie zum Beispiel **IKEA**. Überlassen Sie einer Studenten-WG ein paar Päckchen **SUGRU** und besuchen Sie diese vier Wochen später. Auch hier kann man sicher sein: Mit **SUGRU** werden die Studenten Einfälle haben, die dazu inspirieren, bisherige Produkte zu optimieren oder neu zu erfinden. Dann Fotos davon machen und schnell zur Entwicklungsabteilung damit!

Ach ja, einmal war ich in einem Workshop, an dem keine Lead User teilgenommen haben, dafür aber der Beschwerdemanager des Unternehmens. Ein professionell angelegtes Beschwerdemanagement ist nämlich ebenfalls ein gutes Tool, die Meinungen der Kunden in den Innovationsprozess zu integrieren. In einigen Krankenhäusern ist es beispielsweise gelungen, das Beschwerdemanagement so einzusetzen, dass es befruchtend auf Optimierungsprozesse Einfluss nehmen kann. Auch Banken werden hier immer besser. Deshalb schließe ich diesen Abschnitt mit den Worten der Volks- und Raiffeisenbank Mittelhaardt, die ich auf deren Beschwerde-Website gefunden habe: „Sollten Sie Grund zur Reklamation haben, dann bitten wir Sie, uns diesen mitzuteilen. Mit Ihrer Hilfe können wir so Fehler beheben und Abläufe optimieren. Dies verstehen wir unter einer aktiven Zusammenarbeit, im genossenschaftlichen Sinne. Denn nichts liegt uns mehr am Herzen, als das Sie zufrieden sind.“ [99]

Genauso soll's sein!

DESIGN THINKING

Design Thinking ist momentan eine sehr angesagte Stilrichtung. Es handelt sich in erster Linie um eine Philosophie und nicht nur um ein Workshop-Format. Und es ist auch keine Revolution, für die es viele halten. Es ist einfach nur Common Sense und eine Rückbesinnung auf alte verloren gegangene Tugenden wie etwa Respekt, Miteinander, Mut und Querdenken. [100] Design Thinking ist ein Prozess zur Förderung kreativer Ideen. Alles ist sehr nutzer- und bedürfnisorientiert. Der iterative Prozess ist eines der wesentlichen Elemente des Design Thinkings und in der Regel besteht er aus sechs Schritten, nämlich: Understand, Observe, Define, Ideate, Prototype und Test. Vor allem der Fokus auf das Bauen von Prototypen und der bewusste Umgang mit dem Scheitern machen diese Workshops oft so besonders. Im Vordergrund steht eben das Machen und nicht das Rumreden. Design Thinking ist auch deshalb so angesagt, weil die amerikanische Elite-Universität Stanford ein eigenes Institut unter Schirmherrschaft von SAP-Gründer Hasso Plattner ins Leben gerufen hat. Einen Ableger davon gibt's auch in Potsdam, der wie in den USA einfach nur d.school genannt wird. Eine schöne Idee, die mit Design Thinking entstanden ist, ist „d.light“, eine Solarlampe für die dritte Welt. Und diese Lampe ist wirklich großartig. Denn viel zu viele Menschen in diesen Ländern leben abends in ziemlicher Dunkelheit, weil nur jeder Dritte Zugang zu regelmäßigem Strom hat. Deshalb greift man eben auf Kerzen oder andere nicht ganz ungefährliche Lichtquellen zurück. Die Folge: Immer wieder entstehen Brände. Außerdem kann man ohne ausreichendes Licht nicht lesen und wer nicht liest, kann sich nicht fortbilden. Dieses Problem hat den oben genannten iterativen Prozess durchlaufen und so ist „d.light" entstanden. Stand Januar 2014 sollen bereits über 6328782 Schulkinder Zugang zu solchen Solarlampen bekommen haben.[101] Außerdem wurden etliche Brände verhindert und somit viele Leben gerettet. Eine wirklich soziale Innovation, die auf einer Beobachtung und einem starken Bedürfnis fußt.

SPEED UP

Wenn man zu Prozessoptimierungs-Workshops eingeladen wird, dann sind das meist zähe Veranstaltungen. Außerdem sind Prozesse strukturgebunden. Das Herz eines Innovationsbegeisterten kann sich hier nicht so spontan öffnen wie bei anderen Herausforderungen. Es gibt aber ein Motto, das sich prima für Prozessoptimierungs-Workshops eignet. Es heißt Speed Up!

Im Internet gibt es dazu spannende Filme: *Speedtie your shoes*, *How to peel an egg*, *Instant Shirt Removal*, *Fastpour Ketchup* oder *How to fold a shirt*. Das Prinzip dahinter ist immer dasselbe. Irgendeinem Freak ist es gelungen, einen gewöhnlichen Normalo-Job sensationell effizient zu gestalten. Zum Beispiel die Schuhbändel so zu knoten, dass man fürs Schuhebinden nur noch 1,5 Sekunden braucht. Oder fürs Eierschälen nur noch vier Sekunden. Oder fürs T-Shirt-Ausziehen nur noch eine Sekunde. Oder fürs T-Shirt-Falten nur noch drei Sekunden. Diese Videos haben einen hohen Unterhaltungswert. Denn die Freaks gehen keinesfalls mit Gewalt vor und schon gar nicht schlampig. Das schnelle Endergebnis verblüfft. Die neu angewandte Technik inspiriert und die Endqualität ist absolut beeindruckend.

Führen Sie diese kurzen Filmchen vor und Sie werden sehen: Plötzlich sind alle Teilnehmer im Prozessoptimierungs-Workshop extrem motiviert. Denn offensichtlich kann so was auch Spaß machen. Es ist immer möglich, etwas effizienter oder schneller zu gestalten. Die Erkenntnisse der Filmchen kann man prima auf firmeninterne Prozesse übertragen und dabei die Frage stellen: Wie würde der Freak im Video unseren Prozess effizienter gestalten?

KILL A STUPID RULE

Jede Branche hat ihre eigenen Regeln. Und manche Regeln sind völlig überholt. Aber man kann diese ausmerzen. Zum Beispiel versuchte die anglikanische Kirche in England vor einigen Jahren eine uralte dumme Regel zu töten. Einige Bischöfe haben sich nämlich gefragt, warum überall in der Welt Frauen jetzt Karriere machen dürfen, nur nicht bei ihnen. Und deswegen wurde das geändert: Die anglikanische Kirche in England beschloss 2008, zukünftig Frauen für das Bischofsamt zuzulassen.[102] Großartig! Aber Moment! Dann doch nicht! Und im Juli 2014 dann doch. Prima und herzlichen Glückwunsch, liebe anglikanische Kirche. Gut gemacht, auch wenn's so lang gedauert hat.

Und wer in Deutschland unbedingt mal einen „Kill a stupid rule"-Workshop machen sollte, sind diese Firmen und Hausverwaltungen, die uns am Ende des Jahres die Heizkostenabrechnungen schicken. Immer wieder staunt man, dass es im Briefumschlag nicht um die Nachschlagszahlung von diesem Jahr geht, sondern um die vom letzten Jahr. Diese Firmen können uns mindestens 20 gute Gründe nennen, warum das so ist – aber es ist und bleibt eine „stupid rule" und die muss „gekillt" werden. Mir ist auf jeden Fall keine andere Branche bekannt, in der man gesalzene Rechnungen nach zwölf Monaten verschickt.

Und wie sieht's in Ihrem Unternehmen aus? Welche Regel gibt es nur in Ihrer Zunft und sollte abgeschafft werden? Da gibt's garantiert eine ganze Menge.

LUCKY PUNCHES

Viele innovative Unternehmen setzen primär gar nicht auf interne Ideen-Sessions oder Workshop-Formate. Stattdessen fordern sie die Eigenverantwortlichkeit der Mitarbeiter heraus. Nicht nur das: Sie provozieren das Glück und den Zufall! Zum Beispiel mit U-Boot-Projekten. Also ganz getreu dem rebellischen und antiautoritären Motto:

> *„If you want to achieve greatness, don't ask for permission."*

Unter U-Boot-Projekten versteht man in Unternehmen meistens ein Geheimprojekt. Es ist so vertraulich oder vielleicht so brisant, dass nur ein kleiner eingeschworener Kreis darüber Bescheid weiß (die Unternehmungsführung ist natürlich auch informiert). Es gibt aber auch geheime Projekte, von denen der Vorgesetzte erst mal ganz bewusst nichts wissen will. Und es gibt eine Studie, die besagt, dass in einigen Unternehmen bis zu 20 Prozent des Forschungs- und Entwicklungsbudgets in solche Projekte fließen.[103] Auf www.motorline.cc war beispielsweise zu lesen, dass BMW im

Silicon Valley wie folgt vorgeht: Ein Mitarbeiter bekommt umgerechnet 2500 Euro für ein Projekt, das er selbstständig durchführen darf. Irgendwann später muss das U-Boot aber wieder auftauchen und der Mitarbeiter muss zeigen, was er mit dem Geld ausgeheckt hat. Und wenn es nach Erfolg riecht, wird das Projekt weiterverfolgt.[104] Tüftlern und Nerds soll also Raum für eigenständiges und selbstverantwortliches Handeln gegeben werden, ohne Zwänge und ohne Aufsicht. Aber selbstverständlich müssen die Erfinder den Nachweis erbringen, dass sie zum Wohle des Unternehmens arbeiten.

Die Theorie dahinter: Kreativität gedeiht besser, wenn man sich unbeobachtet fühlt und einfach mal machen darf. Und dass man bei dieser Methode scheitern kann, ist mit einkalkuliert. Die U-Boot-Methode gibt es in vielen Unternehmen. Nicht immer gibt es sofort ein Money-Budget, dafür aber häufig ein Time-Budget, was bedeutet, dass Mitarbeiter Zeiteinheiten zur Verfügung gestellt bekommen, in denen sie arbeiten dürfen, was sie wollen – solange es unternehmensrelevant ist. Bei Google hieß es „20-Prozent-Zeit" und bei 3M heißt es „15-Prozent-Regel".

Moment mal, bei Google *hieß* das „20-Prozent-Zeit"? Genau! Im August 2013 wurde nämlich bekannt, dass sich der Internetriese davon verabschieden will.[105] Eine erstaunliche Entscheidung. Denn eine Menge Unternehmen haben die „20-Prozent-Zeit" erfolgreich kopiert. Und in einem Brief an mögliche Investoren, der während des Börsengangs 2004 verschickt wurde, wurde von Google-Verantwortlichen die „20-Prozent-Zeit" sogar als erfolgreiche Besonderheit betont. Auf diese Weise entstanden immerhin „Gmail", „Google News", „Google Maps", „AdSense" und vieles mehr. Und jetzt will Google dieses Modell zurückfahren? Will man sich jetzt statt vieler kleiner Ideen nur noch gewinnbringenden Projekten widmen? Und vor allem: Ziehen die ganzen Imitierer nach? Man darf gespannt sein! Ich habe mit der freien gestaltbaren Zeit für nicht gebriefte Kreativideen gute Erfahrungen gemacht. Denn auch in der Kreativbranche ist diese Methode weit verbreitet: Zu verabredeten Zeiten trifft man sich in Cafés oder Ausdenkzellen und brütet über nicht gebriefte oder noch nie dagewesene Ideen nach. Dabei entsteht getreu der 95/5-Regel unheimlich viel Schrott. Aber manchmal entstehen bei solchen Treffen eben auch kreative Explosionen, die schon manche Marken über Nacht berühmt gemacht und dann auf Kreativfestivals Gold gewonnen haben.

„Don't tell people how to do things. Tell them what to do and let them surprise you with their results."

George S. Patton, General der U. S. Army

FABIAN FRESE

Kreativ-Geschäftsführer
bei der Werbeagentur
Kolle Rebbe GmbH

Hurra, ich habe Angst!

Ich habe Angst vor Ideen. Genauer gesagt: Ich habe Angst vor keinen Ideen.

In den letzten 13 Jahren habe ich Werbekampagnen für Autos, Versicherungen, Waschmittel, Schokoriegel, Fernsehsender, Bundesländer, Reiseveranstalter, Banken, vegetarische Fruchtgummis und etliche andere Produkte, die der Mensch mehr oder weniger braucht, entwickelt. Viele davon haben jede Menge Preise gewonnen. Und ein paar davon waren auch wirklich nicht schlecht. Und trotzdem beschleicht mich bei jedem neuen Briefing diese Angst, dass mir diesmal nichts Gutes dazu einfällt.

Und damit meine ich nicht so einen wohligen Nervenkitzel, diese Spannung vor einer Herausforderung. Nein, ich rede hier von echtem Muffensausen. Das geht nicht so weit, dass ich schweißgebadet aufwache oder mein Frühstück aus Kaffee mit Beta-Blockern besteht. Aber die Wikipedia-Definition von „Besorgnis und unlustbetonter Erregung" trifft es schon ganz gut.

Ich sitze im Briefing-Gespräch mit dem Kunden und höre den Berater Dinge wie „Riesenchance", „tolle Aufgabe" und „Das wird super" sagen. Gleichzeitig höre ich meine innere Stimme Dinge wie „Um Gottes Willen", „Habe ich noch Urlaub?" und „Das schaffe ich nie" krächzen.

Freunde, die irgendwelche vernünftigen Berufe gelernt haben, fragen mich manchmal: „Hast Du nie Angst, dass dir mal nichts einfallen könnte?" Doch. Ständig. Und ich glaube, genau deshalb ist mir bisher immer etwas eingefallen.

„Angst ist ein schlechter Ratgeber" – das stimmt, wenn man Angst als das Gegenteil von Courage definiert. Wenn man Angst vor radikalen Lösungen hat. Angst davor, dass dem Kunden etwas nicht gefallen könnte. Wenn man sich davon leiten lässt, kommt mit ziemlicher Sicherheit am Ende des kreativen Prozesses ein Haufen weichgespülter Reklameschrott heraus.

Die Angst, dass einem nichts Gutes einfällt, kann hingegen ein unglaublich starker Antrieb sein.

Vor ein paar Jahren habe ich um eine große Kampagne für BMW MINI gepitcht. Im Rennen waren noch eine Reihe sehr renommierter internationaler Agenturen wie Crispin Porter + Bogusky, Taxi oder Deutsch New York.

Das war noch zu der Zeit, in der die Agentur den Zuschlag bekam, die die besten Filme geschrieben hat. Also schrieb ich Filme. Zwei Monate lang, jeden Tag.

Und jeden Morgen aufs Neue starrte ich auf dieses weiße Blatt Papier und dachte mir: „Ohgottohgottohgott, heute fällt mir bestimmt kein einziger Film ein". Und jeden

Abend lag wieder ein Stapel Skripte vor mir, am Ende waren es fast 300.

Wie das bei mir funktioniert? Angst ist ein so unangenehmes Gefühl, dass es umso schöner ist, sie zu besiegen. Und das ist genau der Punkt, auf den ich jedes Mal hinarbeite: der Moment, in dem der Schmerz nachlässt.

Bei Schriftstellern hört man manchmal von Schreibblockaden. Ein Effekt, der aus der lähmenden Angst resultiert, nichts zu Papier zu bekommen. Diese Ohnmacht versuche ich so schnell wie möglich auszutricksen.

Wenn ich eine Idee habe, schreibe ich sie auf. Auch wenn ich beim Schreiben schon merke, dass sie ziemlicher Schwachsinn ist. Was man hat, das hat man. Das Blatt ist nicht mehr weiß. Die Sache kommt ins Rollen. Ich bekomme das beruhigende Gefühl, schon mal nicht mit ganz leeren Händen dazustehen.

Meinen Teams sage ich, dass sie ihre Sachen an die Wand hängen sollen. Layouts, Moods, Scribbles, Textfragmente, egal – je voller die Wand hängt, desto weniger starrt einen das kahle, weiße Nichts an.

Natürlich geht es dabei auch darum, erste Ansätze zu finden, mit denen man weiterarbeiten kann. Aber viel mehr hat das für mich in diesem frühen Stadium den therapeutischen Effekt, langsam lockerer zu werden.

Je weiter der Prozess voranschreitet, desto mehr verschwindet die Angst und weicht der puren Freude am Ideenmachen.

Ich hab viele Jahre bei Jung von Matt gearbeitet, einer Agentur, die „permanente Unzufriedenheit" propagiert und von ihren Mitarbeitern fordert. Die Unzufriedenheit ist auf den ersten Blick etwas völlig anderes als Angst – sie strotzt vor breitbeinigem Selbstbewusstsein, da geht es nicht um Selbstzweifel. sondern um das Streben nach noch größerer Perfektion. Und trotzdem verfolgen beide das gleiche Ziel: den Gehirnhälften so lange Beine zu machen, bis etwas beruhigend Gutes dabei herauskommt.

Angst schützt mich vor Routine. Sie macht mich schneller. Und ist mein Qualitätsprüfer. Sie kümmert sich darum, dass nie Langeweile aufkommt. Angst befiehlt mir, jedes Briefing ernst zu nehmen. Und mich selbst manchmal weniger.

Das klingt alles ganz schön anstrengend. Ist es auch.

Ich würde als Agentur-Credo nicht unbedingt „Wir haben Angst!" auf die Startseite meiner Homepage schreiben. Aber insgeheim habe ich eine gute Portion Angst als echten Ideenturbo schätzen gelernt.

PS: Was ich außerdem gelernt habe: Wenn man lange genug in dieser Branche arbeitet, schafft man es sogar, Psychosen als etwas Positives zu verkaufen.

Wash & Coffee

SABINA SCHMITZ

Director of Marketing Communication Laundry der Bosch und Siemens Hausgeräte GmbH

Um Ideen zu generieren, gibt es sehr gute Methoden, wie zum Beispiel professionell organisierte „Ideation Workshops“. Bei der BSH Bosch und Siemens Hausgeräte GmbH organisieren wir sie in regelmäßigen Abständen im Rahmen unseres Innovationsprozesses. Die Zielsetzung dieser Workshops liegt darin, ganz neue Produktideen zu finden und diese so konkret wie möglich zu beschreiben. Dabei beschäftigt man sich zuerst intensiv mit der Zielgruppe (dem späteren Kundentypus) und sucht im zweiten Schritt nach produktseitigen Lösungen.

Die Teilnehmer setzen sich sowohl aus BSH-Mitarbeitern als auch aus Externen zusammen. Durch die in der Regel eintägige Veranstaltung führt ein externer Moderator. Am Ende des Tages ist es immer wieder erstaunlich, wie viele gute Ideen entstanden sind. Diese werden dann in den nächsten Schritten bewertet und, wenn für interessant befunden, konkret umgesetzt.

Bei einem Ideation Workshop gibt es eine wichtige Regel: Alles ist möglich, ohne Beschränkungen, was insbesondere für die Fachleute oft die größte Hürde ist, da man durch die Erfahrung immer sofort die Grenzen und Probleme im Kopf hat.

Aber nicht alle innovativen Ideen für Produkte oder Services werden auf diese Weise generiert. Manchmal läuft es auch ganz anders, wie bei „Wash & Coffee“, einem besonderen Waschsalon in München. Diese Idee entstand im Rahmen eines Brainstormings von Auszubildenden bei Henkel. Die beiden Konzerne BSH und Henkel sollten sich zusammentun und gemeinsam Waschsalons für Studenten eröffnen, die mit Kicker und Getränkeautomaten ausgestattet sind. So sollten Studenten auf positive Weise zum Wäsche-selber-Waschen animiert und gleichzeitig an die Marken Persil und Bosch herangeführt werden. Die Idee wurde bei einem gemeinsamen Kooperations-Meeting der beiden Konzerne von den Auszubildenden vorgestellt und dann erst einmal ad acta gelegt. Die Begründung war vor allem, dass beide Konzerne bisher keine Erfahrung im Betreiben von Waschsalons hatten und, statt Serviceleistungen zu vertreiben, Produkte herstellen und verkaufen. Darüber hinaus wurde die geplante Ausstattung der Waschsalons mit Kicker und Getränkeautomat als nicht zu den beiden Premiummarken passend angesehen.

Ich war damals gerade vom Marketing im Bereich Consumer Products – hier verantwortlich für das Portfolio vom Kaffeevollautomaten bis hin zur klassischen Kaffeemaschine – in den Bereich Wäschepflegeprodukte (Waschmaschinen und Trockner) gewechselt. Wahrscheinlich kam mir genau deshalb die Idee, dass man diese beiden Welten doch wunderbar miteinander verbinden könnte: Statt einen Waschsalon mit Kicker und Getränkeautomat könnte man eine Lounge beziehungsweise ein modernes Café mit Waschmaschinen ausstatten. Hier würde der Kunde beim Wäschewaschen in gemütlicher Atmosphäre warten und könnte nebenbei einen guten Kaffee genießen. Auf diese Weise würde man nicht nur Studenten ansprechen, sondern darüber hinaus auch Young Professionals, die mobil sein müssen, um in verschiedenen Städten Projekte zu betreuen. Darüber hinaus sollte sich der neue Waschsalon durch eine moderne Ausstattung mit haushaltsüblichen, aber eingebauten Waschmaschinen, die sehr leise sind und extrem energiesparend und wäscheschonend waschen, positiv einprägen. Das Thema Sauberkeit sollte nicht nur für die Wäsche gelten, sondern auch für die Maschinen. Aber das Wichtigste war das Ziel, mit diesem Projekt ganz nah beim Kunden zu sein: ihn genau kennenzulernen, ihn zu verstehen und vor allem von ihm zu lernen.

Was wir lernen wollten: Wie wäscht der Kunde? Was wäscht er? Welche Programme benötigt er? Welcher Duft gefällt welchem Kunden? Ist die Bedienung des Gerätes intuitiv oder kompliziert? Gefällt das Design? Dosiert er richtig? Und vieles mehr.

Die Idee hat mir so gut gefallen, dass ich sie auf dem nächsten Kooperations-Meeting vorgestellt habe. Das Feedback war sehr positiv.

Seit April 2010 gibt es in München einen Wash & Coffee, der sehr erfolgreich läuft und weltweit bekannt ist. Aufgrund der Einzigartigkeit wurde sogar bereits in New Yorker Trendmagazinen positiv berichtet. Und das Beste: Wir haben inzwischen viele Kundenideen und Verbesserungsvorschläge in Form von neuen, verbesserten Waschmaschinen und Trocknern auf den Markt gebracht.

IDEEN PRÄSEN TATION

KAPITEL 4

VERKAUFEN! VERKAUFEN! VERKAUFEN!

In Präsentationstrainings können Ihre Mitarbeiter wunderschöne Dinge lernen: wie man beispielsweise eine Präsentation aufbaut oder wie man Blickkontakt zum Publikum hält. Aber leider: Nicht jeder in Ihrem Team ist zum Präsentator oder Verkäufer geboren. Und wenn man's gar nicht kann, dann sollte man es lieber von jemandem machen lassen, der's kann.

Es gibt so viele Menschen, die geniale Ideen haben, diese aber regelmäßig miserabel präsentieren. Und es gibt so viele Menschen, die regelmäßig miserable Ideen haben, aber diese genial präsentieren. Und viel zu oft bleibt uns nach der Show dann doch nur der Präsentationsstil oder der Präsentator im Gedächtnis. Nicht aber die Idee. Vielleicht ist das auch die Erklärung, warum Elvis 1961 in England mit *Muss i denn zum Städtele hinaus* einen Nummer-1-Hit landete. Auch ein legendärer Werbespot namens *Stolen idea* von FedEx veranschaulicht dieses erstaunliche Phänomen. Der Film geht so:

Der Chef hat zum Brainstorming eingeladen. Mit ihm sitzen etwa sechs Kollegen im Raum. Dann erklärt der Chef das Problem:

„We have to cut costs, people, ideas!“

Wie auf Kommando denken nun alle angestrengt nach. Ein junger Angestellter traut sich zuerst. Etwas schüchtern und unsicher sagt er:

„We could open an account on Fedex.com and save 10 percent on online express shipping.“

Niemand reagiert. Es herrscht absolute Stille. Nichts passiert. Schließlich meint der Chef:

„Ok. How about this: we open an account on Fedex.com. We save 10 percent on online express shipping.“

Dabei macht er eine entschiedene Handbewegung und schlägt mit der Handkante durch die Luft nach unten. Alle sind begeistert und klatschen. Der junge Angestellte meint daraufhin zum Chef:

„You just said the same thing I did, only you did this“ –und macht eine ähnliche Handbewegung, die der Chef während des Erzählens gemacht hat. Der Chef kontert:

„No, I did this“ – und zeigt noch einmal exakt die entschiedene Handbewegung, die er tatsächlich gemacht hat.

Wenn er inhaltlich nicht eigentlich so traurig wäre, wäre der Film zum Totlachen. Er zeigt etwas

> *„In the factory we make cosmetics, in the drugstore we sell hope.“*
>
> Charles Revson, Gründer des Kosmetikkonzerns Revlon

auf, was in Deutschland jeden Tag zig Mal passiert: Ein Mitarbeiter präsentiert eine wirklich gute Idee. Aber weil er nicht gut präsentiert, wird auch die Idee selbst als nicht gut bewertet. Eine passende Studie[106] aus den USA beschreibt Folgendes:

Ein großer Ölkonzern wollte mithilfe eines Psychologenteams herausfinden, was die kreativen von den unkreativen Mitarbeitern unterscheidet. Die Untersuchung kam zu folgendem banalen Ergebnis: Die Kreativen schätzten sich selbst als kreativ ein, was die Unkreativen wiederum nicht taten. Diese Erkenntnis darf Sie aufhorchen lassen. Vielleicht findet man die Idee von jemandem nur deshalb so toll, weil er sie im unwiderstehlichen Brustton der Überzeugung präsentiert hat!

Als Zuhörer unterliegt man eben schnell der Gefahr, auf die glamouröse Verpackung hereinzufallen. Übrigens auch ein Grund, warum es berühmte Weltorchester gibt, bei denen man sich hinter einem Vorhang präsentieren muss, wenn man in das Orchester aufgenommen werden möchte. Der Grund: Die Jurys wollen von der persönlichen Ausstrahlung des Bewerbers weder positiv noch negativ beeinflusst werden.

In diesem Kapitel möchte ich nicht nur über Präsentationsfehler sprechen. Denn da können Sie mit Ihrem Team üben, wie Sie wollen: Präsentationspannen passieren immer wieder. Es gab bei mir beispielsweise schon mehrere Präsentationen, die deshalb zu keinem Erfolg geführt haben, weil ich unsensibel mit bestimmten kulturellen Werten umgegangen bin. So kann man eigentlich nur davor abraten, vor amerikanischen Kunden irgendwelche sexuellen Anspielungen oder anzügliche Witze zu machen. Und einmal habe ich eine Präsentation bei einem Autokonzern mit so viel Elan vorgetanzt, dass der Marketing-Leiter fragte, welche Drogen ich denn heute Morgen schon zu mir genommen hätte.

Shit happens! Auch wenn man präsentationserprobt ist. Und der nächste Präsentationsfehler kommt bestimmt.[107] Lieber möchte ich in diesem Kapitel über Präsentationschancen sprechen. Statt sich als Führungskraft eine Fehlervermeidungsstrategie zu überlegen, macht es viel mehr Spaß, sich auf die Möglichkeiten zu konzentrieren. Und deshalb gleich zu Anfang ein paar Denkanstöße und zehn Tipps und Tricks, wie Sie und Ihr Team bessere Ideenpräsentatoren und Ideenverkäufer werden können.

THOU SHALT NOT FLAUNT THINE EGO

#1: DIE 10 TED-COMMANDMENTS

TED.com (steht für: Technology, Entertainment, Design) ist eine wunderbare Präsentationsplattform. Vielleicht sogar die beste der Welt. Ausgesuchte Experten, Prominente und Persönlichkeiten, die etwas Spannendes, Erstaunliches oder Verrücktes zu sagen haben, bekommen dort ein Forum und dürfen eine maximal 18-minütige Rede halten. Und man findet dort jede Menge inspirierender Vorträge. Bei den TED-Präsentationen gibt es ein paar Regeln, weshalb jeder TED-Präsentator seine Präsentation vorher mit den TED-Organisatoren übt. Deswegen ähneln sich die Vorträge auch häufig. Wenn Sie mal fünf solcher Präsentationen gesehen haben, haben Sie diesen speziellen Präsentationsstil verstanden. Das Besondere daran: Der Stil ordnet sich der Persönlichkeit des Präsentators unter und nicht umgekehrt. Zusammengefasst funktioniert eine TED-Präsentation in etwa so:

„In the modern business world, being an original and creative brain is useless if you are not able to sell what you create."

David Ogilvy

1. Die Präsentation wird durch wenige, aber ausdrucksstarke Bilder unterstützt.
2. Auf diesen Bildern befinden sich so gut wie keine Texte.
3. Der Präsentator spricht frei. Er hält selten ein Manuskript oder sonstige Spickzettel in den Händen.
4. Fast jeder Gedanke oder jedes Bild wird mit einer Geschichte illustriert.
5. Auf den Bildern tauchen so gut wie keine Bullet Points auf.
6. Die Redner präsentieren mit Humor und Selbstironie.

Angeblich sollen sich die TED-Redner an die sogenannten TED Commandments halten. Diese 10 Gebote scheinen den Organisatoren solch ein Heiligtum zu sein, dass sie sogar auf eine Steinplatte eingraviert wurden. Im Internet kann man davon Fotos sehen und mittlerweile gibt es scheinbar sogar überarbeitete Textvarianten. Hier mal die Version der TED-Commandments, über die im Netz am meisten gesprochen und diskutiert wird[108]:

1. **Thou Shalt Not Simply Trot Out thy Usual Shtick.**
   Du sollst nicht deine übliche Nummer runterleiern.
2. **Thou Shalt Dream a Great Dream, or Show Forth a Wondrous New Thing, Or Share Something Thou Hast Never Shared Before.**
   Du sollst einen großen Traum träumen oder schöne neue Dinge zeigen oder etwas mitteilen, was du noch nie zuvor mitgeteilt hast.
3. **Thou Shalt Reveal thy Curiosity and thy Passion.**
   Du sollst Neugierde und Leidenschaft zeigen.
4. **Thou Shalt Tell a Story**
   Du sollst eine Geschichte erzählen.
5. **Thou Shalt Freely Comment on the Utterances of Other Speakers for the Sake of Blessed Connection and Exquisite Controversy.**
   Für ein friedliches Miteinander und erbauliche Diskussionen: Du sollst auf die Äußerungen anderer Redner offen reagieren.
6. **Thou Shalt Not Flaunt thine Ego. Be Thou Vulnerable. Speak of thy Failure as well as thy Success.**
   Du sollst dein Ego nicht in den Vordergrund stellen. Sei verwundbar.
   Sprich über Fehler und über Erfolg.
7. **Thou Shalt Not Sell from the Stage: Neither thy Company, thy Goods, thy Writings, nor thy Desparate need for Funding; Lest Thou be Cast Aside into Outer Darkness.**
   Du sollst auf der Bühne nichts verkaufen: weder deine Firma oder deine Produkte noch deine Konzepte. Und auch nicht für Geldspenden werben, damit du nicht in die ewige Dunkelheit verbannt wirst.
8. **Thou Shalt Remember all the while: Laughter is Good.**
   Du sollst immer dran denken: Lachen ist gut.
9. **Thou Shalt Not Read thy Speech.**
   Du sollst deine Rede nicht ablesen.
10. **Thou Shalt Not Steal the Time of Them that Follow Thee.**
    Du sollst denen, die dir folgen/die nach dir kommen, nicht die Zeit stehlen.

Prima! Die zehn TED-Commandments sind Gebote, die Spaß machen und die helfen können, bessere Ideenpräsentationen zu halten. Unbedingt an die Wand kleben!

#2: WER HAT'S ERFUNDEN?

In einem legendären französischen Film namens *Brust oder Keule* gibt es folgende Szene: Louis de Funès (er spielt einen berühmten Restaurantkritiker namens Duchemin) telefoniert mit einem Fernsehmoderator, weil er gerne ein TV-Duell mit dem schmierigen Boss (Monsieur Tricatel) eines Billigessen-Konzerns führen möchte. Der Fernsehmoderator findet das interessant. Weil beide Kontrahenten ein großes Ego haben, kann es nur ein quotentauglicher Schlagabtausch werden. Jetzt möchte der Moderator allerdings von Duchemin wissen, wie man diesen Billigessen-Produzenten wohl am besten davon überzeugen könnte, bei der Fernsehsendung mitzumachen. Duchemin sagt darauf Folgendes: „Dieser Tricatel muss davon überzeugt sein, dass die Idee von ihm allein stammt." Und so geht der Moderator zu dem Besitzer des Billigessen-Konzerns und zeigt ihm eine Liste mit verschiedenen Namen von Männern mit Format, die für ein TV-Duell zur Verfügung stünden. Und tatsächlich: Der Billigessen-Produzent entscheidet sich für Duchemin als seinen TV-Gegner. Jetzt fragt der Moderator den Konzernchef, wie es wohl gelingen könnte, Duchemin vom Mitmachen zu überzeugen. Und der Billigessen-Produzent antwortet: „Man müsste ihn davon überzeugen, dass die Idee, bei Ihnen mitzumachen, allein von ihm stammt."

In dieser Szene steckt eine wichtige Erkenntnis: Menschen mögen Ideen, wenn sie glauben, dass sie darauf Einfluss oder sogar an ihnen mitgewirkt hatten. Deswegen reden die besten Ideenpräsentatoren auch ganz wenig vom „ich" und stattdessen ganz viel vom „wir". Und ganz perfide Top-Manager machen es so: Sie sagen, dass sie auf folgende Idee aufgrund des Gesprächs mit Herrn Müller von letztem Dienstag kamen. Und wenn Herr Müller dann auch noch im Ideengremium sitzt, dann findet der die Ideenpräsentation schon mal prima.

#3: DIE KANADISCHE NATIONALHYMNE

Im Internet findet man ein geniales Video mit dem Titel *I am Canadian* für die kanadische Biermarke Molson Beer: Ein junger Mann betritt eine Bühne und hält eine Rede. Während er spricht, wird im Hintergrund die kanadische Nationalhymne gespielt. Der junge Mann fängt ganz behutsam und bescheiden an zu sprechen. Man spürt: Es wird eine patriotische Rede. Eine Lobeshymne auf Kanada.

Mit der Zeit wird der Mann immer emotionaler, dynamischer und lauter – passend zur kanadischen Nationalhymne im Hintergrund. Und auf einmal steigert sich der junge Mann richtig in seine Rede hinein. Die Art, wie er spricht, begeistert. Jeder, der den Mann reden hört, wird mitgerissen. Obwohl der Spot nur 60 Sekunden lang ist, springt der Funke auf die Zuhörer über. Ganz am Schluss ruft der junge Mann ein stolzes „I am Canadian" in die Menge. Hier mal der brillante Gesamttext, der in Sachen Begeisterung für mich eine absolute Benchmark ist:

Hey.

I'm not a lumberjack, or a fur trader, and I don't live in an igloo or eat blubber, or own a dog sled, and I don't know Jimmy, Sally or Suzy from Canada, although I'm certain they're really, really nice.

I have a Prime Minister, not a President. I speak English and French, not American, and I pronounce it ‚about', not ‚a boot'.

I can proudly sew my country's flag on my backpack. I believe in peacekeeping, not policing; diversity, not assimilation;

and that the beaver is a truly proud and noble animal.

A tuque is a hat, a chesterfield is a couch, and it is pronounced zed: not zee – zed!

Canada is the second largest land mass. The first nation of hockey. And the best part of North America!

My name is Joe. And I am Canadian!

Thank you.

Noch nie habe ich eine mitreißendere Rede gehört!

Sie haben morgen eine Präsentation vor 100 Vertrieblern und Sie wollen die Meute für eine neue Vertriebsidee begeistern? Lassen Sie im Hintergrund die kanadische Nationalhymne abspielen. Am besten die Version vom New Japan Philharmonic Orchestra und Seiji Ozawa. Hab ich schon oft gemacht. Es funktioniert wirklich!

#4: DIE KRAFT DER ONOMATOPOESIE

Was geht Ihnen durch den Kopf, wenn Sie **PIFF PAFF POFF AUA** hören? Genau, eine Schlägerei! Es macht Spaß, bei Präsentationen zuzuhören, wenn der Präsentator nicht nur spricht, sondern seine Worte ab und zu auch lautmalerisch unterstützt. Genau das ist nämlich Onomatopoesie. Also wie in Comics. Wenn es donnert, macht es da ***KA-WUMM***. Und wenn ein Auto fährt, dann macht es

RATTERRATTERRATTER. Solche Wörter sorgen für Kopfkino. Und plötzlich wird die Ideenpräsentation eine erlebbare Geschichte. Nutzen Sie Lautmalereien und lassen Sie es in Ihrer Präsentation krachen, brummen, knistern, rascheln, platschen, schwappen, poltern, blitzen, donnern, knirschen, klopfen, funkeln …

#5: DIE ÜBERTREIBUNG

Bei verkaufsfördernden Maßnahmen im Marketing gibt es ein schönes Stilmittel. Dort wird nämlich nicht gelogen, stattdessen arbeitet man gerne mit der werbischen Überhöhung. Und aus irgendeinem Grund wird das in der Gesellschaft hingenommen und toleriert: die lupenreine Sauberkeit, die ausschließlich gut aussehenden Menschen und so weiter. Klar: Als Führungskraft darf man in einer Präsentation niemals lügen, aber man darf werbisch überhöhen. Man darf hier und da etwas übertreiben und hier und da etwas beschönigen. Das deutsche Gesetz lässt die werbische Überhöhung in einem gewissen Rahmen sogar zu. Sie wird nicht unbedingt als Täuschung oder Irreführung gewertet.

Gute Ideenpräsentatoren zeigen auf die schönen und verschweigen die unschönen Dinge – und manchmal übertreiben sie eben ein wenig. Nichts anderes macht Louis Armstrong in seinem Song *What a wonderful world*. Aber noch einmal: Kein Chef darf bei Ideenpräsentationen lügen. Dennoch: Dieses fantastische Zitat von Barney Stinson aus der Serie *How I met your mother* sollten Sie gehört haben:

> *„A lie is just a great story that someone ruined with the truth.“*

#6: POWERPOINT KARAOKE

Schon mal von Powerpoint-Karaoke gehört? So geht's: Ihre Mitarbeiter sollen keine Liedzeilen ablesen und nachsingen, sondern eine ihnen unbekannte Präsentation halten, die man zum Beispiel irgendwo im Internet gefunden hat. In erster Linie ist Powerpoint-Karaoke ein unterhaltsames Spiel, bei dem man seine rhetorischen Fähigkeiten trainieren kann. Mit der Zeit erkennt man dann die typischen Stolperfallen in Präsentationen, zum Beispiel schlechte Überleitungen oder Textwüsten. Aber der beste Lerneffekt: Immer wieder findet man Präsentationen, die so aufgebaut sind, dass sie sogar ein Fremder halten kann. Und das sind die besten Präsentationen. Nämlich die, die so schlüssig und einfach strukturiert sind, dass sie jeder versteht.

#7: BEDENKENTRÄGER ENTLARVEN

Kritisieren ist viel einfacher als loben. Vor allem für die, die sich im Unternehmen noch profilieren müssen. Und solche Menschen können bei Ideenpräsentationen ganz schnell zum Bedenkenträger werden. Eine geniale Idee kann dann plötzlich ins Wanken geraten, nur weil sich jemand wichtig machen möchte. Solchen Leuten sollte man regelmäßig das Wort „Bedenken" an den Kopf werfen. Zum Beispiel so: *„Welche Bedenken haben Sie genau?"* oder *„Können Sie Ihre Bedenken begründen?"* Mit großer Wahrscheinlichkeit wird er jetzt von seinem Standpunkt zurückrudern, denn niemand möchte sich gerne als Bedenkenträger titulieren lassen.

#8: BOMBEN WERFEN

In jeder spannenden Präsentation taucht ein Element auf, das unvergessen bleibt. Die Präsentationsexpertin Nancy Duarte hat da zwei Lieblingsbeispiele. In einem Interview sagte sie:

„Eine meiner liebsten TED-Präsentationen ist Jill Bolte Taylor, die über das menschliche Gehirn gesprochen hat und dabei ein echtes menschliches Gehirn herausgeholt hat. Sie hatte es mit flüssigem Plastikblut in der Hand, es tropfte, das war unglaublich. In einer Rede über Malaria erzählte Bill Gates dem TED-Publikum, dass mehr Medikamente gegen Haarverlust bei Männern entwickelt werden als gegen Malaria. Dann entlässt er Moskitos in ein Publikum voller kahlköpfiger Männer und man sieht, dass sie von ihnen gestochen werden!"[109] Und Nancy Duarte fügt hinzu: „Das sind zwar ziemlich dramatische Beispiele, aber sie sind sehr effektiv." Das stimmt. Solche Höhepunkte in Präsentationen bleiben länger in der Hirnrinde kleben als mancher Kinofilm von Stanley Kubrick. Solche Momente machen eine Präsentation zu einem unvergesslichen Erlebnis.

#9: EFFEKTHASCHERISCHE VORWEGNAHMEN

Harald Schmidt hatte manchmal Gäste in seiner Talkshow, die die Geschichten, die sie erzählen wollten, ungefähr so ankündigten: „Du! Ich erzähl dir jetzt mal was Lustiges!" Wenn Schmidt gut drauf war, fiel er gleich ins Wort und sagte in etwa:

„Nein! Du erzählst uns jetzt deine Geschichte und wir entscheiden dann, ob sie lustig ist!“ Und Recht hat er!

Ob die Idee Ihres Teams genial, radikal, ein disruptiver Big Bang, highly efficient, Rock'n'Roll oder einfach nur wow ist, entscheidet das Publikum, nicht Sie. Wenn Sie die Idee aber bereits im Vorfeld als einzigartig und genial ankündigen, dann entmündigen Sie die Jury. Und dafür werden Sie bezahlen. Der Erfinder Bob Balow hingegen zeigt uns, wie's geht. Als er der Welt seine Pasta Fork präsentierte, machte er kein großes Innovationsbrimborium daraus. In seinem Präsentationsvideo erzählt und zeigt er einfach, wie die Nudelgabel (eine Kreuzung aus Gabel, Löffel und Korkenzieher) funktioniert. Sein einfacher Präsentationsstil gibt ihm Recht: Sein Video [110] wurde bereits über eine Million Mal angeschaut. Bravo! Dass seine Erfindung genial ist, brauchte er gar nicht zu sagen. Das spürt, sieht und hört man.

Wer's auch gut macht, ist Robert Lee von Cullmann Liquidation. Sein Präsentationsvideo wurde bereits über 4 Millionen Mal angeschaut. Er besticht durch mutige Ehrlichkeit und Einfachheit. Und so erklärt er seine Geschäftsidee:

„Hi, ich bin Robert Lee. Mir gehört Cullmann Liquidation. Ich verkaufe Wohncontainer. Ich werde Ihre Zeit nicht verschwenden und sage Ihnen, wie es ist: Das sind Wohncontainer und keine Villen. Die bestehen aus zwei Teilen. Wenn Sie so was suchen, dann ist es das, was ich habe. Sie sind gebraucht. Und manche haben Flecken. Darum kümmern wir uns.“

Jetzt stellt Robert kurz seine Mitarbeiter vor:

„Sie richtet sie ein. Sie verkauft sie. Diese Jungs helfen mir, sie zu transportieren.“

Dann spricht er weiter:

„Ein Türsteher in Birmingham hat mir fünf Mal mit einem Schraubenschlüssel ins Gesicht geschlagen und der Freund meiner Frau hat meinen Kiefer mit einem Zaunpfahl gebrochen. Wenn Sie also keinen Wohncontainer von mir kaufen wollen, wird es meine Gefühle nicht verletzen. Besuchen Sie uns mal bei Cullmann Liquidation und kaufen Sie sich ein Zuhause. Oder nicht. Ist mir egal.“ [111]

Wunderbar! Kein Bling-Bling und kein Trommelwirbel. Manchmal kann das der genau richtige Präsentationsstil sein.

#10: OHNE WORTE

Die BILD-Zeitung warb mal mit folgendem Satz:

> *„Wer etwas Wichtiges zu sagen hat, macht keine langen Sätze.“*

Diese Aussage beinhaltet eine schlaue Erkenntnis: Ob eine Idee genial ist oder nicht, sieht man daran, wie lange der Präsentator braucht, um sie zu erklären. Die einfache Daumenregel lautet: je länger desto ungenialer. Wenn der Präsentator viel erklärt, dann ist die Idee nicht selbsterklärend. Und eine Idee, die erklärungsbedürftig ist, ist entweder noch nicht durchdacht,oder sie taugt einfach nichts. Der Mini Cooper wurde deshalb mal mit folgender Headline beworben: „Introducing the world's most unnecessary headline."[112] Genau richtig so, denn zu diesem genialen Auto braucht es keine zusätzlichen Worte.

Salvador Dalis kürzeste Rede ging so: „I shall be so brief that I have already finished". Und als die Schauspielerin Merrit Weaver 2013 bei den Emmys den Best Supporting Actress Award verliehen bekam, sagte sie einfach: „Thank you so much. Um, I gotta go, bye!"[113] Für eine der wohl kürzesten Dankesreden der Welt wurde sie bejubelt.

Sie haben nun zehn Denkanstöße, Tipps und Tricks für besseres Ideenpräsentieren gelesen. Wenn Sie und Ihr Team bei der nächsten Ideenpräsentation nur fünf davon befolgen, ist das schon mal ein prima Anfang.

KOPF HOCH UND BRUST RAUS!

Wenn Ihre Mitarbeiter Ideen schüchtern oder zurückhaltend präsentieren, könnte man ihnen, mit wenigen Ausnahmen, auch attestieren, dass sie nicht an ihre Ideen glauben. Eine Persönlichkeit mit unglaublich viel Haltung und Stolz während ihrer Darbietungen (und von der wir in diesem Punkt ausnahmsweise alle lernen können) war Maria Callas. Es gibt ein Video, in dem die Diva auf der Bühne steht und das Orchester beginnt, die Melodie von Carmen zu spielen.[114] Aber der Einsatz von Maria Callas beginnt noch lange nicht. Trotzdem schaut man gebannt auf sie. Wann kommt ihr Einsatz? Wann fängt sie an zu singen? Und überhaupt: Warum sieht die Frau so toll aus? Maria Callas wirkt in diesen unendlich scheinenden Sekunden unglaublich souverän. Obwohl drei Minuten lang nur das Orchester spielt und sie nichts zu singen hat, schaut man nur auf Maria und nimmt das Orchester kaum wahr. Ihrer Ausstrahlung kann sich in diesem Moment niemand entziehen. Einfach wunderbar.

Und hier noch besser: In der amerikanischen Fernsehserie *Mad Men*, die in den 60er Jahren spielt, gibt es eine Episode, in der der Werbechef Don Draper und seine Crew einem Lippenstiftproduzenten die neuesten Kampagnenmotive präsentieren.[115] Das Konzept ist frisch und neu und der neue Slogan soll heißen: „Mark your man". Aber der Lippenstiftproduzent mag die Idee nicht. Stattdessen regt er sich darüber auf, dass auf allen Motiven zu wenig Lippenstiftfarben abgebildet sind. Lauthals beschwert er sich: „I only see one lipstick in your drawing. Women want colors. Lots and lots of colors." Spätestens jetzt ist allen klar, dass die Präsentation gelaufen ist. Ein grandioser Reinfall. Dieser Einwand war niederschmetternd. Und was ist die natürliche Reaktion auf solche Einwände in Ideenpräsentationen? Man wird unsicher. In solchen Situation versucht man, zu beschwichtigen, sensibel und diplomatisch zu sein. Nicht aber Don Draper. Er zeigt Stolz und Haltung und glaubt weiterhin an seine Idee. Als der Lippenstiftproduzent aber nicht mit dem Meckern aufhört, lässt Don Draper ihn stehen und droht sogar damit, das Meeting zu verlassen. Warum? Weil ihm schlicht seine Zeit zu schade ist. Und genau das ist der Moment, in dem der Lippenstiftproduzent plötzlich einzuknicken scheint. Eine geniale Szene! Jemand, der wie Don Draper seine Ideen mit so viel Mut verteidigt, der tut das, weil er an seine Idee glaubt, und nicht, weil er dafür bezahlt wird. Jetzt werden Sie sagen: Ist ja nur ein Film. Stimmt! Aber dass man Präsentationen abbricht, weil der Kunde an Dyscreationie[116] leidet, kommt auch im echten Leben vor. Und sehr gerne werden diese Präsentationsabbrüche von den Präsentationsabbrechern am Lagerfeuer immer wieder als Heldengeschichten präsentiert. Und jedes Mal wird dem Abbruch ein noch dramatischeres Detail hinzugefügt.

Was lernt man als Führungskraft daraus? Am besten lässt man sich bei Präsentationen nicht so schnell ins Bockshorn jagen. Schon gar nicht bei unhöflichen oder arroganten Gegenfragen. Jürgen Klopp verhält sich in solchen Situationen häufig sehr schlagfertig. Ein Beispiel: Kurz nach der spektakulären Ankündigung des Wechsels von Mario Götze zum FC Bayern München stellte ein Journalist während einer Pressekonferenz vor laufenden Kameras folgende Frage: „Herr Klopp, mich würde interessieren, wie die Mannschaft speziell damit umgeht, gerade vor heute Abend – und ich wär Ihnen dankbar, wenn Sie auf so Floskeln verzichten würden, wie ‚Die Jungs sind Profis genug'." Klopp schlägt zurück: „Also zuerst einmal möchte ich mich bei Ihnen bedanken. Ich sehe Sie hier zum ersten Mal, aber direkt eine Forderung zu stellen, was ich zu sagen habe … Hut ab! Welches Ressort? Was machen Sie? Tierfilme? Sport!? Oh, okay, alles klar!"[117]

> *„Don't talk to me about rules, dear. Wherever I stay I make the goddam rules."*
>
> Maria Callas

Perfekt pariert. Und ja klar, Don Draper und Jürgen Klopp sind zwei krasse Beispiele, und sicherlich ist diese Schlagfertigkeit nur in ganz seltenen Momenten angebracht. Aber interessant: Unsere Intuition will ganz anders handeln. Sobald man bei Ideenpräsentationen Gegenwind verspürt, ist unsere Genetik so veranlagt, dass wir klein werden und uns innerlich zurückziehen. Der, der den Gegenwind produziert, ist evolutionär aber so programmiert, dass er es sofort spürt, wenn jemand einen Schritt zurückgeht. Und das ist der Anfang vom Ende. Wenn der Gegner spürt, dass jemand flüchten will, dann wird er erst recht aggressiv. Und dann kann der Ideenpräsentator plötzlich zum Gejagten werden.

Wir sollten uns also alle so umprogrammieren, dass wir bei Kritik nicht einen Schritt nach hinten gehen, sondern einen Schritt nach vorne. Und das können Sie mit Ihren Mitarbeitern ganz einfach üben. Suchen Sie sich einen Teamkollegen und stellen Sie sich zehn Meter weit auseinander. Und jetzt diskutieren Sie über eine Idee. Einer ist für die Idee, der andere dagegen. Die Regel: Immer, wenn der eine ein Argument von sich gibt („Deine Idee ist nichts Neues“, „Meine Idee ist besser“, „Deine Idee wird der CEO nicht mögen“ und so weiter), muss der andere einen Schritt auf diese Person zugehen. So kann man sich antrainieren, bei Gegenwind vorwärts zu laufen anstatt rückwärts. Das Spiel geht so lang, bis sich die beiden Kontrahenten vor der Nase stehen. Und dann kann man das Spiel mit einem neuen Thema noch einmal von vorne spielen. Und irgendwann darf man auch ruhig persönlich werden. Ist ja nur ein Spiel. Aber lernen Sie eben auch, mal einen Schritt auf jemanden zuzugehen, der Ihnen sagt, dass Ihre Idee nicht durchdacht erscheint oder dass sie viel zu teuer oder kompliziert ist. Sinn und Zweck der Übung: bei Gegenwind nicht gleich umkippen. Das sollte Ihr Team verinnerlichen.

DER IDEENPATE

Eine Idee überzeugt nicht nur aufgrund der Idee. Es hängt auch sehr viel davon ab, wer hinter ihr steht. Bundespräsident a. D. Horst Köhler steht beispielsweise als Schirmherr hinter der „Aktion Deutschland hilft“. Und der Unternehmer Claus Hipp hat die Schirmherrschaft für die Kinderakademie „Plant for the Planet“ in Pfaffenhofen übernommen.

Im täglichen Ideenkampf ist es schlau, mit Schirmherren aufzutrumpfen. Heißt also: Am besten, Sie und Ihr Team punkten mit einer Idee nicht nur inhaltlich, sondern machen während der Ideenpräsentation auch deutlich, dass andere bereits hinter der Idee stehen. Im Idealfall sollte man einen Ideenpaten auf dem Servierteller präsentieren. So wie Isabella von Kastilien die Patin für Kolumbus' Idee war, den Seeweg nach Indien zu entdecken. Oder so wie Mike Markulla für Steve Jobs am Anfang seiner Karriere als Pate zur Verfügung stand. Der glaubte nämlich so sehr an Steves Idee des Apple-PCs, dass er 1977 für einen Kredit von 250 000 Dollar bürgte! Bei den Bankern macht es doch schon mal einen viel besseren Eindruck, wenn man sagen kann: „Die Königin schickt mich.“ Ideenpaten zeigen auf Ihre Idee und machen sie plötzlich richtig wertvoll. Und wenn dieser Pate auch noch renommiert und nicht einmal mit Ihnen verwandt, verschwägert oder befreundet ist, dann wird Ihre Idee plötzlich zur Knalleridee.

Schön, wenn Ideenpaten wirklich und aus echter Überzeugung hinter einer Idee stehen, wie bei den obigen Beispielen. Aber viel zu oft wird das Prinzip des Ideenpaten missbraucht. Ich habe es sogar schon erlebt, wie Mitarbeiter einen Ideenpaten einfach erfunden haben, nur um mich zu überzeugen, dass die soeben präsentierte Idee eine richtig gute sei. Und deshalb ist es gut, hellhörig zu werden, wenn jemand mehr über den Ideenpaten spricht als über die Idee.

Der Kunstfälscher Wolfgang Beltracchi beispielsweise wusste genau, dass er seine genial gefälschten Bilder nur dann für teures Geld verkaufen kann, wenn er einen Paten dafür findet, der seine in Wahrheit eigentlich wertlosen Bilder als wertvoll bezeichnet. Und so kam der renommierte Kunsthistoriker Werner Spies ins Spiel. Dieser beschäftigte sich tatsächlich mit den Bildern von Beltracci und kam zu dem Schluss, dass sie echt seien und es sich bei manchen Bildern auch um Originale von Max Ernst handelte. Mit diesen Echtheits-

„Always be nice to bankers. Always be nice to pension fund managers. Always be nice to the media. In that order.“

John Gotti, amerikanischer Mafioso

zertifikaten wurden harmlose Bilder plötzlich sehr wertvoll. Warum? Weil ein renommierter Fachmann auf das Bild gezeigt hat. Aber das war nur der Anfang. Durch Weiterverkäufe wurden manche Bilder immer wertvoller. So landete das Bild „La Foret (2)“ schließlich für 5,5 Millionen Euro bei dem US-Verleger Daniel Filipacchi.[118] Gut, dass die Polizei dahintergekommen ist. Wolfgang Beltracchi wurde 2011 wegen gewerbsmäßigen Bandenbetrugs zu sechs Jahren Haft verurteilt. Und auch für Werner Spies gab's ein Nachspiel. Der *Spiegel* berichtete: „Den Angaben zufolge wurden Spies und ein französischer Galerist von der zuständigen Kammer am 24. Mai zur Zahlung von 652883 Euro Schadensersatz verurteilt. Geklagt hatte ein Sammler, der über verschlungene Wege das vermeintliche Max-Ernst-Gemälde ‚Tremblement de terre' erworben hatte, nachdem sich Spies zuvor von der Echtheit des Werks überzeugt gezeigt hatte.“[119]

Zu dieser Geschichte gibt es eine erstaunliche Parallele. Der französische Kinofilm *Ziemlich beste Freunde* erzählt von der Freundschaft eines reichen und kultivierten, aber an einen Rollstuhl gefesselten Mann und dessen aus ärmlichen Verhältnissen stammenden Pflegehelfer. Dieser macht sich lustig über die modernen Kunstgemälde, die der reiche Mann im Rollstuhl immer wieder für teures Geld kauft. Und eines Tages, vor einem modernen Bild in einer Galerie stehend, sagt der Pflegehelfer: „Sie kaufen das Gekleckse doch nicht etwa für 30000 Euro? Für 50 Euro geh ich in den Baumarkt und zeige, welche Spur mein Dasein hinterlässt. Ich pack noch blau drauf, wenn Sie wollen.“ Und dieses spannende Experiment gehen die beiden ein. Der Pflegehelfer malt ein Bild. Der Mann im Rollstuhl springt als Pate ein und preist es einem Familienmitglied an. Und weil der Mann im Rollstuhl als Kunstliebhaber und -experte geschätzt wird, erzielt er einen Kaufpreis von 11000 Euro …

Aber die Welt braucht ehrliche Ideenpaten. Wer diese nur einsetzt, um andere zu blenden, ist kein Innovationsbegeisterter, sondern arbeitet im schlimmsten Fall mit krimineller Energie oder vor allem für sein Ego, aber nur selten für die Idee. Die Welt wird so nicht besser. Und renommierte Ideenpaten, die wissentlich Dreck als Gold anpreisen, sollen so schnell wie möglich Besserung geloben. III

DIE GROSSE KUNST DES STORYTELLINGS

Storytelling ist das neue große Buzzword und wird mittlerweile fast schon inflationär benutzt. Im Internet wird „Geschichten erzählen" mittlerweile an jeder Ecke angeboten. Hier ein paar Dinge über Storytelling, die Sie und Ihr Team zu hoffentlich besseren Geschichtenerzählern machen. Kommt Ihnen diese Geschichte beispielsweise bekannt vor?

„Life isn't divided into genres. It's a horrifying, romantic, tragic, comic, science-fiction cowboy detective novel."

Alan Moore

Der Held dieser Geschichte verlässt seine vertraute Welt und stößt auf eine neue. In dieser neuen Welt wird unser Held aber als Fremdkörper betrachtet, er wird zunächst nicht akzeptiert und so steht er selbst der neuen Welt feindselig gegenüber. Aber dann trifft er eine/n Eingeborene/n. Diese/r führt ihn durch die neue Welt und erklärt ihm, wieso hier alles anders ist. Dem Helden leuchtet das ein und in einem schleichenden Prozess vollzieht sich ein Wandel in seinem Denken: Plötzlich fühlt er sich der neuen Welt zugehörig und möchte sich für diese neue Welt einsetzen, auch wenn das bedeutet, dass er gegen seine alte Welt kämpfen muss. Diese neue Haltung schweißt unseren Helden und die/den Eingeborene/n eng zusammen und die beiden werden ein Paar. Und zum Schluss gibt's Kinder und ein Happy End.

Welche Geschichte war das? Mehrere Antworten sind richtig. Es könnte sich um Disneys *Pocahontas* oder um James Camerons *Avatar* handeln.[120] Oder ist es doch vielleicht eher die Geschichte von *Tarzan? Robinson Crusoe? Der mit dem Wolf tanzt? Der letzte Samurai* mit Tom Cruise? Genauso wie essenzielle Passagen der Songs *Don't stop believing* von Journey, *Forever Young* von Alphaville, *Can you feel the love tonight* von Elton John, *With or without you* von U2, *Let it be* von den Beatles, *Fall at your feet* von Crowded House, *Take on me* von a-ha und hundert andere bekannte Songs auf derselben Akkordfolge basieren, basieren viele spannende Geschichten immer wieder auf denselben Erzählformen. Und warum? Weil diese sogenannten Urgeschichten[121] uns immer wieder in den Bann ziehen. Sie sind tief in der DNA der Menschheit verwurzelt und evolutionär mit uns verwoben, weil Tausende von Generationen sie wieder und wieder erlebt haben. Diese Geschichten bewegen und berühren uns bis heute.

Über diese Urgeschichten hat Christopher Booker 2004 ein 700-seitiges bemerkenswertes Buch geschrieben. Es heißt: *The Seven Basic Plots: Why we tell Stories*. Und auf diese sieben Urgeschichten möchte ich nun mit Blick auf meine eigenen Erfahrungen und Interpretationen eingehen (die Bezeichnungen der jeweiligen Urgeschichten habe ich von Christopher Booker übernommen).

OVERCOMING THE MONSTER

Auf diesem Plot basieren ganz viele Filme mit Schauspielern wie Bruce Willis, Sylvester Stallone und Arnold Schwarzenegger: Irgendwo da draußen terrorisiert uns das Böse und ein einzelner Held muss es besiegen. Für Ideenpräsentationen eignet sich diese Struktur dann besonders gut, wenn die Idee oder die Unternehmensvision zum Ziel hat, die Welt zu verbessern. Das ist zum Beispiel beim Verein foodwatch der Fall. Dieser Zusammenschluss von Menschen präsentiert sich kämpferisch und will gegen die „böse" Lebensmittelindustrie vorgehen. Schauen Sie mal, wie foodwatch seine Vereinsidee auf der eigenen Internetseite präsentiert: *„foodwatch entlarvt die verbraucherfeindlichen Praktiken der Lebensmittelindustrie und kämpft für das Recht der Verbraucher auf qualitativ gute, gesundheitlich unbedenkliche und ehrliche Lebensmittel. foodwatch ist unabhängig von Staat und Lebensmittelwirtschaft und finanziert sich aus Förderbeiträgen und Spenden. foodwatch ist ein gemeinnütziger Verein, dem jeder beitreten kann … Was wir essen, entscheiden nicht wir selbst. Der einzelne Verbraucher muss machtlos zuschauen, wie die Nahrungsmittelindustrie der Politik die Spielregeln diktiert. Lobbyisten bestimmen, was auf unsere Teller kommt. Und was wir über unser Essen wissen dürfen. Damit wird erst Schluss sein, wenn wir Verbraucher uns zusammenschließen und für unsere Rechte kämpfen."*[122]

Sofort assoziieren wir den Verein mit Robin Hood oder mit „David gegen Goliath" und noch schneller empfinden wir Sympathie für foodwatch. Die machen das nicht, weil sie reich werden oder weil sie ihre Egos in den Vordergrund stellen wollen – nein, die machen das umsonst! Für eine bessere Welt!

Merken Sie sich also

Bauen Sie, wenn angebracht, irgendeinen Feind in Ihre Ideenpräsentation ein, den es zu besiegen lohnt. Das kann ein äußerer, aber auch ein innerer Feind sein. Ihre Zuhörer werden das prima finden. Denn das Böse muss aus der Welt geschafft werden!

RAGS TO RICHES

Rags to Riches, das bedeutet: vom Tellerwäscher zum Millionär. Oder vom Stotterer zum exzellenten Redner oder vom österreichischen Hinterwäldler zum Gouvernator. Oder vom steinewerfenden Straßenkämpfer zum abgemagerten Außenminister. Oder das Leben von Mike Tyson: der sagte in einem Interview mit dem *Spiegel* mal Folgendes: *„Ich war ein Arschloch, ein Spinner, ein Verrückter, ein besessener Irrer. Im ersten Teil meines Lebens war ich dabei, mich selbst zu zerstören. Ich hätte nie gedacht, dass ich 30 werde. Ich bin froh, dass ich noch lebe … Früher war ich nie zu Hause, jetzt eigentlich nur noch. Langeweile bedeutet für mich Sicherheit. Ich bin ein Extremist, kenne nur schwarz oder weiß. Ich trinke keinen Alkohol, ich rauche nicht, nehme keine Drogen. Ich ernähre mich vegan, kein Fleisch, keine Milch, keine Eier. Ich esse Rosinen, Tomatensuppe, trinke Kamillentee. Ich wiege 100 Kilo, vor zwei Jahren waren es noch 160. Ekelhaft.“*[123]

Wir hören gebannt zu, wenn jemand ein anderer, besserer, erfolgreicherer oder reicherer Mensch wird. Wenn er endlich das wird, wonach er sich so sehnte. Und wenn er zwischendurch auch noch ein paar herbe Niederlagen einstecken musste, dann ist die Geschichte nicht mehr zu toppen.

Das „Rags to Riches“-Prinzip wird auch sehr gerne vom Bank- und Glücksspielgewerbe genutzt. Deren Geschichten von mehr Reichtum beflügeln unsere Fantasie und Sehnsucht. Die SKL wird dabei sogar ganz rührselig. Über eine frisch gebackene Millionärin wird Folgendes berichtet: *„Endlich kann sie die Hochzeitsreise mit ihrem Mann nachholen, für die damals das Geld fehlte, und ihre Tante in Amerika besuchen, die sie seit über 14 Jahren nicht mehr gesehen hat. Und noch ein Herzenswunsch: Einmal möchte sie ihr Idol Howard Carpendale persönlich treffen. ‚Ich würde ihn gerne einladen‘ – Jetzt könnte sie sich wahrscheinlich ein Privatkonzert leisten.“*[124]

Merken Sie sich also

Machen Sie, wenn angebracht, Ihrem Publikum bei Ihrer Ideenpräsentation glaubhaft, dass Ihre Idee zu Glück, Frieden, Harmonie, Erfolg, Geld oder Macht führen wird. Reden Sie vom Ist- und vom Soll-Zustand. Erzählen Sie, dass die potenziellen Verwender Ihrer Idee genau das werden können, was sie sein wollen. Ihre Idee wird gemocht werden, wenn die Jury überzeugt davon ist, dass sie davon persönliche Vorteile hat oder sich damit weiterentwickeln kann.

THE QUEST

Die Suche! Das passende Hollywood Movie dazu könnte zum Beispiel Indiana Jones sein. Aber die große Suche gibt es auch fernab von Hollywood. Wer sucht und sucht und sucht im echten Leben? Die Forscher und die Wissenschaftler. Lesen Sie mal, was für einen Aufwand der Pharmakonzern Pfizer betreibt, um Arzneimittel zu entwickeln. Es ist nichts anderes als eine große, nicht enden wollende Suche: *„In der Arzneimittelforschung ist*

nicht nur wissenschaftliche Spitzenkompetenz gefragt – sondern auch viel Geduld. Die Entwicklung eines neuen Medikaments dauert durchschnittlich zehn bis 15 Jahre und kostet rund 800 Millionen US-Dollar. Von etwa sieben Millionen getesteter Moleküle, die als Wirkstoffe infrage kommen, schaffen es nur ein oder zwei als Arzneimittel bis zum Patienten. Die Suche ist aufwendig, und jedes potenzielle neue Medikament durchläuft verschiedene Phasen der Entwicklung.“ [125]

Und auch hier hegen wir schnell Sympathie, obwohl es sich um einen Multimilliarden-Dollar-Konzern handelt. Aber wer so viel sucht und die Suche niemals aufgibt und das alles nur, weil er Menschenleben retten will, dem hören wir gerne zu.

Bauen Sie, wenn angebracht, eine Passage in Ihre Ideenpräsentation ein, in der klar wird, dass Sie unermüdlich nach einer Lösung gesucht haben. Dem Zuhörer wird dadurch klar, dass Sie für das Problem brennen. Und wer brennt, der entzündet seine Zuhörer zu kreativen Explosionen.

Merken Sie sich also

VOYAGE AND RETURN

Zu diesem Prinzip passt die Geschichte des *BILD*-Chefredakteurs Kai Diekmann. Der hat nämlich vor gar nicht langer Zeit seinen Chefposten ein Dreivierteljahr lang geräumt und ist ins Silicon Valley gegangen. Warum? Um sich dort inspirieren zu lassen, wie man den Axel Springer Verlag für die digitale Zukunft aufstellen kann. Dann kam er eines Tages von seiner Auslandsreise zurück, saß wieder auf seinem Chefsessel und verkündete, wie es nun mit dem Axel Springer Verlag weitergehen wird. Die Presse verfolgte das Auslandspraktikum von Kai Diekmann sehr genau. Sie war begeistert von seiner mutigen Idee, eine Auszeit zu nehmen. Sie war fasziniert davon, dass ein Chefredakteur zum Studenten wird. Dass da einer ist, der weit weg geht, in ein anderes Land, nur um was zu lernen.

Merken Sie sich also

Erwähnen Sie, wenn angebracht, irgendwo in Ihrer Ideenpräsentation, dass die Idee Ihnen einfiel, als Sie unbekanntes Terrain betreten haben. Und dieses unbekannte Terrain haben Sie nur deshalb betreten, weil Sie von anderen lernen wollten. Dem Publikum wird das gefallen. Denn wenn eine Idee so oder so ähnlich schon woanders geklappt hat, dann kann es nur eine gute Idee sein.

COMEDY

Von geplanter Comedy darf man bei einer Ideenpräsentation getrost Abstand nehmen. Denn entweder sind Sie lustig oder nicht. Bitte tun Sie aber nie so, als ob Sie lustig seien. Selbstverständlich muss eine Ideenpräsentation unterhaltsam sein. Aber unterhaltsam heißt nicht zwingend lustig. Der unglaubliche Ex-Chef von Microsoft, Steve Ballmer, ist so eine Persönlichkeit, der bei

Präsentationen die Gratwanderung zwischen guter Unterhaltung, Comedy und Fremdschämen perfektioniert hat. Es gibt Videos, in denen man sieht, wie der verschwitzte, riesige, dicke Steve Ballmer auf der Bühne wie ein Affe tanzt. Irgendwie möchte man wegschauen, aber man schafft es nicht. Denn es hat auch etwas Faszinierendes. Plötzlich brüllt Steve Ballmer in die Menge: „Developers, Developers, Developers, Developers, Developers!" Und alle brüllen ihm nach. Ein anderes Mal ruft er ins Publikum: „I love this company!" und alle jubeln zurück. Viele Präsentationen von Steve Ballmer waren legendär. Sie waren pure Unterhaltung mit grandiosen Comedy-Einlagen. Wer es genauer wissen will, kann im Internet gerne mal *The 8 Most Hilarious Steve Ballmer Moments Of All Time*[126] anschauen. Totaler Wahnsinn. Aber eben auch sehr amerikanisch. Und nicht alle Europäer sind für so einen Präsentationsstil zu begeistern.

Merken Sie sich also

Ihre Ideenpräsentation darf unterhaltsam sein, aber nicht auf Teufel-komm-raus lustig. Ihr Publikum wird intelligente Unterhaltung wohlwollend anerkennen. Denn jede Information, die mit etwas Humor oder Unterhaltung verpackt ist, wird merkfähiger.

TRAGEDY

Ideen mit Angst und Tragik zu verkaufen, scheint auf den ersten Blick nicht besonders schlau zu sein. Aber in manchen Branchen ist es legitim. Die Sinnhaftigkeit der Berufsunfähigkeitsversicherung beispielsweise leuchtet dem Publikum besonders dann ein, wenn man auf bestimmte Risiken und Gefahren hinweist. Die HUK24 macht die Idee der Berufsunfähigkeitsversicherung auf ihrer Internetseite zum Beispiel mit diesen Worten schmackhaft: „Berufsunfähigkeit kann jeden treffen! Laut Statistik können jährlich etwa 400 000 Menschen in Deutschland wegen eines Unfalls oder einer Krankheit ihren Beruf nicht mehr ausüben. Sorgen Sie deshalb jetzt schon vor!"[127]

Wenn das Thema es hergibt, ist es absolut in Ordnung, in der Ideenpräsentation Ängste und eventuelle Schreckensszenarien anzudeuten. Wer will nicht gegen Berufsunfähigkeit versichert sein, wenn es 400 000-mal im Jahr einen unschuldigen Menschen trifft? Solche unangenehmen Szenarien und Geschichten halten uns wach. Sie sensibilisieren uns für all das, was kommen mag. Und wenn in Ihrer Ideenpräsentation die Lösung gegen das potenzielle Übel vorgestellt wird, ist das Publikum auch schon wieder beruhigt.

Merken Sie sich also

Erzählen Sie, wenn angebracht, in Ihrer Präsentation von irgendeinem traurigen Einzelschicksal und stellen Sie glaubhaft dar, wie Ihre Idee dieses Einzelschicksal hätte verhindern können oder wie sie zumindest jetzt helfen kann. Das Publikum mag es, wenn eine tragische oder traurige Geschichte ein Happy End hat.

REBIRTH

Ein gutes Beispiel für die hier gemeinte Widergeburt ist das Leben des Donald Trump. Anfang der 90er verlor er ein Milliardenvermögen im Immobiliensektor und war pleite. Aber anstatt sich aufzugeben, arbeitete er hart an seiner zweiten Chance. Sein heutiger Kontostand: mehrere Milliarden US-Dollar. Darüber hinaus startete er eine Medienkarriere und schrieb mehrere Bücher. Eines davon heißt: *The Art of Comeback*.

Eine ähnlich spannende Wiedergeburt ist die momentane Geschichte des Kodak-Konzerns. Der ist nämlich nach langem Überlebenskampf wieder an die Börse zurückgekehrt. Und alles ist anders als es war – dennoch handelt es sich nach wie vor um das ehemals ruhmreiche Unternehmen Kodak. Und keine Frage: Das Unternehmen und seine Mitarbeiter machen gerade ganz schön was durch. Die traditionelle Fotosparte gibt es nicht mehr und die Patente für Digitalfotografie gingen an andere Konzerne. Eigentlich war Kodak fast nicht mehr zu retten. Aber jetzt scheint das Unternehmen aus den Ruinen wieder auferstanden zu sein. *USA Today* zitiert den Unternehmenschef Antonio Perez mit folgenden Worten: „We kept a company alive. The company is very well aligned. It has a great future in front of it.“ [128]

Das Publikum liebt solche Geschichten. Jemand war ganz unten und jetzt scheint er sich wieder gefangen zu haben. Menschen mögen es nicht, wenn der Kapitän das sinkende Schiff verlässt. Sie möchten hören, dass er nie daran gedacht hat, es zu verlassen und es ihm und seiner Crew mit vereinten Kräften gelungen ist, das Schiff wieder flottzumachen. Wünschen wir dem Kodak-Konzern viel Erfolg!

Merken Sie sich also

Bauen Sie, wenn angebracht, Passagen in Ihre Ideenpräsentation ein, in denen Sie klarmachen, dass Sie das Alte über Bord geworfen, aber das Altbewährte behalten haben. Und am Schluss Ihrer Präsentation vermitteln Sie am besten ein „Jetzt geht's los“-Gefühl!

Das waren die sieben Urgeschichten nach Christopher Booker, ergänzt um meine eigenen Interpretationen, die hoffentlich hilfreich für Sie sind. Richtig dosiert sorgen diese Urgeschichten dafür, dass beim Ideenpräsentieren etwas hängenbleibt. Die entscheidende Frage für Sie als Führungskraft sollte also sein: Wie kann mein Team diese sieben Urgeschichten dazu nutzen, um nicht nur bessere Geschichten zu erzählen, sondern vor allem Ideenpräsentationen künftig besser zu strukturieren?

ANDERE MENSCHEN, ANDERE PRÄSENTATIONEN

Es ist ein großer Unterschied, ob man seine Idee vor dem Aufsichtsrat des FC Bayern München, einer Vertriebsmannschaft von Siemens, der Kölner Clownschule, dem Berliner Büro von Amnesty International oder dem Lehrerkollegium des Deutschorden Gymnasiums in Bad Mergentheim präsentiert. Jedes Publikum tickt anders. Und weil man nie ganz sicher weiß, wie die Jury so drauf ist, sollte man sich nicht verstellen und einfach so präsentieren, wie man ist. Wenn Sie aber vor der Präsentation dennoch ungefähr einschätzen können, was für ein Kreativprozesstyp der Entscheider ist, dann kann man ja mal Folgendes beachten.

Wenn der Entscheider ein **STRATEGE** ist, dann betonen Sie regelmäßig, dass die Idee perfekt auf die Strategie aufbaut. Dass wird ihm gefallen. Sogar dann, wenn Ihre Idee ausnahmsweise nur mittelmäßig sein sollte!

„You like potato and I like potahto. You like tomato and I like tomahto.“

Louis Armstrong

Wenn der Entscheider ein **IDEENGENERIERER** ist, dann betonen Sie vor allem, dass die Idee neuartig ist und dass es so was noch nie gegeben hat.

Wenn der Entscheider ein **IDEENOPTIMIERER** ist, dann weisen Sie immer wieder darauf hin, wie durchdacht die Idee ist.

Wenn der Entscheider ein **MACHER** ist, dann betonen Sie hin und wieder, dass die Idee durchführbar und realisierbar ist. Hinterlassen Sie nicht das Gefühl, dass Ihre Idee ein Ding der Unmöglichkeit ist.

Sie wissen ja, dass die meisten Menschen darüber hinaus zu ganz bestimmten Rollenfunktionen in Brainstorming-Sessions tendieren. Hier meine persönliche Einschätzung zu diesen unterschiedlichen Ideenfindungstypen:

Wenn der Entscheider ein **IDEATOR** ist, dann präsentieren Sie mutig. Tanzen Sie die Idee vor. Machen Sie klar, dass die Idee einzigartig ist und dass sie die Welt verbessern wird. Brennen Sie für die Idee, egal wie unmöglich sie scheint. Wenn Sie brennen, wird der Ideator sich daran entzünden. Er wird die Idee mit Ihnen weiterspinnen. Der Ideator möchte von Ihnen nicht nur eine Idee hören, sondern auch eine Vision. Langweiligen Sie ihn nicht mit Daten, Zahlen und Fakten, sondern lassen Sie ihn spüren, dass die Idee eigentlich etwas verrückt ist. So verrückt, dass Sie sich fast nicht getraut hätten, sie zu präsentieren.

Wenn der Entscheider ein **MODULATOR** ist, dann dürfen Sie keine Fragmente präsentieren. Weisen Sie darauf hin, wie genial die Idee ist, aber zugleich auch zielführend und lösungsorientiert. Der Modulator mag Show-Einlagen in der Präsentation und hat auch ein Herz für ungewöhnliche Präsentationsstile, aber wenn die Idee nur l'art pour l'art ist, wird er Ihre Idee durchfallen lassen. Beweisen Sie ihm am Schluss also noch mal, dass der Nutzen der Idee die Erwartungshaltung bei Weitem übertrifft. (Nochmals weise ich darauf hin: In Deutschland gibt es meiner Meinung nach einen Modulatoren-Überschuss. Die Wahrscheinlichkeit, dass der Entscheider ein Modulator ist, ist sehr hoch.)

Wenn der Entscheider ein **ANIMATOR** ist, dann achten Sie darauf, dass Ihre Präsentation so strukturiert ist, dass die Idee als eine integrierende Idee dargestellt wird. Eine Idee, die verbindet, die beispielsweise das Innovative mit dem Traditionellen verknüpft. Der Animator mag mutige Ideen, die die Dinge zusammenhalten. Wenn der Animator aber merkt, dass eine Idee stark polarisiert, dann wird er sie eher nicht befürworten. Der Animator akzeptiert jeden individuellen Präsentationsstil, denn er liebt die Menschen, wie sie sind, und hat keine starre Vorstellung davon, wie Menschen zu sein haben.

Zu guter Letzt noch die speziellen Persönlichkeiten, über die wir bereits gesprochen haben:

Wenn der Entscheider eine **DIVA** ist, dann präsentieren Sie zügig und stolz. Reden Sie nicht um den heißen Brei herum, sondern kommen Sie direkt zur Sache. Quälen Sie ihn nicht mit Details und

Innovationsbrimborium. Signalisieren Sie, dass Ihnen eventuelle Kritik an der Idee egal ist und dass Sie Gegenwind nicht persönlich nehmen. Diven möchten von den Präsentatoren auch in einer möglichen Niederlage Stärke sehen. Überlegen Sie sich aber gründlich, ob Sie der Diva im späteren Ideendiskurs widersprechen wollen.

Wenn der Entscheider ein **INTROVERTIERTER** ist, dann quälen Sie ihn bitte nicht mit ständigem Augenkontakt. Präsentieren Sie bescheiden, höflich und unaufgeregt. Machen Sie eine Show, die nicht Sie in den Vordergrund stellt, sondern die Idee. Fassen Sie jede Idee mit Pros und Contras zusammen und erläutern Sie anschließend, warum Sie diese oder jene Idee besonders stark finden. Begründen Sie dies mit sachlichen Argumenten, nicht mit emotionalen oder persönlichen Floskeln à la „Das gefällt mir besonders gut“, „Diese Idee verführt“ oder „Das ist mal was ganz anderes!“

Wenn der Entscheider ein **NERD** ist, dann erzählen Sie ihm nichts vom Pferd und versuchen Sie ihn bloß nicht irgendwie zu belehren. Prahlen Sie auch nicht mit Fachwissen. Der Nerd wird schnell tiefer bohren und Sie auf die Probe stellen wollen. Wenn Sie dann doch kein Fachwissen besitzen, wird er enttäuscht sein. Machen Sie aber bei der Präsentation klar, dass Sie an jedes Detail gedacht haben und dass Sie Details lieben. Und weisen Sie auf sämtliche Zusammenhänge hin. Zeigen Sie ihm das große Ganze, das aus vielen kleinen Einzelheiten besteht. Der Nerd kann gute Ideen schnell erkennen. Wenn diese dann auch noch in einen größeren Zusammenhang passen, dann ist seine Begeisterung nicht mehr zu bremsen.

Ansonsten gilt fürs Ideenpräsentieren: üben, üben und üben. Und bleiben Sie Ihrem Stil treu! Keiner will, dass die Kings of Leon wie James Blunt klingen.

Gründer von Markenlexikon.
com und Professor an der Hochschule Würzburg-Schweinfurt

Warum James Bond nie langweilig wird

PROF. DR. KARSTEN KILIAN

Als Markenberater bin ich häufig bei firmeninternen Agentur-Pitches mit dabei und an unserer Hochschule präsentieren mir Studierende unseres Masterstudiengangs „Innovation im Mittelstand" regelmäßig ihre Geschäftsideen. Die eindrucksvollsten Ideenpräsentationen, die mir bestens in Erinnerung geblieben sind, nutzten dafür keine flachen Folien, sondern starke Storys. Denn wir sind PowerPoint-müde! Jedes Meeting und jede Konferenz ist übervoll mit bunten Folien und animierten Grafiken. Das ist einfach zu viel „Power auf den Punkt gebracht". Auch Prezi hat nur kurzzeitig für Wow-Effekte gesorgt, die mehr der Software als dem Gesagten geschuldet waren. Genau darum geht es aber: eine Idee so zu vermitteln, dass sie vom Gegenüber verstanden, verinnerlicht und weiterverbreitet wird.

Aber wie macht man das? Indem man gute Geschichten erzählt! Leichter gesagt als getan. Denn zunächst einmal braucht man eine gute Idee, die sich auch als Geschichte erzählen lässt. Das Gute daran? Im Prinzip lassen sich alle Ideen als Geschichte erzählen, indem man sie konkret und griffig macht.

Ein Beispiel: Ein Kollege von mir hat vor Jahren – ganz ohne Folien – einen Vortrag über Storytelling gehalten. Klar, wie er das gemacht hat. Er hat eine Geschichte erzählt, genauer gesagt: die Erfolgsgeschichte von Ian Flemings Protagonisten James Bond. Bemerkenswert daran ist, dass uns die nahezu gleiche Agentengeschichte bereits zum 23. Mal cineastisch erzählt wurde. Doch warum langweilt uns der britische Geheimagent nicht längst, obwohl das dramaturgische Muster immer nahezu das Gleiche ist? Weil es auf einer archetypischen Heldengeschichte beruht, die zurückgeht auf die Odyssee.

Während sich Odysseus eines hölzernen Pferdes im XXL-Format bediente, um die Stadt Troja einnehmen zu können, greift James Bond wahlweise auf schnelle Autos, Boote, Flugzeuge oder Raketen zurück und wendet dabei raffinierte Tricks an, um den Feind zu bezwingen, was ihm – welch Überraschung – auch jedes Mal gelingt. Eigentlich langweilig. Eigentlich. Denn faktisch lieben wir die Variation des Gleichen. Der Held und der übermächtige Antiheld werden vorgestellt, stets sind schöne Frauen involviert, die mal gut und mal böse sind, immer müssen zahlreiche Gefahren gemeistert werden, bei denen der Held ungewöhnliche Werkzeuge nutzt und auf Helfer im Hintergrund zählen kann, mit denen er den Gegner letztendlich überwindet und siegt. Wir kennen den Rahmen, was uns

Sicherheit gibt, freuen uns zugleich aber über manche Überraschung und Variation des Bekannten darin, weil es uns stimuliert.

In gleicher Manier erzählt eine der bekanntesten Markengeschichten von der Entstehung der Post-it-Haftzettel von 3M und erläutert, en passant, die Markenwerte des Unternehmens: Innovation, Initiative und Kreativität. Die Geschichte beginnt damit, dass ein Wissenschaftler bei 3M einen Klebstoff erfindet, der nicht sehr stark ist, aber andererseits auch nicht trocknet. Er weiß mit seiner Erfindung zunächst nichts anzufangen, erzählt aber seinen Kollegen über Jahre hinweg von seiner scheinbar nutzlosen Erfindung, bis eines Tages ein Kollege die entscheidende Idee hat. Als Sänger eines Kirchenchors hat er ständig das Problem, dass ihm die Papierschnipsel aus dem Gesangbuch fallen, mit denen er kurz zuvor die ausgewählten Lieder markiert hat. Plötzlich fällt ihm eine Verwendung für den Klebstoff seines Kollegen ein, und die Idee für Post-it ist geboren. Anschließend gilt es noch eine Reihe technischer, unternehmensbezogener und vermarktungsseitiger Probleme zu lösen, bis die Haftzettel nach vielen Jahren endlich am Markt verfügbar sind – und heute auf fast jedem Schreibtisch weltweit.

Die Wirkung solcher Geschichten ist wesentlich nachhaltiger als andere Formen der Kommunikation, da sie sich stärker einprägen und sich positiv auf die Markenerinnerung auswirken. Voraussetzung hierfür ist, dass die Geschichten einfach, unerwartet, konkret, glaubwürdig und emotional sind. Zudem sollten sie nicht mehrdeutig sein, zu verfälschter Weitergabe verleiten oder zu gedanklicher Irritation bei den Zuhörern führen, weil sie aufgrund von Übertreibungen oder nur schwer nachprüfbaren Sachverhalten wenig glaubhaft erscheinen. Glaubhaft und wirkungsvoll sind zudem nicht nur gezeigte Bilder, die das Gesagte veranschaulichen. Häufig sind die wirkungsvollsten Bilder solche, die „nur" anschaulich beschrieben werden, die sich die Zuhörer in ihrer Vorstellung selbst „ausmalen" und die sich gedanklich zu einer Geschichte zusammenfügen lassen. Dadurch werden mehrere Gehirnareale aktiviert, was die Erinnerungswahrscheinlichkeit erhöht und emotionale Wirkung verstärkt: Gesagt. Gedacht. Gekauft.

RALF HEUEL

Geschäftsführer Kreation/
Partner bei der Grabarz &
Partner Werbeagentur GmbH

Nehmen wir dem Microsoft-Chef seine Superyacht weg!

Ich arbeite seit über 25 Jahren in der Werbung. Und ich habe ehrlich gesagt keine Ahnung, wieviele Präsentationen ich in dieser Zeit gehalten habe. Denn in unserer Branche präsentiert man andauernd. Ich habe gute und schlechte, begeisternde und hundsmiserable, viel zu lange und viel zu langweilige Präsentationen gehalten. Ich habe vor Einkäufern und Vorständen präsentiert, vor Vertrieblern und Werbeabteilungen, vor Engländern und Chinesen, vor Ferdinand Piech und Schulklassen. Und genau genommen habe ich vier Dinge dabei gelernt.

Erstens: Nicht jeder kann präsentieren. Und viel wichtiger: Nicht jeder kann präsentieren *lernen*. Natürlich kann man Präsentationstechniken lernen, man kann seine Körpersprache optimieren, man kann an seiner Atmung arbeiten. Aber häufig führt es nur dazu, dass man „besser" wird. Aber nicht „gut". Wenn Sie also eine Idee wirklich durchsetzen wollen, lautet die erste Frage: Bin ich wirklich gut? Bin ich der perfekte Präsentator dieser Idee? Bin ich der richtige, um acht Wochen Arbeit der Agentur in 90 Minuten so begeisternd zu präsentieren, dass der Pitch gewonnen wird? Oder gibt es bessere Leute dafür? Bin ich der, der den entscheidenden Elfer aus dem Stand mit Anmut und Grazie elegant reinlupft? Oder bin ich vielleicht eher der Typ Uli Hoeneß, Belgrad, 1976?

Zweitens: Jede gute Präsentation braucht eine gute Idee. Eine Idee, die Sie dazu bringt, eine spannende Geschichte zu erzählen, anstatt sich von PowerPoint-Chart zu PowerPoint-Chart zu hangeln. Diese Idee ist nicht zu verwechseln mit der eigentlichen Aufgabe, die es zu lösen galt. Die Idee muss noch nicht mal zwingend etwas mit dem eigentlichen Thema Ihrer Präsentation zu tun haben. Es geht um viel mehr: um eine Story, die sich durch die gesamte Präsentation zieht, wie ein roter Faden, wie die Leuchtmarkierungen einer Landebahn. Eine Präsentation ist immer auch ein kleines Theaterstück. Mit einer Storyline, mit einer Dramaturgie. Also bieten Sie Ihrem Publikum was fürs Geld. Stellen wir uns vor, es geht um die Kampagne einer kleinen Software-Firma. In Konfi 1 präsentiert eine Agentur eine Kampagne mit dem Titel: „Innovation trifft Emotion – unsere neue Kampagne für Sie!". Gleichzeitig präsentiert eine andere Agentur in Konfi 2 diese Kampagne: „Wie wir Paul Allen dazu bringen, seine 100-Meter-Yacht zu verkaufen". In welchen Raum würden Sie gehen?

Drittens: Machen Sie den Präsentationsraum zu Ihrem Raum. Das meine ich wortwörtlich. Viele Präsentationen scheitern schlicht an der Distanz zwischen Redner und Publikum. Das führt dazu, dass Sie sich wie mit 15 vor dem ersten Sex fühlen. Und jeder Ihrer Zuhörer merkt das. Gehen Sie den Raum vorher einmal ab. Von Ecke zu Ecke, von rechts nach links, von vorn bis hinten. So bekommen Sie ein Gefühl für den Raum – es wird *Ihr* Raum. Und vergessen Sie nie: Wenn Sie präsentieren, ist es Ihre Party. Sie machen die Regeln. Also: Setzen Sie die Leute um. Aus welchem Grund auch immer. Es geht nicht darum, ob es Sinn macht. Es geht darum, dass Sie es tun. Bitten Sie den Vorstandsvorsitzenden freundlich, sich näher zu Ihnen zu setzen, ändern Sie die Bestuhlung, ziehen Sie die Vorhänge zu, machen Sie Licht an oder auch aus, präsentieren Sie ohne Beamer nur vom Laptop, um den sich dann alle versammeln müssen. Machen Sie allen (und vor allem sich selbst) klar: Das ist *Ihre* Show. Sie werden sehen: Sie werden sicher, Sie werden locker, es fängt an, Spaß zu machen.

Vor ein paar Jahren habe ich vor einem chinesischen Vorstand in Changchun eine Kampagne präsentiert. Gemeinsam mit einer befreundeten chinesischen Agentur, der wir bei dem Pitch geholfen hatten. Präsentiert wurde auf Chinesisch und Englisch. Zwei Minuten vor der Präsentation nahm mich mein chinesischer Agenturkollege beiseite und raunte: „And remember: Never stop shouting!" Ich fragte: „Why?". Er darauf: „If you stop shouting, they will leave the room!" Gesagt, getan, geschrien. Wir schrien uns durch 60 Minuten Filme, Anzeigen, Promotions und Digitalideen. Er schrie auf Chinesisch. Dann schrie Ich auf Englisch. Während der Präsentation gab es keinerlei Reaktionen. Kein Lächeln, keine hochgezogenen Augenbrauen, nichts. Nur eine Menge chinesischer Top-Manager, die gelangweilt wahlweise auf ihre Laptops, ihre Handys oder aus dem Fenster schauten. Als wir danach vor der Tür standen, war ich am Boden. Ich fragte meinen Kollegen: „Were we really that bad?" Der antwortete fröhlich: „But no, it was great!" Ich war fassungslos: „Great? Why?" Er darauf noch fröhlicher: „Because nobody left the room!"

Das bringt mich zu meinem vierten Learning: Rechnen Sie immer mit allem.

IDEEN BEWERTUNG

DIE NADEL IM HEUHAUFEN

KAPITEL 5

Haben Sie schon einmal von dem folgendem Experiment gehört, das Jura-Professoren mit ihren Studenten machen? Es geht ungefähr so: Den angehenden Juristen werden im Hörsaal mehrere Menschen vorgestellt. Einer ist beispielsweise ein verurteilter Mörder, ein anderer ist Arzt, ein dritter ist Richter, der vierte ein verurteilter Räuber und der fünfte ein LKW-Fahrer. Die Studenten sollen nun herausfinden, welche Beschreibung zu welchem Menschen passt. Die meisten erleben bei diesem Experiment ein Aha-Erlebnis: Ihre gefühlten Überzeugungen stimmen nicht immer mit der Wahrheit überein. Den Mörder hielt man beispielsweise für den Richter!

Diese Erkenntnis ist für eine Führungskraft auch die Kernfrage eines guten Ideenbewertungsmanagements: Wie schafft man es, dass das übereinstimmende Empfinden im Team nicht zu einer falschen Entscheidung führt?

Als Juror bei Kreativwettbewerben habe ich es oft und mit Erstaunen erlebt, dass mein subjektives Empfinden nicht unbedingt mit der Meinung der übrigen Juroren übereinstimmt. Das Ziel in solchen Jurys ist immer dasselbe: von den vielen Einreichungen die besten zu finden und diese dann schließlich mit Gold, Silber oder Bronze zu belohnen. Und weil Geschmäcker verschieden sind, kann es durchaus zu verbalen Provokationen und höflichen Beleidigungen unter den Jurymitgliedern kommen. Bei manchen Wettbewerben ist das Bewerten der Exponate allerdings auch richtig harte Arbeit. So werden beim größten deutschen Werbefestival, dem ADC-Wettbewerb, bis zu 6000 Arbeiten eingereicht. 2012 beispielsweise vergaben die Jurys 19 goldene, 77 silberne und 128 bronzene Nägel sowie 266 Auszeichnungen. Damit wurden 490 Arbeiten beziehungsweise rund 8 Prozent aller Einreichungen prämiert. Die Wahrscheinlichkeit, einen goldenen Nagel zu gewinnen, betrug somit etwa 0,31 Prozent.

> *„Whenever people agree with me I always feel I must be wrong."*
>
> Oscar Wilde

Dieses Verhältnis kann man, denke ich, auf viele Bewertungsrunden übertragen. Die Wahrscheinlichkeit, eine geniale Idee im Heuhaufen zu finden, beträgt weniger als ein halbes Prozent. Es zeigt einmal mehr, welch hochsensible Angelegenheit die Ideenbewertungsphase ist und mit welchem Respekt Sie und Ihr Team ihr begegnen sollten.

Manchmal kann der Ideenbewertungsprozess auch richtig nervenaufreibend sein:

Einen spannenden Moment erlebte ich als Gast einer großen Produktentwicklungsabteilung mitten in Deutschland. Soeben waren die Marktforschungsergebnisse per E-Mail an den Marketing-Leiter geschickt worden. Dieser verteilte nun davon Kopien an die Produktmanager, an die Vertriebsmannschaft und an seine Marketing-Crew.

Ich dachte, die Marktforschung hat entschieden und jetzt wird die große Entscheidung verkündet. Aber was passierte?

Jeder der Anwesenden interpretierte die Mafo-Ergebnisse nach seinem Gusto. Am Ende ging es nur darum, „was ich persönlich mag", „wie ich das interpretiere" oder „woran ich persönlich glaube". Jeder hat die Marktforschungsergebnisse durch seine Brille gesehen – und jeder versuchte, die Deutungshoheit an sich zu reißen. Plötzlich hatte man das Gefühl, dass alle Beteiligten noch unterschiedlicherer Meinung waren als vor der Marktforschung. Statt eines Startschusses begannen nun endlose Diskussionen. Alle drei Tage wurden Meetings anberaumt und jede Menge Lieferanten und Dienstleister wurden vertröstet.

Manchmal können Ideenbewertungsprozesse auch ganz kurios sein. So gibt es das Gerücht, dass ein CEO eines großen traditionellen Familienunternehmens regelmäßig beim Abendessen seine 90-jährige Mutter bei wichtigen Ideenentscheidungen um Rat fragte und ihrer Empfehlung auch häufig folgte. Ein erstaunliches Ritual – aber warum auch nicht.

Die richtige Entscheidung in Ideenbewertungsphasen lässt sich eben selten mit einer Formel berechnen. Und außerdem: Kein Juror, kein Ideenbewerter und kein Entscheider ist frei von Eigeninteressen, und deshalb sollten Sie und Ihr Team verinnerlichen, dass das Bewerten von Ideen nichts mit Gerechtigkeit zu tun hat.

WISSEN SIE ES, ODER GLAUBEN SIE ES ZU WISSEN?

Es wäre prima, wenn deutsche CEOs viel öfter den Mut hätten, das Zitat von Bill Gates zu beherzigen. In vielen Unternehmen gibt es meiner Meinung nach allerdings Entscheider, bei denen man sich gar nicht sicher sein kann, ob diese überhaupt so etwas wie Intuition oder meinetwegen ein Bauchgefühl besitzen. Das ist auch nicht verwunderlich, denn in den Top-Etagen setzen sich häufig zahlengetriebene Menschen durch. Und je älter diese werden, desto mehr entwickeln sie sich zu Graf Zahl aus der Sesamstraße.

„Don't let the noise of others' opinions drown out your own inner voice. And most important, have the courage to follow your heart and intuition."

Bill Gates

Wenn es um kleine Budgets geht, ist in den Unternehmen in Ideenbewertungsphasen sehr oft das Bauchgefühl der Ausschlaggeber. Weil aber Wissenschaftler aus messtechnischen Gründen etwas gegen das Bauchgefühl haben, begannen sie, die Phase der Ideenbewertung zu akademisieren. Und auf diese Weise sind unglaublich viele Testkonzepte entstanden, wie zum Beispiel „Home in Use"-Tests, Concept-Tests, „Concept in Use"-Tests, Website-Tests, Preistests, Produkttests und vieles mehr. Durch diese Herangehensweise soll oftmals die Entscheidung von der emotionalen auf die rationale Ebene gehoben werden. Im Kinofilm *Und dann kam Polly* führt Reuben Feffer, gespielt von Ben Stiller, dieses Dilemma ad absurdum. Für welche Frau soll er sich entscheiden? Polly oder Lisa? Diese emotionale Entscheidung möchte er im Film gerne von einem Computerprogramm treffen lassen und scheitert dabei kläglich.

Die feinen Unterschiede zwischen Bauchgefühl und Vernunft können Sie auch gut beobachten, wenn Sie gemeinsam mit Ihren Mitarbeitern *Wer wird Millionär* schauen oder spielen. Hier erkennt man genau, ob jemand etwas weiß, glaubt, hofft, tippt oder rät. Die hohen Summen kassieren aber oft die, die wissen, ob sie was wissen. Oder ob sie wissen, dass sie jetzt nur etwas zu wissen glauben. Bei der 125 000-Euro-Frage nutzte ein Kandidat im

Jahr 2013 den Zusatzjoker. Die Frage lautete: „Wer auf der ‚Tribüne' Platz nimmt, tut dies der Wortherkunft zufolge eigentlich, um …?:

A: gekrönt zu werden,

B: Recht zu sprechen,

C: Orgien zu feiern

D: Almosen zu verteilen."

Eine 19-jährige Jura-Studentin, die das große Latinum hatte und als Zusatzjoker ausgewählt worden war, plädierte im Brustton der Überzeugung für Antwort D. Der Kandidat glaubte ihr – und er verlor damit 124 500 Euro. Die Lösung war nämlich B. Ganz sicher hat die Jura-Studentin nicht aus Dummheit oder böser Absicht gehandelt. Außerdem ergaben nachträgliche Recherchen, dass sie mit ihrer Antwort gar nicht komplett falsch lag. Dennoch: Sie konnte eben nicht unterscheiden, ob sie wirklich etwas wusste oder ob sie nur etwas zu wissen glaubte. Genau dieses intuitive Wissen aber macht gute Ideenbewertungsmanager aus.

Professor Gigerenzer, ein deutscher Psychologe und eine Koryphäe auf dem Gebiet der Bauchentscheidungen, hat in einem Gespräch mit dem NDR mal einen schönen Trick verraten, mit dem man seiner Intuition auf die Sprünge helfen kann. Angenommen, Sie müssen sich als Teamchef zwischen zwei Ideen entscheiden, aber aus irgendeinem Grund will Ihr Bauchgefühl gerade nicht mit Ihrem Kopf kommunizieren. Denken Sie an seine Worte:

> *„Werfen Sie 'ne Münze. Noch während sie in der Luft ist, werden Sie wissen, was Sie wollen."* [129]

Wenn Sie gerade keine Münze parat haben, dann können Sie das auch online machen: auf www.muenzewerfen.com

IDEEN-BEWERTUNGS-TOOLS FÜR ANFÄNGER

Bisher habe ich es selten erlebt, dass man sich in top-innovativen Unternehmen in Konfi 7 einschließt und mit Bewertungsmethoden à la PMI-Methode (PMI steht für Plus, Minus und interessant) oder Pro-Contra-Diskussion eine Idee bewertet. Stattdessen ist meine Beobachtung Folgende:

Top-innovative Unternehmen setzen sich zum Ziel, wirklich guten Ideen in der Ideenbewertungsphase noch mehr Sprengkraft zu geben. Das sollte auch Ihr Ziel sein. Ihre Mannschaft soll sich vor Ideenbewertungsrunden mit Ihnen nicht fürchten, sondern sich darauf freuen.

Fangen wir mit den Methoden an, die Kreativprozesse befeuern, die dabei effektiv und einfach sind, und die sich Ihr Unternehmen auch leisten kann.

OFFENE GALERIEN

Die Offene Galerie ist eine schnelle und einfache Form der Ideenbewertung. Die zu bewertenden Ideen werden in Form einer Ideenbeschreibung, eines Prototyps, einer Skizze, einer technischen Zeichnung oder eines Moodboards in einem Abstimmungsraum ausgestellt. Die Juroren betreten gemeinsam den Raum. Sie lassen sich die Ideen kurz vorstellen und diskutieren dann gemeinsam darüber. Schließlich einigt man sich, wie viele Stimmen jeder hat (zum Beispiel eine, zwei oder drei).

Jetzt werden diese Stimmen offen verteilt, zum Beispiel als Punktaufkleber auf den Ideenbeschreibungen. Na klar: Die Idee mit den meisten Punktaufklebern hat gewonnen.

Statt Punkteaufkleber können Sie vorher auch einfache Bewertungskarten verteilen, die Sie selbst gebastelt haben. Kollegen und ich haben das manchmal so gemacht: Bei Abstimmungen hatte jeder Ideenbewertungsteilnehmer vier Karten zur Hand: eine „Daumen runter“-Karte, eine „Goldener-Löwe“-Karte, eine „I don’t care“-Karte und eine sogenannte „Pimmelidee-Karte“.

„Daumen runter“ durfte man hochhalten, wenn die Idee missfiel. „Goldener Löwe“ durfte man hochhalten, wenn man die Idee für genial hielt. „I don’t care“ wurde gezogen, wenn man ausdrücken wollte, dass die Idee einen überhaupt nicht emoti-

> *„A wrong decision is better than indecision!“*
>
> Tony Soprano, TV-Bösewicht aus „The Scpranos“

onal berührte. Die „Pimmelidee-Karte“ ist erklärungsbedürftiger. In der Kreativbranche neigen vor allem ausgeprägte Ideatoren dazu, Ideen in Ideen-Meetings mitzubringen, die irgendwelche sexuellen Anspielungen beinhalten. Manchmal sind die Ideen wirklich lustig, aber häufig einfach auch nur pubertär, kalauerig oder sogar sexistisch. Und wenn Letzteres der Fall ist, dann darf man die „Pimmelidee-Karte“ ziehen, um sein Missfallen zu äußern. Auch wenn alle gekichert haben.

Die Offene Galerie ist wirklich simpel. Sie hat aber einen entscheidenden Nachteil: Jeder Juror ist beeinflussbar. Auch der Gruppendruck spielt eine Rolle. Eine angsteinflößende und bedrohlich wirkende Diva kann die Abstimmung schnell zu ihren Gunsten entscheiden. Außerdem wird bei offenen Galerien unheimlich viel geredet. Manche Teilnehmer geraten gar in einen Rederausch. Wenn die Idee nämlich nicht für sich selbst spricht, dann sprechen leider Befürworter und Gegner umso mehr!

Um zu verhindern, dass Ihre Leute in Ideenbewertungsrunden plötzlich aufgeregt das Quatschen beginnen, gibt es einen einfachen Trick. Hängen Sie einfach folgendes Zitat von Jules Huot de Goncourt in den Bewertungsraum: *„Niemand auf der Welt bekommt so viel dummes Zeug zu hören wie die Bilder in einem Museum.“*

Das mag etwas frech und arrogant daherkommen, wirkt aber Wunder!

GEHEIME GALERIEN

Die Geheime Galerie läuft wie die Offene Galerie ab, nur mit einem Unterschied: Die Juroren dürfen sich nicht untereinander austauschen und die Punktaufkleber sind nicht für alle an den Ideenbeschreibungen sichtbar. Bei der Geheimen Galerie besitzt jeder Juror ein persönliches Papier, auf dem er seine Bewertung vornehmen kann. Ein Assistent wertet am Ende alle Bewertungsbögen aus und gibt das Ergebnis bekannt. Diese Methode wird wegen der Anonymität oftmals als angenehmer und fairer empfunden. Niemand muss sich mit seiner Meinung anpassen. Als Vorgesetzter dürfen Sie sich hier dennoch immer das Recht einräumen lassen, einen Blick in die persönlichen Bewertungsbögen zu werfen. Denn garantiert gibt es bei dieser Methode jemanden in der Runde, der parteiisch war oder versucht hat zu klüngeln.

Besonders angenehm ist die Geheime Galerie, wenn sie computergesteuert ist oder wenn der Juror via Internet die Abstimmung sogar von zu Hause aus machen kann. In vielen mittelständischen Unternehmen und auch bei großen Innovations-Jams ist es eine gängige Methode, dass die Juroren via extra bereitgestellter Tablets oder Smartphones wählen können.

Ideenbewertungsbögen bei Geheimen Galerien können beispielsweise so aussehen:

Top oder Flop?

Name ______________________________

		IDEE 1	IDEE 2	IDEE 3	IDEE 4
Werden wir mit dieser Idee viel Geld verdienen?	nein	☐	☐	☐	☐
	vielleicht	☐	☐	☐	☐
	ja	☐	☐	☐	☐
Vereinfacht die Idee das Leben unserer Kunden?	nein	☐	☐	☐	☐
	vielleicht	☐	☐	☐	☐
	ja	☐	☐	☐	☐
Basiert die Idee auf einem zielgruppenrelevanten Insight?	nein	☐	☐	☐	☐
	vielleicht	☐	☐	☐	☐
	ja	☐	☐	☐	☐
Wie lange wird es dauern bis die Idee auf den Markt kommen kann?	bis zu einem Jahr	☐	☐	☐	☐
	bis zu zwei Jahren	☐	☐	☐	☐
	bis zu fünf Jahren	☐	☐	☐	☐
	mehr als fünf Jahre	☐	☐	☐	☐
Was wird es kosten, diese Idee zu entwickeln?	unter 5 000 Euro	☐	☐	☐	☐
	unter 10 000 Euro	☐	☐	☐	☐
	unter 100 000 Euro	☐	☐	☐	☐
	über 100 000 Euro	☐	☐	☐	☐
	über 500 000 Euro	☐	☐	☐	☐

		IDEE 1	IDEE 2	IDEE 3	IDEE 4
Spielt Qualität bei der Ideenumsetzung eine große Rolle?	gering	☐	☐	☐	☐
	mittel	☐	☐	☐	☐
	hoch	☐	☐	☐	☐
Werden Marketing- und Vertriebsabteilung diese Idee erfolgreich am Markt verkaufen können?	nein	☐	☐	☐	☐
	vielleicht	☐	☐	☐	☐
	ja	☐	☐	☐	☐
Ist die Idee nicht nur für den deutschen Markt, sondern auch für andere Länder attraktiv?	nein	☐	☐	☐	☐
	vielleicht	☐	☐	☐	☐
	ja	☐	☐	☐	☐
Wie einzigartig, sexy oder revolutionär ist die Idee wirklich?	gering	☐	☐	☐	☐
	mittel	☐	☐	☐	☐
	hoch	☐	☐	☐	☐
Wird die Idee die Welt zu einer besseren Welt machen?	nein	☐	☐	☐	☐
	vielleicht	☐	☐	☐	☐
	ja	☐	☐	☐	☐
Wird die Tagesschau, BBC oder die New York Times jemals über die Idee bereichten?	ja	☐	☐	☐	☐
	nein	☐	☐	☐	☐
	vielleicht	☐	☐	☐	☐

Zu den Galerien zum Abschluss noch eine kleine Anekdote, die ich vor vielen Jahren miterlebte:

Es ist häufig üblich, dass man nach einer Abstimmung die Verliererideen von den Mataplanwänden abreißt und direkt in den Papierkorb wirft. Mein damaliger Chef (eine echte Kreativ-Ikone) bemerkte, dass ein Junior-Konzepter nach der Abstimmung heimlich zu diesem Papierkorb gegangen war und alle weggeworfenen Ideenzettel mitnehmen wollte. Mein Chef fragte ihn: „Was machst du da?“ Und der Junior sagte: „Vielleicht kann ich diese Ideen für zukünftige Abstimmungsrunden nochmal verwenden!“

Mein Chef bekam einen Tobsuchtsanfall. Seine Meinung:

„Wer immer noch an aussortierten und abgeschossenen Ideen klebt und nicht loslassen kann, der wird niemals auf geniale Ideen kommen und wird niemals Karriere machen!“

Noch lange musste ich an das Gebrüll meines damaligen Chefs denken. Und ist es nicht interessant: Der Junior, den er zusammengefaltet hatte, wurde viele Jahre später ein gefeierter Kreativdirektor einer sehr bekannten Werbeagentur.

PLANNING POKER

Um Offene oder Geheime Galerien mit etwas Spieltrieb und Unterhaltung zu würzen, eignet sich ein Kartenspiel namens Planning Poker sehr gut. Das Spiel funktioniert etwa so:

Jeder Ihrer Mitarbeiter bekommt einen Satz Karten. Diese bestehen beispielsweise aus den Werten 0, ½, 1, 2, 3, 5, 8, 10, 20, 40, 50, 60, 70, 80, 90 und 100. Für welche Einheit die Zahlen stehen, muss man vorher festlegen. Ob es sich um Aufwandstage, Stückzahlen, Stunden, Euro, Dollar, Menschen, Komplexitätsstufen oder Sicherheitsstufen oder was auch immer handelt, bestimmt letztendlich die Aufgabenstellung.

Stellen wir uns vor, Sie wären Chef einer edlen Burger-Braterei auf der Reeperbahn in Hamburg. Ihr Chefkoch hat einen wirklich leckeren Hawaii-Burger mit Ananas kreiert, und jetzt überlegen Sie und Ihre Mannschaft, ob es sich lohnt, das Ding den Kunden anzubieten. Verteilen Sie also die Kartensets an Ihre Leute und fragen Sie in die Runde: „Wie viele von den Hawaii-Burgern werden wir pro Tag verkaufen?“ Jeder legt nun verdeckt die Karte hin, die seiner Meinung nach die verkaufte Stückzahl pro Tag am genauesten aufzeigt. Dann werden die Karten umgedreht. Und nanu? Warum hat Klaus die 60er-Karte hingelegt und Sabine nur die 5er-Karte? Woran liegt diese so unterschiedliche Einschätzung? Sabine sieht also Probleme, an die andere gar nicht gedacht haben. Oder irrt sie? Versuchen Sie, den unterschiedlichen Meinungen auf den Grund zugehen. Hätte Klaus übrigens die 60er-Karte auf den Tisch gelegt, wenn er vorab Sabines Argument gehört hätte, dass der Burger Hawaii für Reeperbahn-Gäste viel zu saftig und fruchtig ist? Wahrscheinlich nicht. Am einfachsten für Sie ist es natürlich, wenn all Ihre Mitarbeiter ihre Karten umdrehen und überall das Gleiche (oder zumindest sehr ähnliche Zahlen) zu sehen ist. Machen Sie sich aber darauf gefasst, dass das nicht immer der Fall sein wird.

DIE CHEF-ENTSCHEIDUNG

Auch hier werden die Ideen in einem Abstimmungsraum ausgestellt und kurz vorgestellt. Anschließend wird gemeinsam darüber diskutiert. Danach entscheiden Sie oder ein höherer Vorgesetzter, welche Ideen ausscheiden und welche Ideen weiterentwickelt werden sollen. Die Chef-Entscheidung wird häufig im Anschluss an eine Offene oder Geheime Galerie eingesetzt. In diesem Fall nutzt der Vorgesetzte die Ergebnisse als Entscheidungsinspiration oder Diskussionsgrundlage. Auf jeden Fall behält er sich aber das Recht vor, auch gegen die entstandenen Ergebnisse zu entscheiden.

Eine bewusst antidemokratische Entscheidung also. Aber super bewährt! Oder glauben Sie etwa, dass Dieter Schwarz, Dietrich Mateschitz oder Alexander Dibelius und Konsorten bei radikalen Ideen ihre Mitarbeiter demokratisch mitentscheiden haben lassen? Im Leben nicht!

Oft ist Ideenbewertung eben auch alleinige Sache des Top-Managements. Schließlich muss es ja auch seinen Kopf hinhalten, wenn eine falsche Entscheidung getroffen wurde. Schlaue Top-Manager in innovativen Unternehmen leben es vor: Sie lassen sich von Ideenbewertungs-Tools inspirieren und dann entscheiden sie. Manchmal sind es intuitive Entscheidungen, die trotzdem begründet werden. Aber sie entscheiden allein oder in kleinen Teams und lassen sich von Mehrheiten oder Marktforschungsergebnissen nicht beängstigen.

Und in diesem Zusammenhang ausnahmsweise ein Zitat von Til Schweiger, der einmal gefragt wurde, ob der kreative Prozess eine Demokratie sei. Seine klare Antwort:

> *„Nein, am Schluss ist es eine Diktatur. Aber eine mitfühlende. Vielleicht eine mitfühlende Monarchie. Am Ende muss einer entscheiden!“*[130]

Das sind keine Macho-Worte. Das ist großes Kino!

IDEENBEWERTUNGS-TOOLS FÜR FORTGESCHRITTENE

Jetzt stelle ich Ihnen ein paar spannende und vorwärtstreibende Ideenbewertungs-Tools vor, die Sie als Führungskraft kennen sollten (auch wenn die Tools etwas aufwändiger sind):

„I skate to where the puck is going to be, not where it has been."

Wayne Gretzky, kanadische Eishockey-Legende

PROGNOSEBÖRSEN

Die folgende unglaubliche Geschichte passierte im Jahr 1968: Am 27. Mai wurde das amerikanische U-Boot *Scorpion* samt seiner 99-Mann-Besatzung als vermisst gemeldet. Aber irgendwo auf einem dem US-Militär bekannten Radius musste sie sich befinden. Der Wissenschaftler John Craven sollte herausfinden, wo das sein könnte. Und so ging er vor: Er ließ U-Boot- und Marineexperten darauf wetten, welche Parameter für das Sink-Szenario der *Scorpion* wohl am wahrscheinlichsten waren. Er und einige Mathematiker berechneten dann den Durchschnitt dieser Wetten und Schätzungen und siehe da: Sie fanden die *Scorpion* nur 200 Meter neben diesem Durchschnittswert.[131]

Moderne Prognosebörsen arbeiten nach einem ähnlichen Prinzip. Mitarbeiter wetten hier allerdings nicht auf untergegangene U-Boote, sondern auf zukünftige und unternehmensrelevante Ereignisse. Von der Deutschen Telekom, von Hewlett-Packard und von Yahoo wurden sie beispielsweise zur Vorhersage von Umsatzzahlen oder Produktqualitäten eingesetzt. Der Kaffeeröster Tchibo möchte damit die Absatzerwartung neuer Produkte herausfinden. Google verwendet sie, um abzuschätzen, wann ein neues Google-Produkt Marktreife erlangt. Ein Ideenmanager von Motorola behauptete sogar einmal, dass man mithilfe von Prognosebörsen Prozesse im Ideenmanagement um 20 Prozent beschleunigen könne.[132] Die Mitarbeiter werden hier also nicht nur nach ihrer Meinung gefragt, vielmehr sollen diese auf ihre Meinung wetten. Angebot und Nachfrage bestimmen dann den Kurs im Intranet. Und aus diesem Kurs lässt sich erahnen, wohin die Reise für die Produktidee geht. Wird sie ein Verkaufsschlager? Tendiert sie zum Flop? Und am allerwichtigsten: Glauben die Mitarbeiter überhaupt an die Produktidee?

Prognosebörsen basieren also auf dem Prinzip der kollektiven Weisheit. Eine große Anzahl von Usern weiß eben mehr als ein einzelner Experte. Es ist ein ähnliches Phänomen wie bei *Wer wird Millionär*: Der Publikumsjoker hat eine Treffergenauigkeit von etwa 95 Prozent, der angerufene Vertraute hingegen hat nur eine Treffergenauigkeit von etwa 65 Prozent.[133] Besonders beeindruckend waren die Vorhersagen der mittlerweile aus rechtlichen Gründen komplett neu aufgestellten Prognosebörse www.intrade.com. Dort wurden in den letzten Jahren fast alle Oscar-Gewinner richtig vorhergesagt.[134] Und bei den US-Wahlen im Jahr 2004 stimmte sogar jede einzelne Prognose für jeden einzelnen Bundesstaat. Im Jahr 2010 gab es auf der Plattform eine besonders spannende Wette: Wer bekommt den Oscar für den besten Film? *The Hurt Locker* oder *Avatar*? Die amerikanischen Filmkritiker waren sich uneins und die Fan-Gemeinden der unterschiedlichen Filme stritten heftig um die Gunst der Meinungsmacher. Auch bei Intrade war die Frage hoch kontrovers. Aber am Ende lag die Website mit ihrer 51,5-Prozent-Prognose für *The Hurt Locker* richtig[135] – ganz im Gegensatz zu den vielen anderen Umfragen, Expertenmeinungen und Schwarmintelligenz-Forschern.

Wie genau könnte Ihr Unternehmen von einer Prognosebörse profitieren? Da gibt es viele Möglichkeiten: Mit der kollektiven Intelligenz der Mitarbeiter kann man beispielsweise seine Absatzplanung optimieren oder auch schnellere Preisbewertungen vornehmen. Die Ergebnisse der Prognosebörsen dienen in erster Linie der Entscheidungshilfe, und die richtige Entscheidung zu treffen ist in Ideenbewertungsphasen eben sehr wichtig. Im Internet können Sie via Google-Suche übrigens einige Unternehmen finden, die Ihnen dieses Tool anbieten.

CROWDSOURCING & CO-CREATION

Crowdsourcing und Co-Creation werden in Innovationsbüchern häufig unter dem Kapitel Ideengenerierung vorgestellt, oft auch im Zusammenhang mit Open Innovation, wenn Unternehmen sich also entschlossen haben, ihren Innovationsprozess nach außen zu öffnen. Hier möchte ich aber auch auf die Vorteile hinweisen, die die Crowd in der Ideenbewertungsphase bieten kann. Meiner Meinung nach sollte man viel öfter die „Weisheit der Masse“ als Parameter für die Ideenbewertung benutzen. Manche Wahlforscher sind da beispielsweise schon ganz fortschrittlich. Parteienprognosen werden manchmal mithilfe von Twitter-Meldungen berechnet. Man zählt also mit, wie oft eine Partei in der Twitter-Community genannt wird. Aber wie gesagt: Sehr oft will man von einer Community nur Ideen absaugen und fragt sie viel zu selten auch nach ihrer Meinung.

Es gibt ganz viele und spannende Open-Innovation oder Crowdsourcing-Plattformen und ich möchte Ihnen nun vier verschiedene Websites vorstellen, die sich mit diesem Thema ganz individuell befassen. Sie richten sich an unterschiedliche Zielgruppen und teilweise arbeiten sie sogar nach gegensätzlichen Regeln. Alle vier Plattformen sind erfolgreich und haben eine Menge Fans. Als Führungskraft sollten Sie vor allem verstehen, dass es beim Thema Crowdsourcing/Open Innovation verschiedene Ansätze gibt, die sich an die verschiedenen Zielgruppen, deren Engagement und deren Gewohnheiten angepasst haben.

Eine interessante und riesengroße Website von der man sehr viel lernen kann, ist www.mystarbucksidea.com. Hier kann wirklich jeder mitmachen. Der Aufwand, den man betreiben muss, um eine Idee einzureichen, ist gering. Und man muss auch kein Ingenieurstudium abgeschlossen, sondern einfach nur irgendeine Idee für Starbucks haben. Die Plattform ist im Jahr 2013 fünf Jahre alt geworden und in den Jahren 2008 bis 2012 wurde schon einiges auf die Beine gestellt: Es wurden über 150 000 Ideen eingereicht, 2 000 000 einzelne Votings abgegeben und 277 Ideen tatsächlich realisiert. Darunter beispielsweise kostenloses Internet, die Splash Sticks, die Cake Pops oder Starbucks VIA® Pumpkin Spice.[136] Spannend ist vor allem, wie der Ideenbewertungsprozess dahinter abläuft. In den FAQs wird extra darauf eingegangen:

„HOW WILL YOU DECIDE WHICH IDEAS TO MOVE FORWARD WITH?

Everyone helps decide by voting. Ideas posted to the ‚Popular Ideas‘ section of the website (determined by using an algorithm based on number of points, number of comments and recency of post) will be considered, but our Idea Partners may also choose ideas simply because they think they're promising.“[137]

Das Spannende an der Vorgehensweise ist: Welche Ideen nach oben gespült werden, entscheidet ein Algorithmus, den die User beeinflussen können. Tausende von Usern! Es handelt sich hier um ein Massenereignis: Riesengroße Schwarmintelligenz wird als Barometer für die Ideenbewertung genutzt. Und noch etwas ist interessant: Während Starbucks mit den vielen Ideen richtig viel Geld verdient, werden die Ideeneinreicher nicht finanziell am Erfolg beteiligt. Aber immerhin können sie namentlich auf der Starbucks-Homepage genannt werden. Die Rechte an seiner Idee gibt man also komplett mit ab.[138] Man könnte jetzt eine Diskussion über die Frage anfangen, ob das moralisch okay ist. Fakt ist, dass Starbucks die Sache mit dem Geld und mit den Rechten klar und transparent kommuniziert. Vor allem aber: Die User, die mitmachen, reichen ihre Idee gar nicht ein, weil sie damit reich werden wollen. Die Starbucks-Fans arbeiten einfach gerne für Starbucks und freuen sich, wenn ihre Idee umgesetzt wird, weil sie mit dem Unternehmen sympathisieren. Für Netto oder Lidl würden sie aber vielleicht nicht umsonst arbeiten.

Auch in Deutschland gibt es einen Kaffeeanbieter, der eine sehr erfolgreiche Ideenplattform betreibt. Diese Website heißt www.tchiboideas.de. Die Zielgruppe ist allerdings eine völlig andere als bei Starbucks. Vor allem Produktdesigner werden hier zum Mitmachen aufgefordert. Das Einreichen einer Idee erfordert richtig viel Engagement von den Teilnehmern. Weil die Ideeneinreichung mit

Aufwand verbunden ist, gibt's im Erfolgsfall auch eine Erfolgsbeteiligung.[139]

Auch hier gab's im Jahr 2013 ein 5-Jahres-Jubiläum. Dazu wurden folgende Zahlen veröffentlicht: Tchibo ideas hatte in diesem Zeitraum 11092 Mitglieder, es wurden 763 Lösungen entwickelt und 23 Produkte sind auf den Markt gekommen.[140] Besonders erwähnenswert finde ich die dort erdachte und realisierte WC-Bürste mit Griffsicherung von Peter Franke.[141] Eltern, die dieses Produkt zu Hause haben, müssen sich keine Sorgen mehr machen, wenn die kleinen Kinder mal unbeaufsichtigt im Bad spielen, da die Griffsicherung der Klobürste einer Art Kindersicherung gleichkommt. Denn was alles passieren kann, wenn kleine Kinder unbeaufsichtigt im Bad herumspielen und auf einmal zur Klobürste greifen, können Sie sich sicher vorstellen …

Schauen wir noch einmal nach Amerika. Dort gibt es noch eine weitere interessante Open-Innovation-Website. Sie heißt www.quirky.com und wurde 2009 von dem erst 23-jährigen Ben Kaufmann gegründet. Die Zielgruppe? Tüftler, Designer und Erfinder. Auch hier müssen die Teilnehmer – wie bei Tchibo ideas – nicht nur eine Idee mitbringen, sondern auch viel Zeit und Involvement. Im Januar 2014 zählte die Plattform 684000 Mitglieder. Bis zu diesem Zeitpunkt wurden dort 416 zum Teil legendäre Produkte entwickelt, wie etwa die Cordies (ein Computerkabelsortierer), der Mocubo (ein Obstschnittenfächer-Set) und die Pivot Power (eine flexible Mehrfachsteckdose). Bei Quirky wird besonders großer Wert darauf gelegt, dass alle Involvierten am entstandenen Erfolg der geschaffenen Innovation beteiligt werden. Immerhin sollen 30 Prozent der Einnahmen an die Erfinder der Quirky-Gemeinde gehen. Hierzu wurde extra ein spezieller Algorithmus entwickelt, der genau bestimmt, wer wie viel Influence, also Einfluss, auf eine Innovation hatte. Influence? Was soll das sein? Hier die Definiton von Quirky: „Influence, in short, is the measure of a user's contribution to a project. If any of your actions on the Quirky site impact a finished product – a vote that helped select it, a survey that contributed to market research, a naming submission that was chose – we want you to receive a share of the royalties, and influence is the way Quirky measures that share."[142]

Wirklich erstaunlich! Hier kann unter Umständen sogar das Ideenbewerten finanziell belohnt werden. Involvement und Engagement sind in diesem Fall sogar ein Antrieb. Zahlen und Fakten werden bei Quirky auch veröffentlicht. So hat Michael McCoy insgesamt unglaubliche 73254,02 Dollar mit der Plattform verdient (Stand März 2014). Sein Einfluss auf den „Cloak" (eine Art Untersatz für Tablets) wurde beispielsweise mit 37,76 Prozent berechnet.[143]

Wenn Sie an Open Innovation & Crowdsourcing interessiert sind, dann haben Sie jetzt ein paar Dinge und Prinzipien gelernt. Bitte was? Ihre Fanbase ist nicht so groß wie die von Starbucks? Sie kennen keinen Mathematiker, der Einflussalgorithmen programmieren kann? Und Geld für eine eigene Plattform haben Sie auch nicht? Keine Sorge!

Im deutschsprachigen Raum gibt es sehr erfolgreiche Crowdsourcing-Plattformen oder auch Consumer Labs, bei denen auch kleine und mittelständische Unternehmen Online-Votings, Chats und Diskussionsforen organisieren lassen können. Mit denen sprechen Sie kurz und eine vorher von Ihnen definierte Crowd hilft dann bei der Bewertung. Entweder für jedermann einsehbar oder hinter verschlossenen Türen – ganz wie Sie wollen. Und wenn's schnell gehen soll, wird das auch über Nacht ermöglicht. Eine dieser Firmen ist beispielsweise das Schweizer Unternehmen Atizo. Von dieser Community wollte beispielsweise die Mammut Sports AG wissen, ob es bei Sportjacken auch einen anderen Verschluss als den klassischen Reißverschluss geben kann. Die Crowd generierte und bewertete. Und siehe da: Zwei deutsche Studenten, Christian Schwanert und Gabriel Leonhard, gewannen den Wettbewerb, indem sie das Verschlusssystem von Plastikgefrierbeuteln auf Kleidungsstücke übertrugen. Wie genial ist das denn?

Dennoch: Trotz der ganzen Crowdsourcing-Erfolgsgeschichten darf man bei Online-Collaboration, Co-Creation und Meinungsbildung im Internet auch manchmal ein bisschen skeptisch sein. Im Netz gibt es nämlich nicht nur Schwarmintelligenz, sondern auch Schwarmschwachsinn. Eine aktuelle UN-Antidiskriminierungskampagne will auf dieses Phänomen aufmerksam machen. Und wie? Mit Plakaten von Frauenporträts, die ein Google-Suchfenster mit dem Satzfragment „Frauen sollten“ über dem Mund kleben haben.[144] Die Google-Autocomplete-Funktion ist auch zu sehen und macht gleich mal diverse Suchvorschläge. Zum Beispiel: „Frauen sollten Sklaven sein“, „Frauen sollten in der Küche sein“ oder „Frauen sollten daheim bleiben“. Die Suchanfragen stammen laut der UN vom 9. März 2013. Google weist darauf hin, dass die Vorschläge auf einem Algorithmus basieren. Und zwar aus der Vielzahl der von den Nutzern eingegebenen Suchanfragen. Das Volk sei also schuld. Besser kann man Schwarmschwachsinn gar nicht erklären.

Ach ja! Es gibt auch Experten, die der Ansicht sind, dass bis zu ein Drittel der Bewertungen und Kommentare auf Bewertungsportalen für Hotels, Bücher, Restaurants et cetera gefälscht sind. Es gibt sie, diese vermutlich gekauften Bewerter. Bei dieser Art von Kommentaren haben Unternehmen spezielle Dienstleister angeheuert, die die eigenen Produkte bejubeln und feiern und im schlimmsten Falle Konkurrenzprodukte schlechtreden.[145] Einfach nur traurig. Schön hingegen ist eine ganz andere Geschichte, nämlich die von Renate Holland. Die Fitnessstudiobetreiberin aus München fühlte sich vom Bewertungsportal Yelp ungerecht behandelt. Ihr Studio in Sendling beispielsweise bekam nur zwei von fünf Sternen und das trotz sehr vieler positiver Einträge. Sie ging vor Gericht und tatsächlich: Die Richterin erließ eine einstweilige Verfügung gegen Yelp, weil die Filterkriterien von Yelp nicht nachzuvollziehen seien.[146] Gratulation dazu!

DIE NUMMER SICHER

> „People don't know what they want until you show it to them."
>
> Steve Jobs

Wenn CEOs, Marketing-Leiter, der Auftraggeber oder Entwicklungschefs auf Nummer sicher gehen wollen, dann wenden sie sich häufig an Marktforschungsinstitute oder vielleicht sogar an Hirnforscher. Warum Nummer sicher? Nicht, weil man damit garantiert die beste Idee auswählt, sondern weil man später, sollte sich die Innovation als Flop herausstellen, den schwarzen Peter auf die Institute schieben kann. Vor dem Vorstand kann man dann die Entschuldigung vorbringen, dass man streng wissenschaftlich vorgegangen ist und nicht nach irgendwelchen Gefühlen gehandelt hat. Böse Zungen behaupten deshalb, dass klassische Marktforschung in erster Linie ein Arbeitsplatzerhaltungs- und kein Bewertungs-Tool ist.

Aber nicht nur deshalb darf man als innovationsbegeisterte Führungskraft die klassische Marktforschung kritisch hinterfragen. Immer wieder hört man von kuriosen Beispielen: Die US-Erfolgsserie *Breaking Bad* wurde anfangs deshalb nicht auf den großen US-Sendern ausgestrahlt, weil die Marktforschung sie als Flop bewertete. Und Gerhard Berssenbrügge von Nestlé bestätigte, dass Nespresso in der Mafo gefloppt ist. René Obermann von der Telekom sagte etwas Ähnliches: Seine internen Mafos konnten den Erfolg von Smartphones offenbar nicht vorhersehen.[147] Dennoch wird in Deutschland immer wieder viel Geld in Marktforschung investiert. Und unzählige geniale Ideen starben wegen ihr einen bestialischen Tod.

Ist das nicht erstaunlich? Seit Jahrzehnten hören wir von Flop-Raten, die je nach Branche zwischen 60 und 80 Prozent liegen. Und seit Jahrzehnten gibt es Marktforschungsinstitute. Und seit Jahrzenten sagen uns diese, dass sie die Flop-Rate senken wollen. Aber es passiert einfach nicht. Sie sinkt kein bisschen!

Als Creative Director war und bin ich ein regelmäßiger Gast bei Marktforschungsinstituten. Ich saß schon oft hinter der getönten Glasscheibe und wurde Zeuge, wie ganz normale Leute – Hausfrauen, Ärzte, Hauptschüler, Kommissare, Soldaten oder Studenten – meine Ideen zerrissen. Meine Erfahrung: In diesen lebhaften Diskussionsrunden hat das Neue und Geniale oft keine Chance. Das Vertraute und Unaufgeregte gewinnt. Und häufig habe ich es erlebt, wie eine grandiose Idee nach der Marktforschung vermainstreamt wurde. Besonders erschreckend finde ich dabei, wie

Marktforschungsleiter von den Marketing-Leitern oder Entwicklungschefs plötzlich zu Göttern hochstilisiert werden. Auf einmal kommen diese nämlich mit Konzeptänderungen an, die irgendwie aus der Luft gegriffen scheinen, aber mit tosendem Applaus entgegengenommen werden. Wie zum Beispiel dieser Änderungsvorschlag, den ich einmal in etwa zu hören bekam: „Die Zielgruppe der 30- bis 40-Jährigen versteht den Kontext schneller, wenn Sie das Logo nicht unten links platzieren, sondern oben rechts. Außerdem wäre es ratsam, wenn Sie statt ‚Schublade' ein kürzeres Wort benutzen könnten. Die Farbe lila im Hintergrund empfindet die Zielgruppe als zu kindisch. Wir empfehlen schwarz."

Und genauso etwas passiert häufig mit genialen Ideen nach Marktforschungsrunden. Kleine Details sollen ausgebessert werden, und schon verliert das große Ganze an Wert. Um zu zeigen, wie trostlos es in Marktforschungsbefragungen zugehen kann, hat die Marke Bionade einen bemerkenswerten Film gedreht, der auf YouTube unter dem Titel *Die Quitte – mehr als ein hässlicher Apfel?* zu finden ist: In den Räumen eines Marktforschungsinstituts sollten Probanden die Quitte-Frucht probieren. Ein Moderator stellte hierzu einige Fragen. Die Probanden hatten alle die gleiche Meinung: Die Quitte schmeckt schrecklich. Nie und nimmer würden sie ein Quitte-Getränk kaufen. Am Schluss setzt sich Bionade aber über die Fundamentalkritik hinweg und blendet folgenden Text ein: „Wir machen es trotzdem!"

Auch die Werbeagentur Draft FCB hat die Methoden der Marktforschungsinstitute mal sehr gelungen in einem Filmchen veralbert. Das Video mit dem Titel *Stone and stone wheel* spielt in der Neandertaler-Zeit irgendwo in einer Steinwüste. Ein Marktforschungsleiter (ein Neandertaler) präsentiert den Probanden (ebenfalls drei Neandertaler) eine neue Innovation: das Rad. Allerdings nur als Zeichnung. Die Neandertaler beginnen zu diskutieren: Könnte das Rad nicht wegrollen? Könnte es nicht sogar über den Fuß rollen? Und klingt das Ganze nicht irgendwie kompliziert? Am Ende erteilen sie dem Rad eine Absage.

Sie sehen: Für einen Innovationsbegeisterten, der großartige Innovationen auf die Straße bringen will, gibt es 1000 gute Gründe, sich über Marktforschung aufzuregen.

Aber, aber! Jetzt mal halblang! Immer dieses ewige Draufhauen auf die ja ach so bösen und mutlosen Marktforscher und ihre Methoden! Ich kenne auch richtig coole Marktforscher! Und achten Sie mal darauf, wer mit großem Tamtam am meisten gegen die Marktforschungsinstitute oder gegen standardisierte Fragebögen und von Computern algorhitmisierte Blickverläufe in der Presse wettert: Oft sind das wirklich herausragende innovative Persönlichkeiten. Aber ab und zu sind auch Menschen dabei, die der Welt am liebsten ihre Ideen mit Gewalt aufdrücken wollen. Und wehe, da meldet sich so ein kleiner Marktforscher mit Brille von ganz hinten und hat leise Bedenken.

Meine Meinung: Innovationsbegeisterte Führungskräfte brauchen nicht immer Angst vor der Marktforschung zu haben. Denn eine richtig gute Idee ist so genial, dass sie ihren Weg auf jeden Fall finden wird. Erfahrene Innovationschefs sprechen übrigens ein Wörtchen mit, wenn es darum geht, wer denn der Moderator hinter der Glasscheibe sein soll. Denn darauf kommt es bei solchen Gesprächsrunden häufig an: auf einen richtig guten Moderator. Der schafft es nämlich, hinter die Verteidigungslinien der Diskussionsteilnehmer zu gelangen und ihnen die Angst vor dem Neuen und dem Ungewohnten zu nehmen.

Und wenn man richtig schlau ist, kann man aus einem verheerenden Marktforschungsergebnis sogar Profit schlagen. So wie Roger McKechnie in den 80er Jahren. Der saß damals auch hinter einer getönten Glasscheibe und lauschte gespannt, was die Fokus-Gruppen von den in England bisher noch völlig unbekannten „Tortilla Chips“ denn so halten würden. 90 Prozent fanden das neue Produkt gar nicht gut. Die Firma, bei der Roger McKechnie damals angestellt war, wollte deshalb die Einführung nicht weiterverfolgen. Aber McKechnie dachte da anders. Er wollte herausfinden, wer die anderen 10 Prozent waren. Und tatsächlich: Das waren alles wohlhabende Leute mit Geschmack, die aus feinen Gegenden kamen. Und wenn solche Menschen Tortilla Chips mochten, dann sind Tortilla Chips eine prima Geschäftsidee. Eines Tages machte sich Roger McKechnie selbstständig, produzierte Tortilla Chips und wurde Millionär.[148]

Und jetzt noch ein ganz anderer Tipp: Was tun, wenn nicht ein Marktforscher, sondern ein Hirnforscher Ihre Idee kaputtredet und Ihnen als Beweis irgendwelche Bilder von Probanden aus dem Kernspin-Tomographen vorlegt? Dann verlangen Sie einen zweiten Test! Diesmal mit dem Hirn eines toten Lachses. Das finden Sie albern? Um zu zeigen, was für einen Unsinn die moderne Hirnforschung manchmal so treibt, hat der Hirnforscher Craig Bennet das mal gemacht und siehe da: Ein ganz bestimmtes Hirnareal des toten Fisches reagierte offenbar, als man ihm Fotos von Menschen zeigte[149] …

ERGEBNIS- VERSUS EGO-ORIENTIERUNG

Als Teamchef ist es wichtig zu wissen, wie die einzelnen Mitarbeiter in Ideenbewertungsphasen denken, fühlen und handeln. Nicht alle ticken gleich. Manche haben auch gar kein Interesse daran, ein faires Spiel zu spielen. Hier ein paar Tipps, worauf man bei wem achten sollte.

„I'm not a marketing person. I don't ask myself questions. I go by instinct."

Karl Lagerfeld

Die Kreativprozesstypen:

DER STRATEGE sieht immer das große Ganze und fragt sich in Ideenbewertungsphasen, ob die zu bewertenden Ideen auf der Strategie fußen. Ständig fragt er nach Insights und logischen Ketten. Im Zweifel entscheidet er sich eher für eine gewöhnliche Idee, die die Aufgabenstellung zu 100 Prozent erfüllt, als für eine geniale Idee, die die Aufgabenstellung nur zu 80 Prozent erfüllt.

DER IDEENGENERIERER hat ständig irgendwelche Ideen und in der Ideenbewertungsphase hat er die Strategie vielleicht schon wieder vergessen. Deswegen wird er für Ideen plädieren, die ihm neu und einzigartig erscheinen.

DER IDEENOPTIMIERER will Dinge auf die Straße bringen. Deshalb plädiert er für Ideen, die nicht fragmentarisch, sondern durchdacht sind. In Ideenbewertungsphasen muss es aber auch Raum für Kopfkino geben – auch wenn Dinge erst halb fertig sind.

DER MACHER sieht vor allem den Aufwand. Er achtet bei der Ideenbewertung also häufig auf die Realisierbarkeit. Er sieht nicht das Geniale in Ideen, sondern die Anstrengung dahinter.

Die Ideenfindungstypen:

DER IDEATOR wird sich eventuell über dieses viele langweilige Zeugs aufregen, das da an der Wand hängt oder im Ausstellungsraum steht.

DER MODULATOR wird aus kleinen Ideen große basteln. Er erkennt Zusammenhänge und wird sie miteinander verbinden.

DER ANIMATOR wird die Gemüter beruhigen, wenn es hitzig werden sollte. Außerdem treibt er die Debatte nach vorne.

Die speziellen Persönlichkeiten:

DIE DIVA wird in Ideenbewertungsrunden ihre eigenen Ideen bis aufs Blut verteidigen und alles andere schlecht finden. Appellieren Sie an die Diva, auch die Ideen der anderen zu berücksichtigen.

DER INTROVERTIERTE wird ganz wenig sagen, vielleicht sogar gar nichts. Stellen Sie ihm deshalb viele Fragen und geben Sie ihm Zeit zu antworten. Warum nicht auch schriftlich?

DER NERD wird entweder wirre oder brillante Gedanken haben. Hören Sie deshalb genau zu.

Eigentlich kann man in den Ideenbewertungsphasen sämtliche Teilnehmer in zwei Kategorien einteilen, nämlich in die Ergebnis- und in die Ego-Orientierten:

DIE ERGEBNIS-ORIENTIERTEN

Hierzu gehören Strategen, Macher, Animatoren, Introvertierte und Nerds. Sie stellen die Sache in den Vordergrund und nicht sich selbst. In Ideenbewertungsrunden ist es oft diese Art von Menschen, die das Eis bricht. Völlig uneigennützig sagen sie auf einmal: „Also mir gefällt die Idee von Sabine richtig gut", „In dieser Idee steckt viel Potenzial" oder „Kann man nicht Idee 3 und 7 miteinander verbinden?" Die Ergebnis-Orientierten versprühen gute Laune und ein konstruktives Gefühl. Es ist ihnen egal, ob ihre eigene Idee punktet oder nicht. Zu den Ergebnis-Orientierten gehören auch die Komiker. Meistens handelt es sich hier um Menschen, die ständig Witze reißen. Manch andere empfinden das als nervend. Unterschätzen Sie aber niemals die Kraft und die Produktivität, die Witze verursachen können. Es kann passieren, dass jemand in Bewertungsrunden einen bissigen Kommentar mit einer Komikeinlage pariert hat, die dann zu einer genialen Idee führt.

Auch sogenannte Emotionslose gehören zu den Ergebnis-Orientierten. Das sind Menschen, die in Bewertungsphasen gerne mal sagen: „Ob *die* Idee oder *die* Idee, ich bin da völlig emotionslos. Ich sehe da jetzt keine großen Unterschiede." Solche

Leute sagen wirklich nur dann was, wenn man sie fragt, weil sie vielleicht wirklich keine Meinung haben. Das Schöne an solchen Menschen ist, dass ihre Meinung so völlig sachlich und unaufgeregt daherkommt. Dieser Stil kann bei hitzigen Diskussionen beruhigend auf alle anderen Teilnehmer wirken.

DIE EGO-ORIENTIERTEN

Hierzu gehören Diven und hysterische Ideatoren. In Ideenbewertungsphasen verfolgen sie in erster Linie ihre eigenen Interessen. Sie überlegen also nicht, welche Idee dem eigenen Unternehmen oder dem Kunden am meisten hilft, sondern mit welcher Idee sie sich profilieren können. Gerne werfen sie den ersten Stein und lästern in Meetings über Ideen und Vorschläge anderer. Manchmal garnieren sie ihre Meinung noch mit einem genervten Augenrollen und fuchtelnden Armen. Typische Kommentare sind: „Das gab's schon!", „Ist nichts Neues!", „Soll das ein Witz sein!?" oder auch „Also, wenn ihr das machen wollt, dann kündige ich!". Häufig haben solche Persönlichkeiten ein ganz klares Ziel: Sie wollen auf keinen Fall, dass die Idee des Büronachbarn gut bewertet wird, denn das könnte für sie selbst karriereschädigend sein. Der ewig frustrierte Mitarbeiter geht sogar noch weiter und will, dass Sie sich als Führungskraft am Ende für die falsche Idee entscheiden. Diese schwierigen Charaktere dürfen Sie ab und an auch mal zur Seite nehmen, um ein Vier-Augen-Gespräch zu führen. Fordern Sie die Ego-Orientierten in einem konstruktiven Gespräch dazu

auf, sich auch den Ideen der Kollegen zuzuwenden und fragen Sie direkt: „Gibt es etwas an der Idee, das Ihnen gefällt?“

Es kann passieren, dass Ego-Orientierte die Ideenbewertungsrunden richtig vergiften. Zum Beispiel dann, wenn sie in der Diskussion merken, dass sie mit ihrer Meinung in der Minderheit sind. Es gibt Narzissten, die so eine Niederlage nicht verkraften und dann beginnen, andere zu beleidigen. Problematisch wird es auch, wenn Sie als Vorgesetzter ein Ego-Orientierter sind. Mit solchen Chefs machen Ideenbewertungsprozesse keinen Spaß. Sie lassen sich nicht überzeugen und hören auf keine Argumente. Von vornherein weiß diese Art von Vorgesetzten, wofür sie sich entscheiden werden. Diskurs macht ihnen nur dann Spaß, wenn sie ihn gewinnen.

Haben Sie auch ein Auge auf Diskussionsteilnehmer, die das „Friedrich-Merz-Syndrom“ besitzen. Der Mann war mal ein erfolgreicher CDU-Politiker und ist jetzt ein erfolgreicher Anwalt und Redner. Egal, wie man politisch zu Friedrich Merz steht: Schauen Sie ihn bitte mal an, wenn er eine Rede hält oder in einem Interview spricht. Merz klingt in seinen Reden häufig etwas vorwurfsvoll, als ob er es kaum fassen könne, was da bald auf Deutschland und Europa zukommt. Im Unterton ist er auch manchmal leicht beleidigt. Trotzdem bleibt er klar und sachlich und hin und wieder betont er ein Wort besonders scharf oder er sagt es langsamer. Würde man Merz in dem Moment, in dem er spricht, nicht zustimmen, würden die anderen einen für komplett bescheuert halten. Egal, was Merz sagt: Man ist geneigt, ihm zu glauben. Seine Worte, sein Duktus, seine Art: Alles wirkt irgendwie durch und durch überzeugend.

Es gibt diese Menschen, die den Brustton der Überzeugung perfekt verinnerlicht haben. Egal, was sie sagen, wir glauben es ihnen. Und das Interessante ist, dass wir uns gar nicht dagegen wehren können, weil wir uns gar nicht dagegen wehren wollen. Menschen mit dem Friedrich-Merz-Syndrom überzeugen uns ja sofort, während sie reden. In Ideenbewertungsphasen darf man sich deshalb immer wieder an Folgendes erinnern: Irgendwas läuft verkehrt, wenn immer nur derselbe Recht hat oder Recht bekommt. Die Gefahr besteht, dass wir uns eigentlich nicht für die Idee, sondern lediglich für den Ideenpräsentator entscheiden.

Und zum Schluss: Wenn Sie mit Ihren Mitarbeitern in Ideenbewertungsphasen über die Vor- und Nachteile der einzelnen Ideen diskutieren, dann kann es heiß hergehen. Und das ist auch gut so. Reibung erzeugt Hitze, und wer will schon in einem Unternehmen arbeiten, wo es immer kuschelig zugeht? Wenn Sie aber ein Vorgesetzter sind, der es gerne den ganzen Tag lang harmonisch und friedlich mag, dann sind Sie kein geeigneter Innovationsmanager. In Kreativprozessen knallen Bewahrer auf Erneuerer.

Da kommt es zu Explosionen.

Fantastisch!

WIE SIE SICH UND IHR TEAM ZU GUTEN IDEENBEWERTERN MACHEN

Und jetzt noch sechs Tipps, mit denen Sie und Ihr Team zu guten Ideenbewertern werden.

„If you love two people at the same time, choose the second. Because if you really loved the first one, you wouldn't have fallen for the second.“

Johnny Depp

1. IDEENGENERIERER UND IDEENBEWERTER TRENNEN

Als Führungskraft sollten Sie wissen, dass es in kreativen Prozessen manchmal schlau ist, dass der Ideengenerierer nicht der Ideenbewerter und der Bewerter nicht der Ideenumsetzer ist. Leider stößt man aber im Kreativprozess häufig auf Persönlichkeiten, die in allen Phasen dominieren wollen. Als junger Texter habe ich das selbst oft erlebt. Beim Konzipieren eines Neugeschäfts wollte ich deshalb wissen, ob mein Vorgesetzter auch mit ausdenkt und ob er eigene Ideen in den Ring werfen wird. Wenn ja, bedeutete das für mich doppelte Arbeit. Denn später würde mein Vorgesetzter alle Ideen bewerten und entscheiden, welche davon zum Kunden gehen. Und diese Bewertungsrunden liefen meistens so ab: Zwei Drittel der Siegerideen waren von den Chefs und ein Drittel von der Gefolgschaft. Das ist menschlich. Die Wissenschaft hat hierzu viele Fachbegriffe definiert. Im obigen Fall lag's am Overconfidence-Effect, also am überhöhten Selbstvertrauen in die eigene Meinung oder in die eigene Antwort. Speziell Vorgesetzte, die den Hang zur Diva haben, lieben ihre Ideen und haben kein Interesse daran, bei der späteren Bewertung objektiv vorzugehen. So wurde ich einmal Zeuge, wie mein damaliger Vorgesetzter noch schnell in den Abstimmungsraum gehuscht ist und seinen Ideen noch drei Extra-Kreuze gegeben hat. Genau deshalb lohnt es sich, eine klare Trennung zwischen den Ideengenerierern und den Ideenbewertern zu schaffen.

Übrigens! Eine Branche, die die Trennung zwischen Ideengenerierung, Ideenbewertung und Ideenumsetzung schon per Definition kritisch beäugt, ist beispielsweise der deutsche Autorenfilm. Hier ist es häufig so, dass ein Drehbuchautor von seinem Stoff so begeistert ist, dass er anschließend auch noch selber Regie führt, den Film also auch umsetzt. Hier bündeln sich daher Ideengenerierung, Ideenbewertung und Ideenumsetzung oftmals in einer Person. Das kann bei Tom Tykwer und anderen großartigen Regisseuren auch manchmal gut gehen. In vielen Fällen geht das aber schlichtweg schief. Das Endprodukt sind oft langatmige, langweilige und überintellektuelle Filme, die man nur mit drei Dosen Red Bull bis zum Ende schafft. Egal! Die Autorenfilmer sind unglaublich stolz auf ihre Filme und gerne bezeichnen die Erfolglosen ihre Kritiker als kommerziell veranlagt, ungebildet oder als Kulturbanausen. Dass diese Filme in Deutschland aber kaum jemand sehen will und sie in der Regel nur zu tiefnächtlichen Uhrzeiten ausgestrahlt werden, interessiert sie nicht.

2. IDEENBEWERTUNG ZUR CHEFSACHE MACHEN

Lassen Sie sich von der Weisheit der Massen inspirieren, aber nehmen Sie sich als Führungskraft wenn nötig das Recht heraus, am Ende allein oder in einem kleinen Kreis zu entscheiden.

In Unternehmen werden demokratische Ideenbewertungsentscheidungen oft von den Mitarbeitern eingefordert, weil diese als fair und transparent angesehen werden. Leider bringt das nicht immer was. Schauen Sie beispielsweise mal nach München. Mehrere Volksentscheide sollten dort über den innovativen Fortschritt der Landeshauptstadt entscheiden, aber meistens entschieden sich die Münchner dann dagegen: gegen die dritte Startbahn, gegen die Olympia-Bewerbung, gegen Hochhäuser und gegen den Transrapid. Oder stellen Sie sich vor, RTL würde beim nächsten Klitschko-Kampf die Zuschauer am Ende mit dem Telefon über Sieg und Niederlage abstimmen lassen. Die Vorstellung ist irgendwie lustig, aber beim Eurovision Song Contest ist das bittere Realität. Hier sieht man am besten, wie undemokratisch demokratische Ideenbewertungsprozesse ablaufen können: Die osteuropäischen Länder halten zusammen und die als arrogant verschrienen Franzosen werden von vielen gemobbt. Genau aus diesem Grund gibt es beim Eurovision Song Contest seit einigen Jahren zusätzlich nationale Juryvotings, deren Wertung mitentscheidet. Denn wenn viele Millionen Europäer über 20 Songs abstimmen, können Sie sicher sein, dass der Mainstream gewinnen wird, nicht aber unbedingt das Innovative.

3. OBJEKTIVITÄT FÖRDERN

Sie glauben, Sie wären eine objektive Führungskraft? Weil Sie so ein ganz gerechter, fairer und altruistischer Typ sind? Dann lade ich Sie herzlich ein, bei Wikipedia nach „Decisionmaking, belief and behavioral biases“ zu suchen. Dort sind über 100 psychologische Denkfehler aufgelistet, die unser Bewertungsvermögen beeinflussen. Und jeder von uns hat mindestens zehn davon. Auch ich falle immer wieder darauf rein: Wenn mir eine Idee von einem Kreativen präsentiert wird, der schon vier Cannes-Löwen gewonnen hat, stößt diese Idee auch bei mir schneller auf Begeisterung, als wenn sie von einem Abteilungspraktikanten kommt. Ein typisches psychologisches Verhaltensmuster, das man „Authority Bias“ nennt: die Tendenz, die Meinung eines als Spezialist oder einer als erfahren eingeschätzten Person zu übernehmen.

Jetzt stellt sich natürlich die Frage, ob es überhaupt ein Ideenbewertungs-Tool gibt, das frei von jeglichem subjektiven Gehabe ist. Das gibt es! Trauen Sie sich ab und zu mal was völlig Radikales, wie es beispielsweise Ulf Pillkahn, Key Expert für Strategy, Innovation und Foresight, bei der Siemens AG in der *brand eins* beschreibt. Er schildert dort, warum bei ihm hin und wieder auch die Roulettekugel entscheiden darf, wenn es darum geht, welche neue Geschäftsidee angegangen werden soll. In einem Interview aus dem Jahr 2010 sagte er unter anderem: „Innovation per Losverfahren mag zunächst tatsächlich irrational klingen. Allerdings spielte bei vielen bahnbrechenden Neuerungen der Zufall eine entscheidende Rolle: von der Entdeckung des Penicillins über die Erfindung der Laser- und Röntgentechnik sowie des Internets bis hin zu den beliebten Post-its … Aber selbstverständlich soll das Los nicht über alle Ideen entscheiden. Zunächst werden die offensichtlich guten oder abwegigen klassisch ausgewählt beziehungsweise aus dem Rennen genommen. Das Innovations-Roulette ist lediglich für diejenigen Vorschläge gedacht, die sich nicht einschätzen lassen, nach dem Motto: Einigen von denen geben wir noch eine Chance – und schauen, was dabei herauskommt.“ [150]

Was für ein mutiges und geniales Verfahren. Hut ab!

4. DIE ENTSCHEIDUNGSERMÜDUNGS-FALLE

Die Phase der Ideenbewertungsphase ebnet Karrieren. Für den, dessen Idee nicht weiterverfolgt wird, könnte es einen Karriereknick bedeuten und für den, dessen Idee weiterkommt, könnte die Bewertungsphase ein Karriereturbo werden.

Rolf Dobelli hat in seinem Buch *Die Kunst des klugen Handelns* interessante Einblicke in das Phänomen der Entscheidungsermüdung gegeben. Offenbar zeigt eine Studie über Hunderte von Gerichtsentscheiden, dass der Prozentsatz von mutigen Gerichtsentscheiden innerhalb einer Gerichtsverhandlung von 65 Prozent fast auf null fällt und nach einer Pause abrupt wieder auf 65 Prozent ansteigt. Begründet wird dieses Verhalten mit der sogenannten Entscheidungsermüdung und der daraus fehlenden Willenskraft. Sobald nach einer Pause der Blutzuckerspiegel aber wieder erhöht ist, scheint die Kraft, mutige Entscheidungen zu treffen, wieder höher.

Wenn Sie und Ihr Team also bereits seit zwei Stunden Ideen bewerten, dann sollten Sie zwischendurch überprüfen, ob Sie noch genauso mutig bewerten wie am Anfang der Sitzung. Wahrscheinlich ist es aber höchste Zeit für eine Pause.

5. VON DER BILD-ZEITUNG LERNEN

In jeder Ideenbewertungsrunde gibt es eine kriegsentscheidende Frage: Woher weiß man eigentlich, ob man gerade eine „Big Idea“ vor sich hat? Das können Sie relativ einfach testen: Lässt sich die Idee im *BILD*-Zeitung-Stil als reißerische Headline formulieren? Wie etwa „Ventilator ohne Rotorblätter erfunden“ [151] oder „Einrädriges Motorrad auf Autobahn gesichtet“ [152] oder „Top-Schauspieler drehen pornografischen Film ohne Porno“ [153].

Einmal leitete ich eine Werbekampagne für einen baden-württembergischen Kabelnetzanbieter. Unsere Idee fühlte sich von Anfang an spektakulär an und tatsächlich ließ auch sie sich in *BILD*-Zeitung-Manier beschreiben, und zwar mit folgenden Worten: „Französisches Dorf will deutsch werden!“ Und genau darum ging's: Wir drehten einen dreiminütigen Dokumentarfilm über ein echtes französisches Grenzdörfchen, das per Bürgerbegehren deutsch werden wollte. Warum? Weil das schnelle und günstige Internet eben leider nur für Baden-Württemberger zugänglich war. Natürlich nur ein Witz, der mit dem Feuer der patriotischen Gefühle spielte, aber die Presse übernahm den Satz eins zu eins und so wurde er wortgetreu über 20000-mal im Internet gestreut. Den Kabelanbieter hat's gefreut. Er bekam viel Presse für wenig Geld. Solche schlagkräftigen One-Liner machen eben neugierig. Machen Sie aus Ihrem Team also *BILD*-Leser, um sie zu lehren, Dinge auf den Punkt zu bringen.

6. DER RISIKO-IQ

Der Buchautor Dylan Evans hat gemeinsam mit Benjamin Jakobus eine sehr interessante Website entwickelt. Sie heißt www.projectionpoint.com. Gleich auf der ersten Seite der Homepage gibt es einen kostenlosen Test namens BASIC RQ TEST. Machen Sie diesen englischsprachigen Test mal gemeinsam mit Ihren Mitarbeitern. Die Theorie hinter dem Test ist Folgende (ich übersetze jetzt mal direkt zwei Sätze von der Website): „Risikointelligenz ist die Fähigkeit, Wahrscheinlichkeiten genau einzuschätzen. Menschen mit einem hohen Risiko-IQ tendieren dazu, bessere Vorhersagen zu machen als Menschen mit einem niedrigen Risiko-IQ.“ [154]

Und genau das wird Ihnen am Ende des Tests bescheinigt: ob Sie nämlich einen hohen oder niedrigen Risiko-IQ haben.

Ist die Phase der Ideenbewertung nicht ebenfalls eine Art Vorhersage?

Na klar! Man versucht nämlich, vorherzusagen, welche dieser vielen Ideen, die sich im Abstimmungsraum befinden, ein Top oder Flop wird. Finden Sie heraus, wer in Ihrer Mannschaft einen hohen Risiko-IQ hat und arbeiten Sie dann im Ideenbewertungsprozess am besten eng mit diesen Menschen zusammen.

CHRISTIAN HIRSIG

Gründer der Crowdsourcing-Plattform atizo.com

Mojito!

In den letzten fünf Jahren durften wir bei Atizo verschiedenste Innovationsprojekte von unterschiedlichsten Unternehmen begleiten. Oft bietet sich mir die Gelegenheit, in den Projekten aktiv mitzuarbeiten, was für mich immer besonders interessant ist. So auch bei Migros. Der größte Einzelhändler der Schweiz entschied sich im Sommer 2012, mit der Crowd eine neue Geschmacksrichtung für eine Zahnpasta zu entwickeln. Und das Rennen machte „Mojito"! Ja, Sie haben richtig gelesen – obwohl der Migros Gründer Gottlieb Duttweiler nie Alkohol und Tabakwaren in den Regalen seines Geschäfts duldete, hörte man auf die Stimme des Kunden. Aber nun der Reihe nach:

Am Anfang eines Crowdsourcing-Projekts steht eine Fragestellung. Je kürzer desto besser. Und leicht verständlich soll sie sein. Diese Fragestellung wurde auch im Zahnpasta-Projekt an möglichst viele potenzielle Ideengeber verteilt. Es wurden Hunderte von Ideen eingereicht. Es war wirklich alles dabei. Von Schokolade über Mettwurst bis hin zu unzähligen Cocktails. Schon während der Ideeneingabe wurden die Ideen von den Ideengebern gegenseitig bewertet. Die Bewertung erfolgte ähnlich dem „Like" auf

Facebook. Die aus Sicht des Kunden besten Vorschläge wurden dann in einem Workshop gemeinsam mit Konsumenten diskutiert. Am Schluss des Workshops hatten wir noch etwas über zwanzig nun etwas strukturiertere Ideen vorliegen. Diese Ideen wurden erneut bewertet, diesmal von den Workshop-Teilnehmern. Schließlich wurden die besten zehn feierlich dem Entwicklungsleiter übergeben, der mit seinem Team in nur acht Wochen erste Versuchsobjekte entwickelte. Diese wurden dann an einem Community-Event von den Konsumenten getestet und die besten fünf Objekte schafften es in die finale Auswahl im Netz. Die Category Manager von Migros klärten nochmals ab, ob auch alle fünf Ideen umgesetzt werden dürfen, falls sich die Crowd dafür entscheiden würde. Diese Zusatzabklärung wurde vermutlich auch wegen des Kandidaten „Mojito" nochmals in dieser Sorgfalt eingeholt. Denn beim Jubiläums-Etikett für Pril ging der Schuss mit Peters „Grillhähnchen" ziemlich nach hinten los. Peter reichte ein eher fragwürdiges Design ein, doch die Community votet Peters Vorschlag auf den ersten Platz. Diesen nicht zu berücksichtigen, wurde für die Marketing-Leute von Henkel zu einer echten Herausforderung. Wir lernen: nur zur Abstimmung geben, was wir auch wirklich umsetzen können.

Bei der letzten Zahnpasta-Auswahl stimmten 4405 Konsumten dann ab über: Fresh Zen (Honig, Ingwer, Zitronengras) Rhab-Berry (Erdbeer/Rhabarber), Mojito (Limette/Minze), Hot&Fresh (Erdbeer, Minze, Pfeffer) sowie Apricot-Pfirsich-Smoothie (Aprikose, Pfirsich, Joghurt). Mojito war mit 39 Prozent der Stimmen der klare Sieger.

Und kurz vor dem Market-Launch stimmten nochmals 1608 Konsumenten über das Produkt-Design ab, wobei 79 Prozent die Limette und nur 21 Prozent das Samba-Design bevorzugten. Seit Frühling 2013 gibt's die Mojito-Zahnpasta nun in den Regalen von Migros und die Limetten-Design-Tube ziert ein Label mit der Aufschrift: „Von Kunden entwickelt!". Dieses Beispiel zeigt eindrücklich, dass eine Crowd bei der Bewertung von Ideen eingebunden werden kann. Einerseits der Dialog mit den Kunden, andererseits das wachsende Medieninteresse am Produkt vor dessen Lancierung sind weitere gute Gründe. Macht man es jedoch falsch, kann es zur Bruchlandung kommen.

DR. BERNHARD KIRCHMAIR

Head of New Business Strategy & Planning der Telefónica Germany

Die Demokratie der Ideenbewertung

Man sagt, es bedarf drei verschiedener Personen, um ein erfolgreiches Geschäft aufzubauen: einen Daniel Düsentrieb, einen Dagobert Duck und einen Bob der Baumeister. Eine, wie ich meine, sehr prägnante Analogie zu den in der Wissenschaft bekannten Konzepten des Fach-, Macht- und Prozesspromotors. Während Bob Ideen umsetzt und implementiert, finanziert Dagobert diese und schafft den organisatorischen Rahmen. Daniel Düsentrieb aber generiert die Ideen.

Die richtigen Ideen zu haben (und diese effizient und effektiv umsetzen zu können), ist eine Schlüsselkompetenz in dynamischen Industrien, insbesondere wenn sich diese im Umbruch befinden. Die Mobilfunkindustrie ist eine solche. Lange war ein Mobilfunkanbieter der Gravitationspunkt der mobilen Welt mit voller Kontrolle über Wertschöpfungskette und angebotene Dienste. Der Eintritt von Internet- und Content-Firmen in die mobile Wertschöpfung führte zu einer tiefgreifenden Veränderung der Leistungsstruktur. Die Herausforderung: Wie kann ein Mobilfunker an den monetären Strömen für digitale Dienste partizipieren, ohne sich auf ein reines Zugangsgeschäft zu reduzieren? Wie ist die Entkoppelung von Datendurchsatz und Umsatz zu bewerten? Wie einer Differenzierung rein durch Tarifpreise vorzubeugen? Für die Beantwortung dieser Fragen bedarf es Ideen. Nur, welche Idee ist die richtige, welche die beste? Was heißt richtig, was heißt gut?

Eine Idee ist nicht statisch, eine Idee ist dynamisch. Sie muss atmen. Sie muss entwickelt, gefordert, adaptiert werden. Sie ist Konfigurationsmasse für Unternehmer. Wie bewertet man nun aber das Potenzial einer Idee und welche Kriterien legt man an? Ich möchte dies im Kontext des Aufbaus von Neugeschäftsaktivitäten bei Telefónica Germany kurz beleuchten.

Unser Innovationsmanagement folgt dem Grundsatz der Open Innovation, das heißt, wir beziehen im Rahmen unserer Innovationsaktivitäten sowohl Mitarbeiter als auch Kunden, Start-up-Unternehmen, Geschäftspartner und andere Innovationskräfte mit ein. Nicht nur die Generierung von Ideen, sondern insbesondere deren Bewertung basieren auf einem demokratischen Ansatz – um einerseits die Relevanz (und damit das Potenzial) der Ideen für eine größere Kundengruppe zu validieren, andererseits um die vielversprechendsten Ideen einer Diskussion und damit deren kreativer Weiterentwicklung zuzuführen.

Wir haben dieses Paradigma institutionalisiert und im Jahr 2010 dazu das „O2 Ideenforum“ eingeführt, welches Kunden die Möglichkeit gibt, Vorschläge für neue Produkte und Dienste einzureichen, aber auch auf dem o2.de-Portal von anderen Kunden besprechen und priorisieren zu lassen. An diesem Prozess haben sich allein in den ersten zwei Jahren 150 000 registrierte Kunden beteiligt. Um Kunden noch stärker an der Ideenbewertung zu beteiligen, die Markteinführung zu beschleunigen und die Erfolgswahrscheinlichkeit zu erhöhen, haben wir 2011 das „O2 Ideenlabor" ins Leben gerufen. Diese Initiative gewährleistet einen vollständigen Innovationszyklus: Wir stellen unseren Kunden intern oder extern generierte Ideen vor und erhalten auf Basis eines hoch flexiblen Online-Umfragesystems unmittelbar und rasch Kunden-Feedback. In den ersten zwölf Monaten hatten sich bereits 1 500 interessierte Nutzer registriert. So können wir in nur wenigen Stunden äußerst kostengünstig und zeiteffizient hunderte Datenpunkte erheben, nach potenziellen Zielgruppen segmentieren und damit den Markt selbst eine Aussage über das Potenzial einer Idee treffen lassen.

Am Ende dieser demokratischen Bewertungsprozesse steht natürlich letztlich die ökonomische Entscheidung, ob ein Konzept mit Budget unterlegt und der Umsetzung zugeführt werden soll. Bei der Entscheidungsfindung können verschiedenste Frameworks und Methoden unterstützen. Ich halte es hier gerne übersichtlich und stelle für gewöhnlich drei einfache Fragen, die sowohl eine qualitative als auch eine quantitative Perspektive abdecken: Is it real? Is it worth it? Can we win? Ist der Marktansatz realistisch und der Geschäftsansatz glaubwürdig? Kann das Produkt bei angemessenem Risiko nachhaltig profitabel sein, ist dieses vor dem Hintergrund der strategischen Stoßrichtung des Unternehmens sinnvoll und würde ich – wenn ich die relevanten Kennzahlen des Business Cases halbiere oder verdoppele – das Geschäft immer noch unterstützen? Und zu guter Letzt: Kann Telefónica Germany dieses Produkt wettbewerbsfähig positionieren, gibt es Synergien zu den Ressourcen, Fähigkeiten und Kompetenzen der Organisation? Führe ich diese demokratisch gewonnenen und damit gewissermaßen validen Marktindikationen mit der Beantwortung dieser drei Fragen zusammen, so ergibt sich für mich ein relativ klares Bild, ob ich ein Thema priorisiere und die Wette eingehe.

Zusammenfassend möchte ich festhalten: Wo ein Ideenimpuls herkommt, ist meines Erachtens sekundär. Was zählt, sind die konstruktive Weiterentwicklung einer Idee und deren Bewertung möglichst nah an der (im Idealfall: durch die) angesprochenen Zielgruppe.

IDEEN UMSETZUNG

KAPITEL 6

MACHEN! MACHEN! MACHEN!

Nun sind die Ideen in der Welt. Sie sind generiert und bewertet worden. Sie haben einen langen und steinigen Weg hinter sich. Dennoch haben diese Ideen überlebt! Und jetzt geht's an die Umsetzung. Aber ausgerechnet in dieser Phase versanden die genialsten Ideen: Widerstände tun sich auf, keiner fühlt sich zuständig und alles wird plötzlich furchtbar kompliziert. Und warum? Hier mögliche Gründe:

„An idea that is developed and put into action is more important than an idea that exists only as an idea."

Buddha

- Sie und Ihre Mitarbeiter besitzen zu wenig Selbstmotivation für die Umsetzung.
- Beim Budget hat man sich verrechnet. Und plötzlich reicht das Geld vorne und hinten nicht.
- Die mit der Umsetzung beauftragten Mitarbeiter waren in keinster Weise an der Ideengenerierung und Ideenbewertung beteiligt. Es mangelt deshalb an der notwendigen Identifikation für die Umsetzung.
- Die Idee ist trotz einer ausgiebigen Testphase nicht mit den Naturgesetzen oder mit dem State of the Art vereinbar und deshalb technisch nicht umsetzbar.

  Die Zeit reicht nicht.
- Ihr Ideenpate lässt Sie im Stich.
- Die Idee wird von Feinden, Neidern oder Konkurrenten torpediert und boykottiert.

Warum eine großartige Idee plötzlich und unerwartet „gekillt" und deshalb nie umgesetzt wird, hat die portugiesische Agentur Fuel einmal sehr unterhaltsam analysiert. Am besten wappnen Sie und Ihr Team sich schon im Vorfeld gegen die dort gezeigten Umsetzungskiller.

Aber wer will denn jetzt gleich aufgeben! Nur Schnarchnasen machen das. Oder haben Sie Mr. T. jemals jammern hören? Los geht's mit der Ideenumsetzung.

PACKEN SIE ES AN!

Vor gar nicht allzu langer Zeit lief der Film *Pain & Gain* mit Mark Wahlberg im Kino. Dort kommt ein Motivationscoach zu Wort und gibt seinen „Jüngern“ Folgendes mit: „Seien Sie kein Schwacher. Seien Sie ein Macher.“ Und der dubiose Kerl hat irgendwie Recht. Entweder Sie wuppen was oder eben nicht!

Dieser Abschnitt soll Sie als Führungskraft dazu motivieren, ein wahrer Anpacker, Macher oder Held der Tat zu werden, denn in Sachen Umsetzungsdrang sollten Sie beispielhaft vorangehen. Wie sonst sollen Ihre Mitarbeiter lernen, wie man mit Leidenschaft eine Idee umsetzt? Verzeihen Sie mir deshalb, wenn ich in diesem Kapitel an manchen Stellen etwas Chuck-Norris-mäßig rüberkomme.

Schon mal von Red Adair gehört? Der Rotschopf erlangte weltweite Berühmtheit, weil er sich erfolgreich darauf spezialisierte, brennende Ölfelder zu löschen und wildgewordene Gasquellen wieder unter Kontrolle zu bringen. Eigentlich ist das ein Job zum Davonlaufen. Aber Red Adair war ein Mann ohne Furcht. Einer, der sich sagte: Einer muss es ja machen. Und ständig riskierte er dabei sein Leben. Mit 89 Jahren starb er dann in einem sehr schwerhörigen Zustand – aber dafür sehr friedlich und zufrieden. Noch heute ist Red Adair eine Legende in Amerika. Ein Nationalheld. Und er war genau das, was wir in der letzten Phase bei Kreativ- und Innovationsprozessen so dringend brauchen: ein Macher. Jemand, der's erledigt. Einer, der sagt: „Ich packe es an!“ bis die Mission erfüllt ist. Aber nicht alle Führungskräfte haben dieses Macher-Gen in sich. Die kreativen Feingeister unter uns möglicherweise am allerwenigsten.

> „Well, it's a dirty job but someone's gotta do it“.
>
> Textzeile aus dem Lied „We care a lot“ von Faith No More

Ideen im Kopf hat jeder – aber wenn's ernst wird, dann werden wir zu Zauderern. Wecken Sie also den Red Adair in sich! Werden Sie jemand, der der Konfrontation mit den Realisierungshindernissen nicht aus dem Weg geht. Seien Sie eine Führungspersönlichkeit wie es der legendäre Helmut Schmidt einmal war. Sein großer Moment war während der Hamburger Sturmflut 1962. Der damalige Innensenator redete nicht unnötig herum, sondern handelte. Die Menschen sahen in ihm jemanden, der nicht nur gebildet daherdebattierte, sondern sie sahen in ihm einen Mann der Tat. So wurde Helmut Schmidt zum Macher und zum Anpacker, was ihm später den Weg zur Kanzlerschaft ebnete.

Ein guter Trick, die eigene Selbstmotivation für das Umsetzen von Ideen zu steigern, geht beispielsweise so: Man vergleiche seinen persönlichen Ideen-Output einfach mal mit richtig erfolgreichen Ideenumsetzern. Zum Beispiel mit Wolfgang Amadeus Mozart. Der kreierte wohl einen der größten musikalischen Outputs, die je hervorgebracht wurden. Und das, obwohl er schon mit 35 Jahren starb. Bis dahin komponierte er 21 Opern (das ist heutzutage vergleichbar mit 21 Kinofilmen), 18 Messen, 2 Vespern, 4 Litaneien, 17 Kirchensonaten, 41 Sinfonien, 27 Klavierkonzerte, 14 Violinkonzerte, 4 Flötenkonzerte, 8 Serenaden, 18 Klaviersonaten und, und, und. Was für ein Macher.

Oder überlegen Sie mal, was Thomas Edison so alles vollbrachte. Der lebte mehr als doppelt so lang wie Mozart und entwickelte mehr als 2000 Erfindungen. Davon ließ er in Amerika 1093 patentieren. Und James Dyson brachte seine erste Erfindung (das Boot „Seat truck") mit 23 Jahren auf den Markt. Wow, was für rastlose Ideenumsetzer – und warum sollten wir uns nicht ab und zu mit ihnen messen?

Motivieren Sie diese Beispiele jetzt gar nicht, sondern demotiviert Sie das sogar? Haben Sie manchmal Angst vor dem Umsetzungsdruck, der auf Ihnen lastet? Immer locker bleiben. Seien Sie in solchen Momenten furchtlos wie Joe Dalton aus dem Comic *Lucky Luke*. Der sagte mal: „Was? Vor zwanzig Reitern, dreißig Bewaffneten und fünf, sechs Kanonen schrecken wir doch nicht zurück! Wir sind die Daltons!!"

Führungskräfte sollten in Sachen Umsetzung und Realisierung eine Vorbildfunktion haben, denn eine Macherpersönlichkeit steckt an. Und darauf kommt es ja letztendlich an: dass man seine Mitarbeiter für das Machen begeistert. Die Umsetzungsphase ist die härteste Phase von allen. Deshalb müssen Macher gewürdigt werden. Dazu passen die weisen Worte des IDEO-Gründers David Kelley. In einem Filmkurzportait für General Assembly formulierte er eine berührende Liebeserklärung an alle Macher:

> *„You have to have the faith that you have something that's important that you're doing: You're changing the world or you're providing something that no one else can. So makers have this incredible positive view of the future. More importantly, they believe they're capable of changing it. If I talk to you, if I come to a meeting, we're all sitting around with our laptops and yellow pads, and I tell you my story, I tell you my idea, you might dismiss it, you might like it, but I'm not going to get you emotionally involved. If I come in with something, hey I made this little prototype, hey I made this video of the future with my idea, what do you think? Now I've engaged everybody in the room and not only that, everybody in the room is willing to help me. They're certainly willing to tell me what's wrong with my idea. So all I got to do is go back and improve it. Stop talking and start making!"* [155]

Bravo! David Kelley schlägt hier in dieselbe Kerbe, die einst auch IBM in einer Kampagne erfolgreich vermittelt hat. Der Konzern machte sich in dem Video *IBM Innovation Man* mittels eines dicklichen Mannes (der auf seinem albernen Superman-Anzug kein „S" stehen hat, sondern ein „I") darüber lustig, wie viele Unternehmen die Phase der Ideengenerierung bis zur Erschöpfung ausreizen – vorzugsweise mit den drei Is: Ideating, Incubation und Invigoration. IBM macht aber am Schluss des Spots auf das allerwichtigste „I" aufmerksam, nämlich: Implementation, also die Einführung, Realisierung und Umsetzung.

Also: Werden Sie ein vorbildlicher Macher und Anpacker. Zeigen Sie Ihren Mitarbeitern, wie es geht. Werden Sie zum Terrier. Beißen Sie zu und lassen Sie nicht mehr los! III

MITARBEITER ZU MACHERN MACHEN

Miranda: „Wir haben alle Harry-Potter-Bände. Die Zwillinge wollen wissen, wie es weitergeht."
Andy: „Sie wollen das unveröffentlichte Manuskript?!"

Filmzitat aus „Der Teufel trägt Prada"

Irgendwie muss es Ihnen gelingen, Ihre Mitarbeiter für das Machen zu begeistern. Viel besser ist es allerdings, wenn man aus seinen Mitarbeitern gar keine Macher formen muss, sondern wenn man von Anfang an Macher einstellt. Das Unternehmen McKinsey & Company hat diesbezüglich mal eine schlaue Anzeige geschaltet (siehe nächste Abbildung). Schon in der Bewerbungsphase wollte das Unternehmen nämlich die echten Problemlöser von den Zauderern trennen.

Ob ein Bewerber ein Machertyp ist, kann man natürlich auch im Bewerbungsgespräch selbst überprüfen. Vielleicht haben Sie schon mal davon gehört, dass die Vorgesetzten in innovativen Unternehmen während der Vorstellungsgespräche ab und zu ganz seltsame Fragen stellen. So kann es in einem Vorstellungsgespräch bei Google passieren, dass man gefragt wird, wie man einen Elefanten in einen Kühlschrank bekommt oder wie viele Pianospieler es wohl in New York gibt.[156] Und in der Tat ist es interessant zu hören, was der einzelne Bewerber antwortet. Wie geht er vor? Analytisch? Kreativ? Für Vorgesetzte ist es spannend zu beobachten, wie Bewerber in solchen Stresssituationen reagieren. Es gibt aber auch Unternehmen, die ihren potenziellen neuen Mitarbeitern im Vorstellungsgespräch noch viel mehr abverlangen, als sich nur über seltsame Fragen Gedanken zu machen. Die wollen von den Bewerbern Taten sehen. Es gibt Urban Legends von Bewerbern, die eine Stunde Zeit hatten, um innerhalb weniger Tage den Besuch eines lebenden Elefanten auf dem Firmengelände zu organisieren. Hossa! Da geht's also tatsächlich etwa so ab wie in der US-Reality-TV-Show *The Apprentice* mit Donald Trump. Da mussten die Kandidaten auch ihre Macherqualitäten unter Beweis stellen, um am Ende einen echten 250 000-Dollar-Superboss-Job zu bekommen. Mir gefällt diese unkonventionelle Methode. Auf diese Art und Weise findet man echte Macher, die gewillt sind, sich für die Projekte des Unternehmens einzusetzen. Und an dieser Stelle kann man ja mal sein eigenes Team analysieren. Wem von denen trauen Sie es zu, bis nächsten Donnerstag um 15 Uhr einen echten Elefanten zu besorgen?

Auch unterschwellig kann man seine Mitarbeiter für das Machen begeistern, zum Beispiel, indem man ihnen eine sinnbehaftete Unternehmensvision an die Hand gibt. Was könnte beispielsweise die Unternehmensvision der BlaBla-Investment-Super-Capital-Corporation sein, die Ihnen einmal pro Monat so einen edlen Aktienanalyse-Brief schickt? Die offizielle Version auf der Website mag ganz schlau, innovativ oder nachhaltig klingen, aber die Mitarbeiter intern wissen: Das eigene Unternehmen hat eigentlich nur folgende Vision: „We want to make a lot of money!“ Und wenn die Mitarbeiter das wirklich denken, dann arbeiten sie nicht für eine bessere Welt, sondern für die Geldbeutel der Vorstände. Solche Mitarbeiter haben in Umsetzungsphasen oft keine intrinsische Motivation.

Hören Sie sich beispielsweise mal die oberste Maxime von Douglas an: *„Handeln mit Herz und Verstand.“*[157] Fühlt sich hier irgendwer motiviert, jetzt alles für Douglas zu geben? Eher nicht. Das Mission Statement von Google ist schon besser, lässt aber irgendwie auch das Gänsehaut-Feeling vermissen: *„Das Ziel von Google ist es, die Informationen der Welt zu organisieren und für alle zu jeder Zeit zugänglich und nützlich zu machen.“*[158] Ich finde, LEGO macht es als Plastiksteinverkäufer sehr schön. Dort heißt es: *„Die Baumeister von morgen inspirieren und fördern.“*[159] Und großartig ist das Mission Statement des Outdoor-Bekleiders Patagonia: *„Our Reason for Being: Build the best product, cause no unnecessary harm, use business to inspire and implement solutions to the environmental crisis.“*[160]

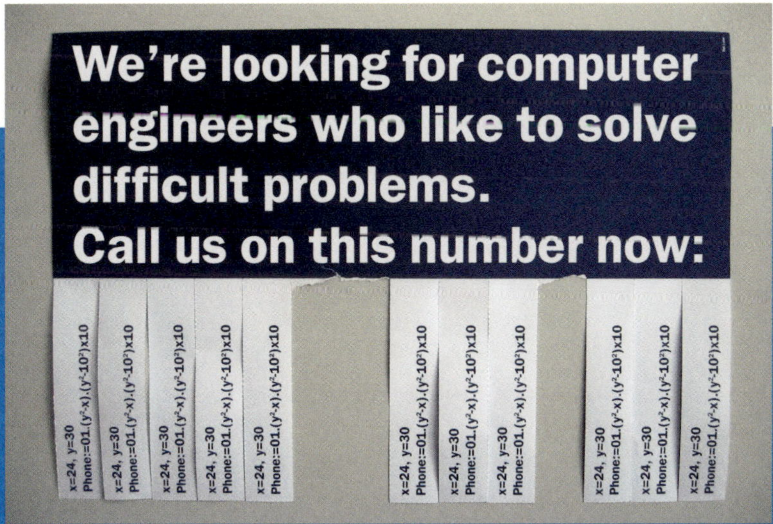

Na, das ist doch mal was. Das sind die Guten! Die wollen die Welt retten. Solche Statements motivieren die Mitarbeiter, die Ideen auf die Straße zu bringen. Und ganz sicher arbeiten die Patagonia-Mitarbeiter auch fürs Geld, aber eben auch ein bisschen für eine bessere Welt. Und wie ist es in Ihrem Unternehmen? Geht's in Ihrer Firma in Wahrheit nur um Kohle? Das wird die Mitarbeiter nicht ausreichend motivieren, spannende Ideen für die Firma umzusetzen. Lieber etwas Sinnbehaftetes oder etwas Weltverbesserndes mit auf den Weg geben. Dann packt man gerne mit an. Dann werden Mitarbeiter gerne Macher.

Bitte was? Sie können Ihren Mitarbeitern nichts Sinnbehaftetes mit auf den Weg geben, weil Sie nichts Sinnbehaftetes machen, produzieren oder verkaufen? Dann seien Sie wenigstens ehrlich zu Ihrem Team. Der erfolgreiche deutsche Pornowebseitenunternehmer Fabian Thylmann gestand einmal: „Unser Ziel ist letztlich banal: den Leuten so viel Angebote zum Geldausgeben zu machen wie möglich.“[161]

Und wenn diese Art von Ehrlichkeit die Mitarbeiter auch nicht zum Umsetzen und Anpacken motiviert, dann erzählen Sie ihnen doch einfach mal, was Hotelangestellte in Luxushotels auf der ganzen Welt ohne zu murren möglich machen:

Im Adlon, Vier Jahreszeiten und ähnlichen Hotels haben nicht nur Promis extravagante Sonderwünsche, sondern auch Normalos. Und das täglich. In Budapest gab es offenbar mal einen Gast, der 850 Kleiderbügel auf sein Zimmer bestellte. In Hamburg wollte ein Gast ein Solarium im Zimmer stehen haben. Und in Barcelona hatte ein Gast den Wunsch, mit dem Hubschrauber zum Formel-1-Rennen zu fliegen.[162] Bemerkenswert ist, dass solche seltenen Sonderwünsche in diesen Luxushotels von den Mitarbeitern nicht unbedingt mit einem Kopfschütteln quittiert, sondern oft als sportliche Herausforderung angesehen werden. Die Hotelangestellten fühlen sich geradezu verpflichtet, diesen Wünschen nachzukommen und sie zu realisieren. Es nicht zu schaffen, käme einer Niederlage gleich.

Diese Machermentalität brauchen Sie in Ihrem Team: Ungewöhnliche Ideen sollten von der Mannschaft nicht gleich mit einem „Hä?“, „Wieso ich?“ oder „Klappt doch nie!“ kommentiert werden. Und wer jetzt ankommt mit „kritischem Hinterfragen“, hat eines nicht verstanden: Manchmal ist es angebracht, Dinge einfach mal zu machen! Wenn man nur Mitarbeiter hat, die sich für alles zu schade sind und vorher gerne mal mit dem Betriebsrat ausdiskutieren möchten, wozu 850 Kleiderbügel um diese Uhrzeit gut sein sollen, dann bewegen wir uns alle keinen Zentimeter nach vorne. Wenn 850 Kleiderbügel für eine ungarische Hotelangestellte, die 1 300 Euro brutto im Monat verdient, kein Problem darstellen – dann für Sie und Ihre Mitarbeiter auch nicht.

Zugegeben: Dieses ständige „Machen! Machen! Machen“-Gebrüll kann auch nerven! Mitarbeiter zu roboterähnlichen Machern zu drillen, hat auch seine Grenzen. Der übertriebene Ehrgeiz, alles aus ihnen herausholen zu wollen und sie zu Superperformern zu formen, hat manchmal sogar gefährliche Züge. Große Sportevents leben uns diese falsche Form von Übermotivation hin und wieder vor: wenn es beispielsweise alle gefühlte zwei Jahre zum spannenden Fußballnachbarduell Deutschland gegen Holland kommt, dann ist die Vorberichterstattung eigentlich immer das Interessanteste. Der holländische und der deutsche Mittelstürmer werden da gerne 1 zu 1 verglichen. Wer hat mehr Tore geschossen? Wer hatte in der Vorrunde wie viel Prozent Ballbesitz? Wer schoss wie viele Flanken und wie viele davon kamen wirklich bei den Mitspielern an? Jede Sekunde eines Profifußballspielers auf dem Fußballfeld wird genauestens analysiert und in einen Zahlenwert umgewandelt. Und am Ende wird die für den Fernsehzuschauer am allerrelevantesten Frage gestellt: Wer von den beiden ist der bessere Spielmacher? Wer ist der, der die ausgeklügelte Strategie des Trainers am besten umsetzen kann? Ich kenne Vorgesetzte, die dieses Prinzip am liebsten auf ihr Team übertragen würden. Diese Chefs wünschen sich gläserne und perfekt trainierte Mitarbeiter, um diese zu idealen Machertypen zu formen. Wäre Doping für Büroangestellte legal, würden diese Chefs dafür sorgen, dass die Mitarbeiter es tun. Aber dieses Gehabe kann nach hinten losgehen. Als ich noch Student war, arbeitete ich 1,5 Tage in der Woche im Callcenter eines großen Unternehmens. Ein super Job und prima Kollegen. Aber nanu? Eines Morgens stand plötzlich ein großer Bildschirm auf dem Schreibtisch des Teamleiters. Und darauf waren alle Namen der Callcenter-Mitarbeiter tabellarisch aufgelistet. Man konnte nun genau ablesen, ob jemand gerade in einem Kundengespräch war, sich in der Nachbearbeitung befand oder eine Pause machte. Und man konnte sehen, welcher Mitarbeiter heute bereits mit wie vielen Kunden telefoniert hatte. Am Anfang fanden wir das alle irgendwie lustig und ein konstruktiver Wettbewerb begann: Wer schaffte am Ende des Tages die meisten Kundengespräche? Dass plötzlich jeder Mitarbeiter ziemlich transparent war, störte niemanden. Aber der Wettbewerb nahm zu und plötzlich hatte man ein schlechtes Gewissen, zwischendurch mal einen Kaffee zu trinken, mit einem Kunden Smalltalk zu betreiben oder kurz mit dem Büronachbarn zu quatschen. Nach etwa zehn Tagen wurde der Bildschirm wieder abgeschafft. Denn der Betriebsrat fand diesen „Wer schafft mehr?“-Wettbewerb unter den Mitarbeitern ungesund und irgendwie waren wir alle froh. Dieser Superwettbewerb machte uns zu Maschinen und unsere Vorgesetzten wollten zu viel des Guten. Aber auch sie mussten nach mehreren Tagen eingestehen, dass das alles nicht zielführend war, denn die Stimmung kippte: Mitarbeiter waren verunsichert und Kunden fühlten sich wie am Fließband behandelt.

Der legendäre Boxtrainer Uli Wegner hat in diesem Punkt mit seinem Boxer Arthur Abraham auch mal die rote Linie überschritten. In einem Profi-Kampf im Jahr 2006 ließ Wegner ihn alle zwölf Runden gegen den Kolumbianer Edison Miranda durchboxen, und das, obwohl Abraham offenbar einen Kieferbruch hatte und seinen Mund gar nicht mehr schließen konnte. Aber Wegner nahm Abraham nicht aus dem Ring. Er sollte siegen, siegen, siegen! Und tatsächlich: Abraham hielt durch und konnte seinen IBF-Titel behalten. Schön für Abraham. Aber gegen Uli Wegner wurden danach Ermittlungen eingeleitet. Die Klage wurde abgewiesen.[163] Seien Sie trotzdem lieber von vornherein eine Führungskraft, die ein gutes Gespür dafür hat, wie viel Druck man auf Mitarbeiter ausüben darf.

Schön und gut. Jetzt wissen wir, dass eine übertriebene Mach-doch-mal-Beschallung bei den Mitarbeitern auch nach hinten losgehen kann. Aber was, wenn Mitarbeiter beim Wuppen von Ideen immer wieder scheitern oder erst gar nicht damit anfangen?

Eine wahre Geschichte

Als Texter gab es bei mir einen Moment, in dem ich dachte, dass ich kurz vor dem Karriere-Durchbruch stand. Ich spürte, dass ich bei meinen Chefs immer beliebter wurde und dass ich den Job langsam verstanden hatte. Aber dann änderte sich plötzlich alles! Eines Tages kam ein junger, gutaussehender und lebhafter Schweizer zu uns in die Gruppe. Ich nenne ihn jetzt mal Peter. Und während ich täglich von 9 bis 22 Uhr arbeitete, arbeitete er nur bis 18 Uhr. Trotzdem spielte er mich in jedem Ideen-Meeting mit Leichtigkeit an die Wand. Seine Einfälle waren fantastisch. Auch die Art, wie er Ideen präsentierte, war äußerst unterhaltsam. Regelmäßig übertrumpfte er meine Konzepte mit den seinigen und Tag für Tag sank ich im Ansehen meiner Chefs. Nach drei Monaten hatte Peter mich überholt. Er war der neue Liebling. Er durfte mit zum Kunden und ich musste in der Agentur bleiben und Kaffee kochen. Schreckliche Zeiten begannen für mich. Aber nach etwa einem Jahr hatte ich Glück: Peter ging zurück in die Schweiz. Als er weg war, waren meine Chefs ganz traurig und irgendjemand beauftragte mich, eine Liste mit allen genialen Einfällen von Peter zusammenzustellen, die es auch tatsächlich zur Veröffentlichung geschafft haben. Das tat ich dann und siehe da: Die Liste war gar nicht lang. Eigentlich war sie eher kurz. Peter glänzte zwar immer mit sensationellen Ideen, aber offenbar fehlte es ihm an Kraft, Willen und vielleicht auch an Möglichkeiten, diese auch umzusetzen. Er schaffte es nicht, seine Kreativ-PS auf die Straße zu bringen.

Lassen Sie uns dieses Phänomen als „Peter-Syndrom" bezeichnen. An diesem Syndrom sollte niemand aus Ihrem Team erkranken. Aber wie wird man gegen das Peter-Syndrom immun? Indem man sich nicht nur aufs Ideenausdenken und Ideenpräsentieren konzentriert. Irgendwann ist Zeit fürs Machen und Umsetzen. Das alles ist aber vielen Mitarbeitern viel zu anstrengend. Und ehrlich gesagt ist es das auch. Den ganzen Tag herumspinnen, ist hingegen einfach. Am Ende des Lebens muss aber jeder Mensch eine Liste vorzeigen, auf der draufsteht, was man wirklich umgesetzt hat. Und wenn der Zettel leer bleibt, dann hat man irgendwas falsch gemacht.

Wussten Sie eigentlich, dass man in Österreich gerne über den sogenannten „Trottelparagrafen" spricht? Der richtet sich in erster Linie an faule Beamte. Diese können bei schwacher Leistung zweimal abgemahnt und dann entlassen werden.

So weit wollen wir bei Mitarbeitern, die sich beim Ideenumsetzen immer wieder schwer tun, nicht gleich gehen. Aber dass es einen solchen „Trottel-paragrafen“ gibt, das dürfen die Mitarbeiter ruhig wissen. Irgendwie finden das alle lustig, aber nach dem ersten Amüsieren will dann doch keiner dieser Trottel sein.

Zum Schluss noch ein paar versöhnliche Worte für die feinfühligen, sensiblen und feingeistigen Leser beziehungsweise Innovationsbegeisterten unter uns:

Sie stehen nicht so auf diese Hau-drauf-Macher-Anpacker-Mentalität von Red Adair und Mr. T.? Das scheint Ihnen alles zu rüpelhaft und kraftmeierisch? Es gibt auch andere Wege, die Mitarbeiter zum Ideenumsetzen zu motivieren. Es geht auch charmant und philosophisch. Auf diese Art und Weise versucht beispielsweise die Baumarktkette Hornbach, uns für das Machen zu begeistern. Sätze wie: „Du kannst es Dir vorstellen. Also kannst Du es auch bauen“ lassen uns sanftmütig davon träumen, ein Held der Tat zu sein, wenn wir nur mutig genug sind, anzupacken.

Und für alle Anpacker und Vollender ließ Hornbach sogar eine Hymne schreiben.

Das ist wunderschön. Das ist Poesie. Und wenn Ihre Mannschaft nicht auf überdramatisiertes „Blut, Schweiß und Tränen“-Gerede steht, dann machen Sie’s eben so wie Hornbach. Aber wie auch immer – mit Kampfparolen oder mit geistreichen Worten: Hauptsache, es entsteht Begeisterung im Team für das Ideenumsetzen. III

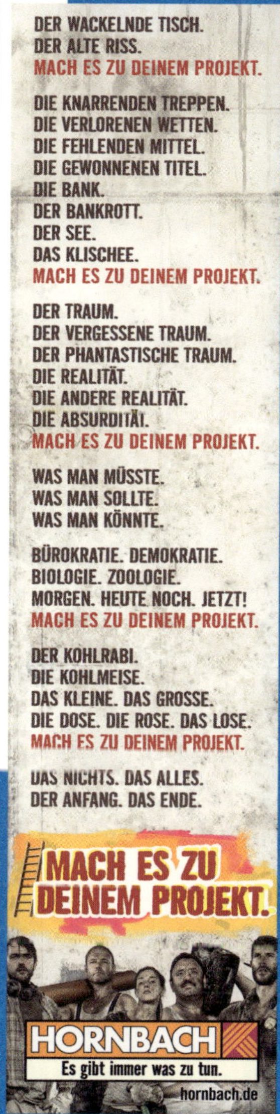

DIE ERSTE ELF

Wenn man etwas Großartiges umsetzen möchte, dann sollte man es anstreben, auch nur mit den besten Zulieferern, den qualitativ höchsten Bauteilen und den hochwertigsten Materialen zu arbeiten. Vor allem aber: mit den großartigsten Mitarbeitern. Deshalb sollte man sich mit einer B-Elf nicht zufrieden geben. Halten Sie sich hier ganz und gar an den Leitspruch von Gottlieb Daimler: „Das Beste oder nichts“. Mittlerweile ist dieser Satz sogar der Slogan der Marke Daimler geworden. Und es ist nicht nur ein kompaktes Werbesätzchen, sondern es ist der Anspruch eines jeden Mercedes-Mitarbeiters.

„We're here because you are looking for the best of the best of the best, Sir!“

Zitat aus dem Film „Men in Black“

Wer es sich nicht finanziell leisten kann, mit der ersten Elf zu spielen, der muss auf eine B-Elf ausweichen. Aber mit einer B-Elf wird man auch nur ein B-Produkt produzieren und mit C-Promis besetzt man C-Soaps. Wenn man von Anfang an aber nur das C-Level anvisiert, dann wird man auch maximal das C-Level erreichen, höchstwahrscheinlich aber landet man sogar noch darunter. Kämpfen Sie als Kapitän deshalb für die erste Elf und streben Sie nach Gold und nicht nach Bronze.

Steven Spielberg verlässt sich bei seinen Projekten auch immer auf die erste Elf. Er drehte *Schindlers Liste* erst elf Jahre, nachdem er das Buch gelesen hatte. Das hatte unterschiedlichste Gründe. Unter anderem wollte er ausschließlich mit den Besten arbeiten. Vor allem wollte er aber keine Kompromisse bei der Bildqualität eingehen. Nur die Zusammenarbeit mit Janusz Kaminski, einem der besten Kameramänner Hollywoods, machten die eindringlichen Schwarzweißbilder überhaupt erst möglich. *Schindlers Liste* war Spielbergs und Kaminskis erster gemeinsamer Film. Seitdem ist Kaminski, der dafür mit dem Oscar ausgezeichnet wurde, Spielbergs Lieblingskameramann – er dreht fast nur noch mit Kaminski, der seinen zweiten Kamera-Oscar ebenfalls mit dem Starregisseur erhielt. Steven Spielberg ist da nicht anders als Gottlieb Daimler. Er pocht darauf, mit den Besten der Besten zusammenzuarbeiten. Seine Devise: Alles für das Ergebnis! Alles für die Qualität!

Und wenn Sie sich mit Autos auskennen, dann kennen Sie vielleicht die Geschichte des deutschen Stardesigners Peter Schreyer. Er gehört zu den besten Autodesignern der Welt und entwarf preisgekrönte Modelle für Audi und Volkswagen. Und was tat er 2006? Er wechselte zu Kia Motors! Die Branche lachte, aber Schreyer tat es trotzdem. Und er sollte es nicht bereuen. Er führte den koreanischen Autokonzern in bessere Zeiten. Und im Dezember 2012 wurde sogar verkündet, dass Peter Schreyer nun einer von drei Präsidenten im Konzern sei – und darüber hinaus ist er jetzt auch im Mutterkonzern Hyundai der Chefdesigner. Der koreanische Konzern machte hier vor der Welt also eine klare Ansage: Mit aller Kraft wollen sie einen der besten Autodesigner halten. Und niemals würden sie sich mit „second best" zufrieden geben. Hyundai will in der Champions League spielen und deshalb sollen für sie Champions-League-Spieler arbeiten! Auch wenn die so gar nicht koreanisch aussehen und ihr Englisch einen starken bayerischen Akzent hat.[164]

Merken wir uns: Das sogenannte „Verkackungspotenzial" einer großartigen Idee ist dann am größten, wenn die Zweitbesten bei der Umsetzung mitmischen. Und die Zweitbesten werden häufig dann zu Machern berufen, wenn der Einkauf oder der CFO das Sagen hat. Die freuen sich nämlich häufig über Gewinnspannen und nicht über qualitative Meilensteine.

Wenn man sich also in der Ideenumsetzungsphase befindet, dann braucht man das beste Team im Rücken. Aber auf wen in der eigenen Mannschaft kann man zählen, wenn es darum geht, anzupacken, die Hände schmutzig zu machen und Ideen umzusetzen? Werfen Sie dafür einen Blick auf die nächste Seite.

Abschließend noch eine Idee, wie man erkennt, ob die eigenen Mitarbeiter gute Ideenumsetzer sind: Eleanor Roosevelt, die Frau des ehemaligen amerikanischen Präsidenten, hat mal Folgendes gesagt:

> *„Great minds discuss ideas, average minds discuss events, small minds discuss people."*

Meiner Erfahrung nach stimmt das. Anpacker reden über ihre beruflichen Herausforderungen und sprechen von ihren spannenden Projekten, ohne überheblich zu werden. Glauben Sie etwa, dass die Wirtschaftsbosse in Davos über die sexy Kellnerinnen sprechen? Okay, das vielleicht auch, aber vor allem reden sie über Projekte, Herausforderungen und Ideen. Und wenn in Texas erfolgreiche Rodeoreiter untereinander smalltalken, dann lästern sie nicht über Kollegen, sondern erzählen sich von ihren Knochenbrüchen, Narben und sonstigen Verletzungen. Und der Formel-1-Star Fernando Alonso twitterte 2013 seinen Fans nicht den aktuellen Stand seiner Beziehung, sondern dass er in einer Saison 28 Overalls, elf Helme, 19 Paar Schuhe und 24 Paar Handschuhe verschliss.[165] So reden Macher! Im Kopf dreht sich alles um das Projekt und genau das wollen sie der Welt mitteilen.

Die Kreativprozesstypen:

DER STRATEGE ist ein brillanter Denker und kann durch kluge Gespräche Skeptiker überzeugen. Aber schmutzig machen wird er sich nicht unbedingt und er wird auch nicht jemandem achtmal hinterhertelefonieren.

DER IDEENGENERIERER findet Ideenumsetzung viel zu anstrengend. Viel lieber schaut er zu, wie jemand etwas umsetzt.

DER IDEENOPTIMIERER ist der beste Freund des Ideenumsetzers. Denn wie er ist er lösungsorientiert und will Dinge zu Ende bringen.

DER MACHER liebt es, Ideen umzusetzen. Es ist seine Bestimmung.

Die speziellen Kreativpersönlichkeiten:

DIE DIVA liebt es, Ideen umzusetzen. Vor allem, wenn es ihre eigenen sind und ihr bei der Realisation nicht viel reingeredet wird.

DER INTROVERTIERTE wird dem Ideenumsetzer helfen und zur Seite stehen, wenn dieser es so wünscht.

DER NERD ist von Natur aus ein Tüftler und Bastler und ein passionierter Ideenumsetzer.

Die Ideenfindungstypen:

DER IDEATOR ist nicht immer ein Macher.

DER MODULATOR kann schon eher ein Machertyp sein.

DER ANIMATOR lässt lieber andere machen, kann aber die Macher gut motivieren.

OHNE MOOS NIX LOS

Sie wollen in Ihrem Unternehmen spektakuläre Ideen umsetzen und diese auch wirklich auf die Straße bringen, haben aber nur ein kleines Innovationsbudget? Wie lächerlich ist das denn? Wer heutzutage Ideen zum Leben erwecken möchte, der braucht Kapital!

Schauen wir deshalb mal nach, was die innovativsten und forschungsintensivsten Unternehmen so an Geld auffahren! Fangen wir zuerst mit erfolgreichen mittelständischen Unternehmen in Deutschland an. Laut einer Studie von Ernst & Young aus dem Jahr 2011 fließen bei diesen Unternehmen etwa 14 Prozent der Einnahmen in die Forschungs- und Entwicklungsabteilungen.[166] So ist es beim Mittelstand! Bei Mega-Konzernen wie IBM kann das aber auch mal mehr sein. Beim legendären „Innovation Jam" von 2006, bei dem 150 000 IBM-Mitarbeiter mitgemacht haben, die auf circa 46 000 Ideen kamen, wurden in die besten zehn Ideen etwa 100 Millionen Dollar investiert.[167] 2013 hat IBM insgesamt 6,3 Milliarden Dollar in Forschung und Entwicklung investiert, womit das Unternehmen weltweit allerdings „nur" auf Platz 16 des Rankings derer, die am meisten Geld in F&E investiert haben, steht. Platz 1 besetzt Volkswagen mit sage und schreibe 11,4 Milliarden Dollar. Sensationell! Auf Platz 2 steht Samsung mit 10,4 Milliarden Dollar und auf Platz 3 befindet sich das Unternehmen Roche mit unglaublichen 10,2 Milliarden Dollar.[168] Und noch was Interessantes: Volkswagen, Daimler und BMW hatten im Jahr 2013 zusammen ein Innovationsbudget von etwa 23,1 Milliarden US-Dollar.[169] Das Epizentrum der deutschen Innovationslandschaft bleibt somit die Autoindustrie.

Man sollte also nicht unbedingt an den Mythos glauben, dass man mit wenig Geld großartige Innovationen herbeiführen kann, auch wenn das legendäre Unternehmer gerne predigen. Sicherlich ist das irgendwie möglich. Aber von nix kommt nix. Und die großen Konzerne investieren jedes Jahr mehr und mehr in ihre Ideen. Also schnell! Gehen Sie jetzt gleich mal rauf zum CFO oder zum CEO und machen Sie Geld für Ideen und deren Umsetzung locker, bevor es in die Vorstandskantine investiert wird.

„Für den Krieg werden drei Dinge benötigt: erstens Geld, zweitens Geld und drittens Geld."

Graf Raimund von Montecuccoli

DREI, DIE SICH HASSEN: KOSTEN, TIMING UND QUALITÄT

In Umsetzungsphasen gibt es ein Spannungsfeld aus drei Komponenten: Kosten, Zeit und Qualität. Sie und Ihr Team werden in dieses Spannungsfeld hineingeraten. Als innovationsgetriebene Führungskraft wollen Sie hohe Qualität in der Umsetzung abliefern. Ihr Auftraggeber, Ihr CFO oder die Konsumenten wollen aber wenig Geld ausgeben und wenig Zeit investieren. Und irgendwann steht man dann vor folgendem Trilemma, das die nächste Abbildung aufzeigt.[170]

„Have no fear of perfection – you'll never reach it.“

Salvador Dalí

Diese Herausforderung muss gelöst werden. Das könnte klappen, indem man in Ideenumsetzungsphasen drei vertrauensvollen Mitarbeitern drei essenzielle Jobtitel gibt:

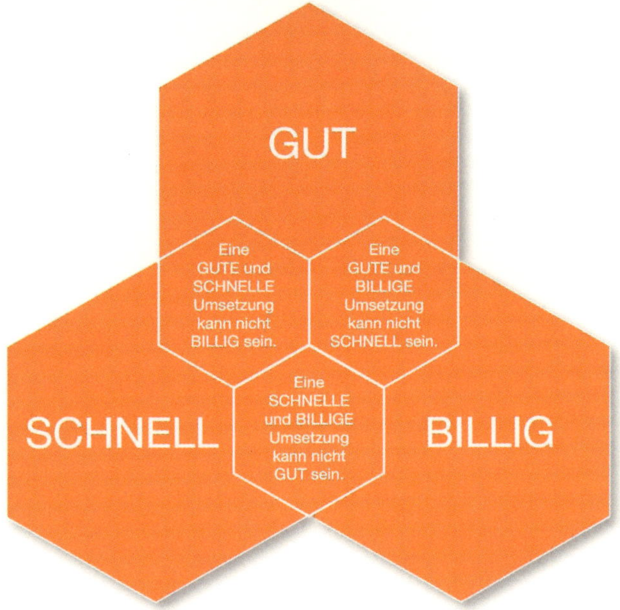

DER TIME CAPTAIN soll sich darum kümmern, dass Timings eingehalten werden und dass Menschen nicht rumtrödeln.

DER COST CAPTAIN soll sich darum kümmern, dass die Budgets eingehalten werden oder sogar ein größeres Budget zur Verfügung gestellt wird.

DER QUALITY CAPTAIN soll sich darum kümmern, dass alle Beteiligten eine Top-Performance abgeben und ein Spitzenprodukt gestalten.

Diese drei Personen werden sicherlich immer wieder aneinandergeraten und dann muss geschlichtet werden. In der effizienzgetriebenen Wirtschaftswelt ist es meiner Erfahrung nach meistens so: Weil wir am 31.12. an den Margen gemessen werden, hat der Cost Captain oft das letzte Wort.

Innovation ist am Ende eben ein Business und oft genug muss sich die nach Perfektion strebende Qualität im Streitfall unterordnen. Es gibt aber auch Unternehmen, in denen der Quality Captain im Vordergrund steht, zum Beispiel bei Pixar, bei Porsche und den anderen üblichen Verdächtigen. Und wenn man im Luxussegment arbeitet, dann sowieso: Wenn man beispielsweise eine Gesichtscreme aus Kaviar produziert, wo 50 Milliliter gleich 400 Euro kosten, dann können der Cost Captain und der Time Captain schnell zu Nebendarstellern werden. Vor allem dann, wenn Kunst auf Kommerz trifft, kommt es immer wieder zu Turbulenzen zwischen den drei Captains.

Haben Sie zum Beispiel schon einmal die Kathedrale Sagrada Familia in Barcelona besucht? 1882 wurde ihr Grundstein gelegt und bis heute befindet sie sich im Bau. Man schätzt, dass sie erst im Jahr 2026 fertig wird.[171] Aber woher kommen eigentlich die niemals enden wollenden Finanzspritzen für die Bauarbeiten an der Kathedrale? Laut Wikipedia über Spenden, Stiftungs- und Eintrittsgelder. Hauptsächlich von katholischen Gruppierungen und Japanern. Und immerhin: Jedes Jahr kommen etwa 22 Millionen Euro dafür zusammen. Und die Kathedrale bleibt der Hit: Die Touristen kommen in Strömen! Als der damalige verantwortliche Künstler Gaudí vor vielen Jahren gefragt wurde, warum die Kathedrale Sagrada Familia denn nicht fertig werde, soll er gesagt haben: „Mein Kunde hat keine Eile." Na gut! Wenn Sie BWLer sind, dürfen Sie jetzt staunen, und wenn Sie Atheist sind, dann auch. Aber vielleicht werden auch Sie eines Tages vor der Sagrada Familia stehen und sich denken: „Wow! Fantastisch! Hört nicht auf, es perfekt zu machen! Lasst euch Zeit! Schafft noch mehr Kohle ran!"

Ein anderer interessanter Fall passierte vor ein paar Jahren in Deutschland. Um Kosten einzusparen, entschied die Deutsche Bahn, im neuen Berliner Hauptbahnhof im Untergeschoss dann doch nicht die vom Stararchitekten Meinhard von Gerkan geplante Gewölbedecke einzubauen, sondern eine Flachdecke. Um in der Sache zügig voranzukommen, ließ man das eben einen anderen Architekten machen. Von Gerkan war entsetzt, ging dann gerichtlich gegen die Flachdecke vor und siehe da: Der Klage wurde stattgegeben. Die Deutsche Bahn sollte jetzt aus der Flachdecke wieder eine Gewölbedecke machen. Begründung: Die Flachdecke sei ein unabgestimmter Eingriff in die geistige Leistung des Architekten und deshalb als ein Verstoß gegen das Urheberrecht zu werten.[172] Faszinierend! Hier hat ein Architekt einen unternehmerisch handelnden Konzern in die Knie gezwungen. Im Januar 2008 einigte sich die Deutsche Bahn dann allerdings mit Meinhard von Gerkan.[173] Die Gewölbedecke wurde nicht eingebaut, dafür musste die Deutsche Bahn viel Geld in eine Stiftung zur Förderung junger Architekten fließen lassen, die von Gerkans Architekturbüro begründet wurde. Also gab es am Ende dann doch irgendwie ein Unentschieden zwischen dem Cost und dem Quality Captain.

Was nützt die schönste Umsetzung, wenn sie keiner kennt? Großartige realisierte Ideen müssen verbreitet und bekannt gemacht werden, sonst sind sie wie Schiffe, die bei Nacht vorüberziehen: Unerkannt. Unbemerkt. Unwirksam.

Jemand, der sich selbst und seine neuesten Kreationen in letzter Zeit immer wieder aufmerksamkeitsstark in Szene gesetzt hat, ist die barbadische Pop-Sängerin Rihanna. Immer wieder schafft sie es, ihr Gesicht (andere Körperteile auch), ihre Videos, ihre Lieder, aber auch ihr Privatleben gekonnt in die Medien zu bringen. Und auch wenn wir nicht alles gut finden können und manches als Gratwanderung empfinden, was Rihanna da in der Öffentlichkeit so macht, so muss man ihr doch eines zugestehen: Von Promotion und Vermarktung verstehen sie und ihr Management jede Menge. Obwohl sie bei ihren Auftritten gerne mal die rote Linie überschreitet, schafft sie es immer wieder, Werbe-Testimonial für berühmte und seriöse Marken zu werden. Hat das geplante, provokante und laute Auftreten ihr also geschadet? Ganz sicher nicht. Bisher hat sie eines richtig erkannt: Ein gutes Produkt lebt nicht von der Umsetzung allein. Man muss auch ordentlich Tamtam drumherum machen. Wenn nötig, auch mit gezielter Provokation. Wer immer nur lieb und unschuldig in die Kameras lächelt, wird nicht gehört und gesehen. Was übrigens die allerwenigsten wissen: Rihanna ist auch sozial engagiert. Sie war schon für Unicef, das Rote Kreuz und viele andere Organisationen aktiv. Aber interessiert das hier jemanden? Man kann es drehen und wenden, wie man will: Rihanna polarisiert. Und ihr Erfolg gibt ihr Recht.

> *„My men's-underwear print ads are very popular!“*
>
> **Calvin Klein**

Ein Unternehmen, das sich neuerdings auch ganz spektakulär für seine Innovationen in Szene setzt, ist der schwedische Volvo-Konzern. In einem Video sieht man den Präsidenten des Unternehmens auf einem Volvo FMX stehen. Der Truck befindet sich aber nicht auf der Straße, sondern ungefähr 300 Meter hoch in der Luft. Er hängt an einem einzigen Haken eines riesigen Hafenkrans. Der Volvo-Präsident ist hier sozusagen als echter Stuntman unterwegs. Alles sieht wirklich atemberaubend aus. Und er brüllt in die Kamera: „Hello my name is Claes Nilsson, president of Volvo Trucks. I've learned that when you want to make a YouTube hit, you need the hook at the beginning of the film. And here it is. This is the hook for the new Volvo FMX made of cast iron and holds up to 32 tons. That's far more than this, so you don't need to worry, in fact, you don't need to worry about anything. The new Volvo FMX is the most robust truck we've ever made."[174]

Wie genial ist das denn?! Und mal im Ernst: Sind Ihnen Volvo-Trucks vor zwei Jahren in irgendeiner Art und Weise aufgefallen? Dieses Video wurde auf YouTube knapp 3 Millionen Mal angesehen. Und plötzlich spricht man über Volvo-Trucks und deren neueste Innovationen. Was kann der Volvo FMX jetzt noch mal genau? Hab's vergessen. Aber irgendwas war da mit Volvo und das ist schon mal ein prima Anfang.

ZUR RICHTIGEN ZEIT AM FALSCHEN ORT

„Und in Amerika ist es so, dass mich sowieso kein Schwein kennt – egal, was ich anstelle."

Iggy Pop, amerikanischer Sänger

Was soll man nur tun, wenn man eine wunderbare Idee in ein großartiges Produkt verwandelt hat, es sich aber nicht verkaufen will? Und dann drohen Edeka oder Douglas auch noch damit, das Produkt wieder aus dem Sortiment zu nehmen. Hat man alles umsonst gemacht? War der ganze Umsetzungsstress für die Katz?

Eine Idee lebt von der Akzeptanz der Menschen. Und wenn die Idee von den Menschen vor Ort nicht angenommen wird, dann muss erst mal innegehalten werden, um zu überlegen was nun zu tun ist. Höchstwahrscheinlich hat man einen Flop produziert. Aber vielleicht gibt es ja doch noch einen Ausweg? Oder wenigstens einen kleinen Hoffnungsschimmer?

Wenn es so scheint, dass man mit seiner umgesetzten Idee zur falschen Zeit am falschen Ort ist, dann könnte ein Ortswechsel vielleicht die letzte Chance sein. Denn ein Umzug in eine andere Stadt oder ein anderes Land kann dazu führen, dass man plötzlich am richtigen Ort ist. Wenn der deutsche Basketballstar Dirk Nowitzki damals als junger Spieler beschlossen hätte, seine Basketball-Karriere in Deutschland voranzutreiben, dann hätte er heute keine teuren Werbe-Deals mit der DiBa-Bank. Ein Ortswechsel nach Amerika war für ihn genau das Richtige. Seine Zeit war gekommen! Schauen wir mal in die Wirtschaft: Sie wollen eine genmanipulierte Innovation auf dem Markt etablieren? Dann ab nach Amerika! BASF hat bereits im Jahr 2012 angekündigt, den europäischen Markt für Pflanzenbiotechnologie weitgehend aufzugeben und das zuständige Unternehmen in die USA zu verlegen. Der Grund: Genmanipulation bleibt in Europa umstritten und geächtet. Hier ist einfach kein Geld damit zu machen. In Amerika schon eher. Und wenn Ihnen die deutschen Glücksspielgesetze zu streng sind, dann gehen Sie doch nach Estland!

Wer glaubt, mit seiner Produktumsetzung zur falschen Zeit am falschen Ort zu sein, ist vielleicht nur am falschen Ort. Und um solch ein geografisches Missverständnis von vornherein auszuschließen, hat die belgische Bank KBC eine geniale Idee entwickelt. Sie heißt „Gap in the market" und mit der können belgische Unternehmensgründer herausfinden, wo genau in Belgien sie am besten ihre Firma oder ihren Laden gründen sollten. Auf dieser Website findet man nämlich heraus, wo die niedrigste Konkurrenzdichte beziehungsweise wo der größte Bedarf für das jeweilige Geschäftsmodell ist. Super Idee!

IDEEN UND IHRE UMSETZUNG SCHÜTZEN

> „I steal from every movie ever made."
>
> Quentin Tarantino

Wussten Sie, dass der Präsident des Patentamts aus der Klau-Hochburg China im deutschen Patentamt ausgebildet wurde?[175] Das aber nur nebenbei. China zeigt Europa regelmäßig, wie man erfolgreich umgesetzte Ideen imitiert, und dabei allerlei Schaden anrichtet. Besonders dreiste Beispiele finden Sie auf www.plagiarius.de. Der gleichnamige Schmähpreis verdeutlicht, wie ungeniert in manchen Ländern einfach kopiert und imitiert wird. Einige Kreativitätsexperten sind allerdings der Meinung, dass in Sachen Ideenklau keiner von uns frei von Schuld ist. Der TED-Speaker Kirby Ferguson hat zu diesem Thema eine wunderbare Videoreihe namens *Everything is a remix* produziert. Er glaubt, dass innovative Menschen erst mal kopieren müssen, bevor sie eigenständig kreativ sein können. Dafür nennt er interessante Beispiele. So hatte Bob Dylan auf seinem ersten Album elf Cover-Songs. Und der Schriftsteller Hunter Stockton Thompson schrieb, bevor er selbst bekannt wurde, den Roman *The Great Gatsby* einmal komplett ab, um ein Gefühl dafür zu bekommen, wie sich großartiges Schreiben überhaupt anfühlt. Diese Geschichten sollten uns nicht ermutigen, wie wild drauflos zu kopieren. Stattdessen sollten sie uns darauf sensibilisieren, hellwach zu bleiben, wenn es um Ideenschutz geht. Und zwar vor und nach der Ideenumsetzung.

Man stelle sich vor: In Deutschland werden jährlich etwa 900 Patentklagen geführt und drei von vier deutschen Unternehmen sind offenbar Opfer von Produkt- und Markenpiraterie. Weltweit liegt der Schaden bei schätzungsweise 800 Milliarden Euro.[176] Au Weia! Im Jahr 2011 sollen Apple und Google erstmals mehr Geld für Prozesskosten und Patentstreitigkeiten ausgegeben haben als für ihre Forschungsabteilungen.[177] Merken Sie was? Da draußen tobt ein Krieg um Ideen. Und wer Innovationen erfolgreich auf die Straße bringen will, der darf nicht tatenlos zusehen, wie seine realisierten Projekte geklaut, imitiert oder kopiert werden. Vor allem, weil es bereits ein schönes Modewort fürs Abspicken von Innovationen gibt: Imovation, eine Kombination aus Innovation und Imitation.[178] Hier geht es nicht um pure illegale Produktpiraterie, sondern auch um legales, kluges und besseres Neuerfinden oder Adaptieren. Oded Shenkar hat mit *Copycats* ein bemerkenswertes Buch darüber geschrieben, in dem er über erstaunliche Studien berichtet: Offensichtlich konnten in den USA die Innovatoren zwischen 1948 und 2001 nur 2,2 Prozent des wahren Wertes ihrer Erfindungen selbst einstreichen.[179] Den Rest vom Kuchen holten sich offenbar die Imovatoren!

Heißt also: Als innovativer Ideenumsetzer sollte man sich ab und zu auch mit dem lästigen rechtlichen Drumherum beschäftigen, auch wenn diese Paragrafenreiterei offensichtlich nur Top-Rechtsanwälte verstehen. Ideenklau ist gang und gäbe und gewiefte Juristen wissen: Oft ist der Diebstahl sogar völlig legal. Aber wenn die Idee erst mal geklaut ist, dann besteht die Gefahr, dass andere mit der Umsetzung daran mehr Geld verdienen als Sie.

Am besten erzählt man seine genialen Einfälle auch nicht gleich jedem. Man kann da wirklich nicht vorsichtig genug sein. Denken Sie nur an all die zerbrochenen Freundschaften, weil man nachts an der Bar eine Produktidee weitererzählt hat. Am nächsten Morgen beschließt genau dieser Freund, diese Idee nun ganz alleine umzusetzen und zu vermarkten. Bleiben Sie misstrauisch und schützen Sie alles, was nur geht. In Deutschland gibt es immerhin etwa 60 000 Patentanmeldungen pro Jahr. Und davon schaffen es circa 40 Prozent zum Patent.[180] Das klingt doch ermutigend. Wer aber Patentämter nicht mag, der kann seine Idee auch erst mal im Netz schützen lassen. Mittlerweile gibt es nämlich auch schon virtuelle Notare, die sich für den Schutz des geistigen Eigentums einsetzen.

SASCHA SCHWINGEL

Redaktionsleiter bei der Degeto Film GmbH (von 1998 bis September 2013 Produzent bei teamWorx Televison & Film GmbH)

Hindenburg

Ich weiß genau, wie gelöst ich in der Langstreckenmaschine saß, als Vancouver unter uns wegtauchte. Die Gespräche mit unseren kanadischen Koproduzenten hätten besser nicht laufen können. Sie beteiligten sich mit einer hohen Summe an unserem geplanten Event-Movie über den Absturz des Luftschiffes „Hindenburg" und endlich konnte es losgehen mit der heißen Phase, dem Dreh. Über zehn Jahre Drehbuchentwicklung hatten wir und das Projekt schon auf dem Buckel und ich weiß noch, dass ich dachte: „Wir alle haben es mehr als verdient, dass es nun endlich bald heißen würde: ‚Und bitte!'" Der kaufmännische Geschäftsführer und ich waren uns sicher, dass die Verträge in den nächsten Wochen unterschriftsreif werden. Noch vor dem Start der Maschine hatten wir das ganze Team in Deutschland informiert. Es war für uns der „point of no return".

Das Wetter in Deutschland war mies. Feiner Sprühregen und ein ungemütlicher Wind empfingen uns in Frankfurt und nicht nur der Jetlag dämpfte unsere euphorische Stimmung vom Vorabend. Als hätten wir es geahnt, ließ der Anruf aus Kanada nicht lange auf sich warten. Es begann höflich zurückhaltend, der Ton wurde aber schnell fordernder. Zusätzliche Szenen sollten ins Drehbuch. Auch kleinste Details in der Filmherstellung sollten plötzlich abgestimmt werden. Und nach ein paar Tagen stellten sie sogar den von allen schon längst abgesegneten deutschen Hauptdarsteller infrage.

Die folgenden Krisensitzungen mit unseren deutschen Partnern, dem TV-Sender, dem Weltvertrieb und dem kreativen Stab wünsche ich keinem. Es war die schiere Verzweiflung, die von uns allen Besitz ergriffen hatte. Was uns aus diesem Delirium rettete, war eine waghalsige Idee: Wenn wir den Film tatsächlich ohne das kanadische Geld produzieren wollen würden, dann müssten wir binnen zehn Tagen eine neue Drehbuchfassung vorlegen, die unserer (nun wesentlich ausgedünnten) Finanzlage entsprechen musste und trotzdem alle bisher getroffenen Absprachen nicht verletzen durfte. Riesige Sets waren bereits gebaut, Schauspieler engagiert und über hundert Teammitglieder standen für uns in Lohn und Brot.

Ich führte ein sehr langes Telefonat mit unserem amerikanischen Drehbuchautor und überredete ihn, nach Berlin zu kommen. Wir mieteten ein kleines Ferienhaus in einer Hotelanlage am See. Wir, das waren meine Producerin, der Regisseur und ich. Die

Szenerie hatte etwas Absurdes. Während die Urlauber draußen gemütlich im brandenburgischen Sommer ihre Hunde spazieren führten, ging es bei uns im Häuschen um Kopf und Kragen. Um unser Renommee und um die Bürde von 12 Millionen Euro auf den Schultern. 180 Szenen in fünf Tagen: Das bedeutete, dass wir pro Tag knapp 40 Szenen „schreiben" mussten. Wir waren der Überzeugung, dass es am besten ist, wenn der Regisseur, die Producerin und ich die Szenen am Tag diskutieren, hinsichtlich der erforderlichen Kürzungen einschätzen und skizzieren. Am Abend haben wir unser Ergebnis dem Autor präsentiert, der in der Nacht schrieb. Am Morgen haben wir die Szenen gelesen und uns an die nächsten Szenen gemacht, während der Autor schlief. Der Umstand, dass wir das komplette Drehbuch auf Englisch mit dem Autor diskutieren mussten, machte die Sache nicht leichter. Ich habe selten einen so puren kreativen Prozess erlebt. Aufgrund des enormen Drucks blieb keine Zeit für Befindlichkeiten, für Emotionalitäten, für Egos. Alles musste nicht nur qualitativ gut sein, mitreißend und logisch, es durfte auch nur einen bestimmten Betrag kosten. Oft hemmen Einschränkungen den kreativen Fluss. Hier war es umgekehrt. Erst diese erschwerten Umstände haben uns richtig angespornt. Das Wechselspiel aus Galgenhumor, Angst zu scheitern und hochkonzentrierter Arbeit führte zu einem rauschähnlichen Zustand, der eine enorme Effizienz mit sich brachte.

Nach gut fünf Tagen tauchten wir wieder aus unserer brandenburgischen Parallelwelt auf und verließen, blass wie die Zombies (die Urlauber mit den Hunden registrierten dies etwas befremdlich), unser kleines Häuschen. Ein Arbeitsergebnis, für das ein guter Autor mindestens einen Monat braucht – wenn er schnell ist. In der Hand hatten wir ein komplett überarbeitetes Drehbuch, das nicht nur über 2 Millionen Euro billiger war, sondern unserer Meinung nach auch besser. Wir haben den Film wie geplant realisiert und neben einer überaus erfolgreichen TV-Ausstrahlung am Ende des Jahres für *Hindenburg* den Deutschen Fernsehpreis gewonnen. Fast wäre dieser Film bei der Ideenumsetzung gescheitert. Weil wir aber an unsere Idee geglaubt haben, haben wir nicht aufgegeben.

Diese fünf Tage haben mir gezeigt, was an kreativem Output möglich ist, wenn man alle Kräfte bündelt und vor allem die vermeintlich selbstgesteckten Grenzen ignoriert.

Vorstand bei der FAST LTA AG

MATTHIAS ZAHN

Wie ein neues Produkt in die Welt kommt

Ich arbeite in der IT-Branche. Hier sind fast alle Produkte komplex und trotzdem gleichen sie sich im Kern. Ihre kontinuierliche Verbesserung ist oft kreativ, aber noch keine Innovation. Ein wirklich neues Produkt entsteht meist nicht durch einen Gedankenblitz, es wird ‚gefunden' auf einer Art Entdeckungsreise. Ich bekam in meinem Leben mehrfach die Chance, neue Produkte in den Markt zu bringen. Die Geschichten gleichen sich, die jüngste will ich kurz erzählen. Ausgangspunkt ist ein für viele langweilig erscheinendes Geschäft. Wir bieten Infrastruktur für langfristige Datensicherung, wenig Neues hier seit vielen Jahren.

Ein Problem ohne passende Lösung (2010)

Ich treffe auf einer Messe einen Herrn mit einem massiven Problem. Seine Organisation sammelt unglaubliche Mengen von Daten, so viele, dass sich diese wirtschaftlich nur auf Magnetbändern speichern lassen. Sein Problem war nun, dass die Menge dieser Daten so groß wurde, dass es fast ein Jahr dauerte, alle Bänder zu überprüfen. Er konnte absehen, dass er in naher Zukunft mit der Überprüfung nicht mehr nachkommen würde. Ich fragte, warum er nicht auf Festplatten speichert. Da geht alles schneller, weil keine Mechanik die Bänder wechseln muss. Die Antwort: Große Plattensysteme, die so sicher sind wie Bandbibliotheken, sind sehr teuer, und obendrein bräuchte er bei dieser Menge ein eigenes Kraftwerk dazu – Bänder, die ruhen, brauchen dagegen überhaupt keinen Strom.

Die Reise beginnt (2011)

Diesen Moment liebe ich, die Erkenntnis: Hier ist eine echte Lücke, da gibt es noch nichts Passendes, da geht was. Ich bin Physiker, Erfinder und Tüftler – man gebe mir ein Problem, und ich bin glücklich. Aber für die meisten relevanten Probleme gibt es schon gute Lösungen, nur selten wird ein weißer Fleck auf der Landkarte entdeckt – Steve Jobs ist aus gutem Grunde so berühmt.

Die Lücke und warum sie sonst keiner sieht

Bänder brauchen über 100 Sekunden für einen Zugriff, Festplatten eine hundertstel Sekunde. Dazwischen gibt es nichts. Im Transportgeschäft hieße das: Es gibt Vierzigtonner-Lastwägen und Vier-Kilo-Fahrradkörbe – nichts dazwischen, keine Lieferwagen, Schubkarren und so weiter. Die Lücke ist riesig. Achtung Falle: Warum gibt es da nichts? Unsere Analyse ergibt: Festplattensysteme konkurrieren in Höchstleistung relativ zum Preis. Vor lauter Bemühen um Platz 1 in der Performance hat kein Hersteller den ‚out-of-the-box'-Gedanken gehabt, die Performance zugunsten der Eignung für große Datenmengen zu verringern. Heureka, die Chance ist echt, wir fangen an zu tüfteln. Ein kleines Team konzipiert einen großen Datenspeicher auf Plattenbasis, der so sparsam wie eine Bandbibliothek zu betreiben ist.

Vom Gerät zum Produkt (2011 – 2013)

Jetzt haben wir ein Konzept für ein „Gerät". Ein Gerät, das in einer Reihe von IT-Schränken genauso aussieht wie tausend andere. Wir sind nicht zufrieden. Gedanke: Bänder brauchen nicht nur keinen Strom, sie sind auch leicht transportierbar. Irgendwie cool, wenn wir das auch hinbekommen. Menschen sind haptisch veranlagt, fassen gerne etwas an. Wir machen es wie bei den Bändern, schaffen einen Festplattencontainer als physisches Medium und nennen dieses Medium „Silent Brick". Das System heißt jetzt Silent Brick Library. Die Gesamtheit aus Aussehen, Name und liebevollen Details macht aus einem Gerät ein Produkt. Die Emotion und die Sorgfalt, die in die Erschaffung eines Produktes einfließen, geben ihm seine Seele. Wir gehen zum Industriedesigner, um den Silent Brick konkret werden zu lassen. Die Entwürfe sind sehr gut, wir wählen einen aus und lassen ein Designmodell vom Modellbauer schaffen.

COLD Storage, NSA-Affäre (2013)

Das renommierte Research-Unternehmen IDC veröffentlicht eine Studie „COLD Storage is hot again". Kernbeispiel ist die Facebook-Bildersammlung: 98% der Bilder werden niemals wieder aufgerufen. Wegen 2% der Bilder muss Facebook 100% der unglaublichen Datenmenge immer online verfügbar halten. Eine ganze Produktkategorie ist im Entstehen und wir arbeiten schon seit 2 ½ Jahren in diesem Bereich, sind fast fertig – unser Timing könnte nicht besser sein. Die NSA-Affäre zwingt die Menschen, sich über den Speicherort ihrer Daten Gedanken zu machen. Unser Festplattencontainer als Medium bietet die einzigartige Möglichkeit, Daten auch in einem Rechenzentrum eindeutig physisch zu lokalisieren und sie einfach und vollständig wieder zu entfernen. Die heutige Relevanz unserer im Jahr 2011 konzipierten Produkteigenschaften war uns damals nicht bewusst. Wir hatten einen guten Riecher und viel Glück, meiner Erfahrung nach der wichtigste Erfolgsfaktor überhaupt.

Der Launch (2014)

Wir zeigen das Produkt erstmalig auf der Messe, beginnen mit Marketing-Maßnahmen. Interessenten streicheln den Silent Brick, loben das coole Geräusch beim Schließen und spielen mit dem motorisierten Auswurf/Einzug. Chinesische Konkurrenz kommt mit der Kamera vorbei, erst einer, dann mehrere – „vely innovative ploduct". Schon jetzt wissen wir: Silent Bricks sind begehrlich und anders. Aber sie sind nicht nur cool, sie sind auch relevant und werden kommerziell Erfolg haben. Die Reise geht weiter. Sie ist noch lange nicht zu Ende, aber wir wissen erstmalig relativ sicher, wohin sie gehen wird …

ZUM SCHLUSS

Zum Schluss finden Sie hier noch mal ein paar Tipps und Tricks, die Sie und Ihr Team zu hoffentlich noch besseren Ideenumsetzern machen.

„A lot of people give up just before they're about to make it. You know you never know when that next obstacle is going to be the last one."

Chuck Norris

BAD THINGS FIRST

Erfolgreiche Macher sind deshalb so gute Umsetzer, weil sie keine Angst vor unangenehmen Verhandlungen oder Gesprächen haben. Irgendwie macht ihnen das nichts aus. Gegenwind und Absagen am Telefon nehmen sie sportlich und nicht persönlich. Und es gibt eine gute Übung, die Scheu vor unangenehmen Dingen zu überwinden: indem man sich angewöhnt, jeden Tag etwas Unangenehmes zu erledigen. Das kann man sogar zu einem Ritual machen. Und am besten gleich morgens. Erledigen Sie die schwierigen Dinge und die konfliktbeladenen Themen gleich als Erstes, erst danach die angenehmen Dinge. Nehmerqualitäten entwickelt man am besten, wenn man Schwierigkeiten bewusst und konfrontativ angeht.

AUSKOTZEN LASSEN

Ideen ausdenken ist schön, aber es kann manchmal die Hölle sein, Ideen umzusetzen. Luftschlösser sollen plötzlich Wirklichkeit werden – das muss man erst mal hinkriegen. Geben Sie Ihren Mitarbeitern die Chance, sich regelmäßig so richtig auszukotzen, sich über ein Projekt zu ärgern und ihrem Frust Luft zu machen. Sie werden sehen: Der Elan, es dann doch anzupacken und gut zu machen, steigt!

ZEITDRUCK AUFBAUEN

Ihnen muss die Umsetzung der Idee in den nächsten vier Wochen gelingen? Sagen Sie Ihrem Team lieber, dass die Ideenumsetzung in drei Wochen stehen soll. Denn: Viele Mitarbeiter lassen sich durch Zeitknappheit motivieren. Vereinbaren Sie in diesen drei Wochen regelmäßig Schulterblicke.

Versenden Sie hierzu schriftliche Termine an alle Beteiligten, die gut sichtbar in den Kalendern stehen.

LISTEN FÜHREN

Wahre Macher lieben es, wenn sie auf einer To-do-Liste einen Punkt nach dem anderen streichen können. Und noch besser fühlt es sich an, wenn der Punkt nicht nur durchgestrichen, sondern vielleicht sogar noch bis zur Unkenntlichkeit geschwärzt wurde. Es ist motivierend, Listen schrumpfen zu sehen.

DER 360-GRAD-ÜBERBLICK

In stressigen Umsetzungsphasen können andere in Hektik, Hysterie und Empörung geraten – aber nicht Sie als Teamleader. Seien Sie immer derjenige, der Ruhe und den ganzheitlichen Überblick bewahrt.

DOPPELT HÄLT BESSER

In manchen Marketing-Abteilungen gibt es ein interessantes Phänomen: Wenn ein Konzern richtig viel Geld hat – also so richtig, richtig viel Geld –, dann lässt er ein Skript für einen Werbefilm nicht nur von einem Star-Regisseur drehen, sondern gleich von zweien. Und der Konzern mit dem vielen Geld lässt sogar beide Filme finalisieren. Und erst dann wird entschieden, welcher von beiden der bessere ist. Wenn man sich das leisten kann, ist diese Methode absolut lohnenswert! Man kann ein in der Marktforschung erfolgreich getestetes Konzept jetzt gleich noch mal testen. Und zwar in echt! Wenn Sie auf Top-Qualität stehen, ist diese Vorgehensweise empfehlenswert.

PROJEKTMANAGEMENT-TOOLS SIND KEINE MACHER

Schön, wenn Sie die Computer Ihrer Mitarbeiter mit teuren Projektmanagement-Tools ausgestattet haben. Die helfen, den Überblick zu bewahren und Prozesse gut zu strukturieren. Aber sie helfen kaum weiter, wenn es darum geht, aus Ideen Innovationen zu machen. Es sind meistens Menschen, die Ideen Leben einhauchen.

DIE KRAFT DER MUSIK

Viele Sportler ziehen sich gern zurück und peitschen sich mit ihrer ganz persönlichen Motivationsmusik ein, bevor sie zur Höchstform auflaufen. Dieses „Anpeitschen" hilft ihnen, über sich hinauszuwachsen und unglaubliche Dinge zu leisten. Rhythmus ist der Umsetzungs- und Höchstleistungstreiber Nummer eins. Lassen Sie in Macherphasen motivierende Songs über die Boxen laufen. Ihr ganzes Team soll mitgerissen werden. Probieren Sie's aus! Zum Beispiel mit einem meiner zehn Lieblingssongs, die mir in Zeiten der Umsetzung nochmal Extrakraft geben (ich weiß, Geschmäcker sind verschieden, aber Sie werden sicher schnell herausfinden, welche Lieder bei Ihrem Team am besten zünden).

1. *Let's Get It Started* von Black Eyed Peas
2. *Jungle Drum* von Emiliana Torrini
3. *Pompeii* von Bastille
4. *Three Chord Thrash* von Tim Renwick
5. *Follow Me* von Muse
6. *Sofa Song* von The Kooks
7. *Umbrella* von The Baseballs
8. *Kick Drum Heart* von The Avett Brothers
9. *God Knows* von Mando Diao
10. *Jump* von Van Halen

UMSETZUNGEN FEIERN

Wir alle wissen: Nach der Ideenumsetzung ist vor der Ideenumsetzung. Und deswegen ist es wichtig, dass man nach harten und anstrengenden Macherphasen auch mal innehält und gemeinsam mit dem Team eine Party feiert. Denn Anstrengungen müssen belohnt werden. Wenn eine Idee auf der Straße ist, wenn sie endlich Wirklichkeit geworden ist, dann ist das ein großartiger Moment im Leben. Und jetzt darf man sich freuen. Endlich fällt die ganze Anspannung und endlich darf man wieder lockerlassen. Endlich hat man das geschafft, wonach man sich so lange gesehnt hat. Und deswegen schließe ich dieses Buch mit wahren Worten des großartigen Rockmusikers Eddie van Halen. Der sagte mal:

> *There are really three parts to the creative process. First there is inspiration, then there is the execution, and finally there is the release.*

Einfach wunderbar.

Und Ihnen jetzt viele kreative Explosionen, fröhliches Schaffen und ran an die Umsetzung!

DANKE AN:

Claudia Bussjäger, Selina Hartmann, Georg Fechner, Michael Kaese, Christiane Wolff, Claudia Kirchmair, Jürgen Schulze-Seeger, Olaf Cordes, Ronald Focken, Bianca Winter, Katharina Patzner, Ove Gley, Jan Kromka, Miro Moric, Marcus Widmann, Amelie Krahl, Cornelia Willrodt, Christiane Heldman, Wolf Heumann, Katrin Meyer-Schönherr, Anja Tiedemann, Philipp Steinle, Dominik Skrabal, Eva Steinhilber, Helmut Hartl, Bernhard Lauenstein, Claudio Bartsch, Claudio Keleminic, Valerie Koch, Jan Rexhausen, Dörte Spengler-Ahrens, Marco do Nascimento, Christine Kirbach, Prof. Christian Köster, Dr. Sandra Reich, Hannes Winkler, Hamburg Media School, Hochschule für Fernsehen und Film München, BRIDGEHOUSE und die Serviceplan Gruppe.

ANMERKUNGEN

[1] Vgl. http://www.stern.de/kultur/film/bp-ruft-hollywood-zu-hilfe-titanic-regisseur-cameron-soll-oelleck-stopfen-1571257.html und http://www.theguardian.com/film/2010/jun/02/james-cameron-underwater-oil-spill

[2] http://www.lifepr.de/inaktiv/pabst-science-publishers-wolfgang-pabst-e-k/Brainstorming-allein-bringt-es-nicht/boxid/140661

[3] Vgl. Peter V. Zysno, Ari Bosse: „Was macht Gruppen kreativ?“ in: E. H. Witte, C. H. Kahl (Hg.): Sozialpsychologie der Kreativität und Innovation. Dustri 2009.

[4] http://www.lifepr.de/inaktiv/pabst-science-publishers-wolfgang-pabst-e-k/Brainstorming-allein-bringt-es-nicht/boxid/140661

[5] Vgl. http://de.wikipedia.org/wiki/Jimmy_Jump

[6] http://www.lead-digital.de/aktuell/work/deshalb_scheitert_brainstorming

[7] Vgl. http://www.focus.de/panorama/boulevard/showmaster_aid_113198.html

[8] Vgl. http://www.bild.de/unterhaltung/leute/dagmar-berghoff/geheimnis-ihrer-linken-hand-28040660.bild.html

[9] Vgl. http://www.derwesten.de/video/der-graf-ueber-sein-stottern-id6454744.html?doply=true

[10] http://de.wikipedia.org/wiki/Not-invented-here-Syndrom

[11] Vgl. http://de.wikipedia.org/wiki/Soziales_Faulenzen

[12] Vgl. http://www.sueddeutsche.de/wissen/schaffenskraft-genie-dank-wahnsinn-1.835722

[13] Vgl. http://www.zeit.de/2013/34/psychopaten-irre-erfolgreich-manager

[14] Vgl. http://www.wirtschaft.com/studie-selbstverliebte-vorstandschefs-investieren-haeufiger-in-bahnbrechende-technologien/

[15] Vgl. http://www.bild.de/unterhaltung/leute/jennifer-lopez/mitarbeiter-duerfen-der-diva-nicht-in-die-augen-sehen-32495772.bild.html

[16] Vgl. http://de.wikipedia.org/wiki/Nerd

[17] http://www.welt.de/wirtschaft/karriere/article2030059/So-machen-Mitarbeiter-Karriere-ohne-Fuehrung.html und http://www.faz.net/aktuell/beruf-chance/arbeitswelt/fachlaufbahnen-fuer-experten-haeuptling-ohne-indianer-12038533.html

[18] Vgl. http://www.markenartikel-magazin.de/no_cache/medien-werbung/artikel/details/1001145-axel-springer-startet-arbeitgebermarkenkampagne

[19] Vgl. http://www.schwulissimo.de/politik/42830/USAFacebook-lebtDiversityvor.htm

[20] Vgl. u.a. http://www.wiwo.de/erfolg/dammanns-jobtalk-coming-out-darf-nicht-die-karriere-kosten/6576700.html

[21] Vgl. http://www.handelsblatt.com/unternehmen/management/strategie/vielfaeltige-chefetage-abschied-von-den-manager-klonen/3452734.html

[22] Vgl. http://www.wiwo.de/erfolg/trends/vielfaeltigkeit-erster-deutscher-diversity-preis-verliehen/5836846.html und http://diversity-preis.de/die-preistraeger-des-deutschen-diversity-preises-2013/

[23] Vgl. http://www.haufe.de/oeffentlicher-dienst/personaltarifrecht/deutsche-unternehmen-sind-innovationsbremsen_144_123960.html

24 Vgl. http://www.bild.de/unterhaltung/musik/chris-martin/ich-produziere-zu-95-prozent-mist-21957258.bild.html

25 http://www.wuv.de/specials/innovationstag_2013/so_war_s_beim_innovationstag_2013_die_bilder

26 www.top100.de

27 Siehe die Studie „Die TOP 100 des deutschen Mittelstands", kostenlos downloadbar auf http://www.top100.de/die-top-100/studie/index.html

28 Vgl. http://www.aachener-nachrichten.de/ratgeber/gesundheit/das-erfolgsrezept-fuer-gute-ideen-1.323988

29 Vgl. http://www.rundschau-online.de/karriere/-schreibtisch-chaos-ordnung-studie-aufgeraeumt-ordentlich-arbeit,21117600,24513248.html

30 Vgl. https://curved.de/news/studie-beweist-facebook-und-twitter-machen-produktiv-23301

31 http://www.spiegel.de/spiegel/print/d-8889574.html

32 http://www.welt.de/sport/fussball/article6279779/Ich-bin-nicht-arrogant-ich-bin-eigensinnig.html

33 Vgl. http://www.stern.de/wissen/mensch/kopfwelten-ruepelnde-chefs-kosten-millionen-1585102.html

34 http://www.spiegel.de/wissenschaft/mensch/alkoholsucht-zahl-der-abhaengigen-steigt-auf-1-8-millionen-a-942721.html

35 Vgl. http://www.profil.at/articles/0948/560/352686_s2/wie-alkohol-kuenstler-experten-droge

36 Vgl. http://www.silicon.de/41570823/auch-das-noch-glaschen-wein-macht-it-unternehmen-kreativer/

37 Vgl. http://www.freiepresse.de/THEMEN/Wenn-die-Sektkorken-knallen-artikel7557220.php

38 Vgl. http://www.neues-deutschland.de/artikel/164997.medikament-oder-droge.html

39 http://www.wirtschaftspsychologie-aktuell.de/nachrichten/nachrichten-20131118-drogen-mindern-kreativitaet.html

40 http://en.wikipedia.org/wiki/The_Third_Man

41 Vgl. http://www.tagesanzeiger.ch/wirtschaft/konjunktur/Die-Schweiz-ist-InnovationsWeltmeister/story/26583512

42 http://www.harvardbusinessmanager.de/trends/artikel/studie-wie-stimmungen-sich-auf-die-kreativitaet-auswirken-a-919122.html

43 Vgl. http://www.spiegel.de/wirtschaft/unternehmen/sap-stellt-bis-2020-hunderte-autisten-ein-a-900882.html

44 http://de.wikipedia.org/wiki/Think_Different

45 Vgl. http://www.sueddeutsche.de/karriere/arbeitsplatzgestaltung-stressfaktor-schreibtisch-1.1888502

46 Vgl. http://wohnideen.minimalisti.com/innendesign/4-coole-und-kreative-burodesigns.html

47 http://www.forbes.com/innovative-companies/list/

48 Vgl. http://www.faz.net/aktuell/beruf-chance/arbeitswelt/buero-architektur-netzwerke-und-nestwaerme-1639715-p2.html

49 Vgl. http://www.bild.de/digital/internet/facebook/facebook-baut-luxus-wohnungen-fuer-angestellte-32668004.bild.html

50 Vgl. http://mashable.com/2014/03/03/high-paying-tech-internships/

51 Vgl. http://de.wikipedia.org/wiki/Technology_Evangelist und http://www.cio.de/strategien/2930705/

52 Vgl. http://www.wuv.de/agenturen/achtung_schenkt_mitarbeitern_private_krankenversicherung

53 Vgl. http://www.ruhrnachrichten.de/staedte/dortmund/Unternehmer-Huebner-verteidigt-sein-Praemiensystem,art930,708959

54 http://www.businessinsider.com/yahoo-working-from-home-memo-2013-2

55 Vgl. http://www.sueddeutsche.de/karriere/blackberry-e-mails-nach-feierabend-blockiert-stille-nacht-fuer-vw-mitarbeiter-1.1242722

56 http://www.zeit.de/2010/49/Geistreiches-Nichtstun/seite-2

57 Vgl. http://www.spiegel.de/wirtschaft/unternehmen/arbeitszeit-bmw-will-e-mails-und-anrufe-in-der-freizeit-ausgleichen-a-953770.html und http://www.wuv.de/digital/nach_bmw_vorstoss_diskussion_um_mobilarbeitszeit

[58] Vgl. http://www.faz.net/aktuell/beruf-chance/arbeitswelt/produktivitaet-im-buero-staendige-sitzungen-wuergen-kreativitaet-ab-12672677.html

[59] Vgl. beispielsweise http://www.rp-online.de/nrw/panorama/eine-stadt-ohne-verkehrszeichen-aid-1.1137900 und http://www.derwesten.de/wp/region/rhein_ruhr/blomberg-erste-stadt-in-nrw-ohne-verkehrszeichen-id87887.html

[60] https://www.youtube.com/watch?v=iGFqfTCL2fs

[61] Vgl. http://www.marketingclub-muenchen.de/das_programm/2013/20131010_ek_vertrieb.php

[62] http://www.welt.de/print/welt_kompakt/webwelt/article118913795/Ich-zweifle-an-Sperren-im-Netz.html

[63] http://www.tata.com/article/inside/VWQX0UJo!$$$$!xI=/TLYVr3YPkMU=

[64] Die Arbeiten sind auf http://www.psyop.tv/projects/fails/ zu sehen.

[65] http://www.psyop.tv/welcome-to-the-new-site/

[66] Vgl. http://www.newfleet.de/news/artikel/lesen/2014/01/volkswagen-ideenbilanz-2013-mit-rekordzahlen-56970/

[67] Vgl. http://www.markenartikel-magazin.de/no_cache/unternehmen-marken/artikel/details/1004431-vw-ideenmanagement-2012-60000-verbesserungsideen/

[68] Vgl. http://www.handelsblatt.com/archiv/die-verwirklichung-von-mitarbeiterideen-birgt-enormes-sparpotenzial-mitarbeiter-ideen-gold-in-den-koepfen/2050064.html

[69] Vgl. http://en.wikipedia.org/wiki/Creation_Museum

[70] Vgl. http://www.welt.de/wissenschaft/article2018454/Jeder-achte-US-Lehrer-unterrichtet-Kreationismus.html

[71] Vgl. http://jetzt.sueddeutsche.de/texte/anzeigen/568742/2/Werbepause und http://amtfuerwerbefreiheit.org/

[72] http://amtfuerwerbefreiheit.org/

[73] http://www.sueddeutsche.de/wirtschaft/verpoorten-wir-sind-in-der-gattung-eierlikoer-gefangen-1.15210-2

[74] Vgl. http://www.sueddeutsche.de/wirtschaft/verpoorten-wir-sind-in-der-gattung-eierlikoer-gefangen-1.15210-2

[75] Vgl. http://www.focus.de/digital/handy/apple-ingenieur-spricht-ueber-die-entstehung-des-iphones_id_3729236.html

[76] Vgl. http://www.lead-digital.de/aktuell/work/deshalb_scheitert_brainstorming

[77] Vgl. http://www.zeit.de/zeit-wissen/2010/s2/psychologie-kreativitaet-ideen

[78] Vgl. http://www.wuv.de/agenturen/armin_jochum_kreativitaet_kann_man_nicht_verordnen

[79] Vgl. http://www.fr-online.de/wissenschaft/communicator-preis-fuer-gerd-gigerenzer-ein-meister-des-gefuehlten-wissens,1472788,8632880.html und http://www.project21.ch/projekte/studiosus/studiosus-7/374-51

[80] Vgl. http://karrierebibel.de/anders-denken-eine-uberraschende-kreativtechnik/

[81] Vgl. http://de.wikipedia.org/wiki/Methode_635

[82] Vgl. http://de.wikipedia.org/wiki/Osborn-Checkliste und http://kreativitätstechniken.info/osborn-checkliste/

[83] Vgl. http://www.duravit.de/website/homepage/unternehmen/standorte/duravit_design_center.de-de.html und http://www.giessener-zeitung.de/muecke/beitrag/68385/das-groesste-wc-der-welt-steht-in-hornberg-im-schwarzwald-710-meter-hoch-und-11-tonnnen-gewicht/

[84] Vgl. http://seattletimes.com/html/nationworld/2003764160_ketchup27.html

[85] Fotos des Schildes finden Sie auf http://www.motor-talk.de/news/ein-wasservorhang-gegen-tunnel-unfaelle-t4528707.html

[86] Vgl. http://www.stern.de/kultur/film/doris-doerries-die-friseuse-masse-mit-klasse-1545021.html und http://search.salzburg.com/display/sn1913_19.03.2010_41-25623485

[87] Vgl. http://www.wuv.de/marketing/kein_witz_coca_cola_wird_gruen

[88] Vgl. http://www.markenartikel-magazin.de/no_cache/unternehmen-marken/artikel/details/100794-coca-cola-setzt-auf-flaschen-aus-pflanzlichen-rohstoffen/

[89] Vgl. http://www.tagesschau.de/wirtschaft/facebook462.html

[90] https://www.youtube.com/watch?v=cbEKAwCoCKw

91 http://www.youtube.com/watch?v=TDM_nRg4bl4

92 Vgl. http://www.chip.de/news/Piss-Screen-Urin-Strahl-als-Joystick_28347803.html

93 Vgl. https://livegreen.recyclebank.com/earn

94 Vgl. http://www.spiegel.de/auto/aktuell/japanische-melodiestrasse-bei-tempo-50-knoedelt-der-pneu-a-519579.html

95 Vgl. http://www.washingtonpost.com/wp-dyn/articles/A54564-2005Feb25.html

96 Vgl. http://de.wikipedia.org/wiki/Robert_Kearns

97 http://www.spiegel.de/karriere/berufsleben/ingenieure-entwickeln-waschmaschinen-fuer-die-zukunft-a-927797.html

98 Vgl. http://www.zeit.de/wirtschaft/2010-06/nutzer-innovationen/seite-1

99 https://genoformular-64.finanzportal.fiducia.de/f0510-0/homepage/wir_fuer_sie/ihre_meinung.html

100 Vgl. http://www.sueddeutsche.de/wirtschaft/design-thinking-in-unternehmen-labor-fuer-geistesblitze-1.1856849

101 Vgl. http://www.dlightdesign.com/impact-dashboard/

102 Vgl. http://www.focus.de/panorama/vermischtes/england-anglikanische-kirche-will-frauen-als-bischoefe-zulassen_aid_316710.html und http://www.welt.de/politik/ausland/article111353000/Frauen-muessen-bei-den-Anglikanern-draussen-bleiben.html

103 Vgl. www.bsg.ch/download.php?f=1370938029_l2_u-boot-projekte.pdf

104 Vgl. http://www.motorline.cc/autowelt/news/2010/BMW/25-Jahre-BMW-Forschung-und-Entwicklung-Aus-Freude-am-T%C3%BCfteln-155941.html

105 Vgl. http://www.sueddeutsche.de/digital/-prozent-zeit-fuer-mitarbeiter-google-boss-page-beendet-erfolgsprogramm-1.1748360

106 Vgl. http://gedankenführung.info/Kraft-der-Gedanken-Intelligenz.html

107 Die häufigsten Präsentationsfehler kann man dem kurzen unterhaltsamen Film namens Every presentation ever – communication fail entnehmen: http://vimeo.com/34898757

108 Unter anderem zu finden auf http://www.timlonghurst.com/blog/2008/05/16/the-ted-commandments-rules-every-speaker-needs-to-know

109 http://www.wuv.de/marketing/nancy_duarte_ueber_die_perfekte_praesentation_das_interview

110 http://www.youtube.com/watch?v=aYV3alDTaGI

111 http://www.youtube.com/watch?v=q-RLqLx1iYI

112 http://www.adforum.com/creative-work/ad/player/39698

113 http://www.mediaite.com/tv/is-this-the-greatest-emmy-acceptance-speech-ever

114 http://www.youtube.com/watch?v=TM6vVtlwsLw

115 http://www.youtube.com/watch?v=5y4b-DEkIps&noredirect=1

116 Der Begriff Dyscreationie ist eine von mir erfundene Wortschöpfung. Es handelt sich um die Unfähigkeit, das Kreative oder Innovative in einer Idee zu erkennen. Das Wort leitet sich von dem medizinischen Fachbegriff Dyskalkulie ab, der sogenannten Rechenschwäche. Menschen mit diesem „Krankheitsbild" haben keinen Zugang zu Zahlen und überhaupt wenig Zahlenverständnis. Ich bin der felsenfesten Überzeugung, dass diese Erkrankung auch auf das Themenfeld Innovation übertragbar ist. Menschen, die an Dyscreationie leiden, leiden an Innovationsblindheit.

117 http://www.youtube.com/watch?v=OStSXtu7I44

118 Vgl. beispielsweise http://www.spiegel.de/kultur/gesellschaft/werner-spies-kunsthistoriker-gesteht-in-beltracchi-affaere-fehler-ein-a-852221.html und http://www.monopol-magazin.de/artikel/20105087/Der-gekraenkte-Kunstexperte.html

119 http://www.spiegel.de/kultur/gesellschaft/beltracchi-kunsthistoriker-werner-spies-in-frankreich-verurteilt-a-902182.html

120 http://www.moviepilot.de/news/avatar-ist-pocahontas-104972

121 Ich bin durch meinen ADC-Kollegen Michael Matthiass auf diese Urgeschichten aufmerksam geworden, der zu diesem Thema einen spannenden Vortrag entwickelt hat, der auch im Internet abrufbar ist und den ich hier wärmstens empfehlen möchte: https://www.youtube.com/watch?v=yQxSh1LPFn8.

122 https://www.foodwatch.org/de/ueber-foodwatch/

123 http://www.spiegel.de/spiegel/vorab/a-806358.html

124 http://www.skl.de/fwd?to=2_club_mio.jsp&start=main_1

125 http://www.pfizer.de/forschung.htm

126 http://www.buzzfeed.com/mattlynley/the-8-most-hilarious-steve-ballmer-moments-of-all-time

127 http://www.huk24.de/versicherungen/berufsunfaehigkeitsversicherung.jsp

128 http://www.usatoday.com/story/money/business/2013/09/04/kodak-bankruptcy-ceo-restructuring/2761425/

129 http://www.ndr.de/regional/entscheidungen155.html

130 Werben und Verkaufen, Ausgabe 37/2013, S. 28 ff.

131 Vgl. http://www.brandeins.de/archiv/2005/die-mitte/schlaue-menge.html

132 Vgl. http://www.heise.de/tr/artikel/Wollen-wir-wetten-869277.html, https://www.crowdworx.com/de/downloads/fallstudien/ und https://www.crowdworx.com/de/referenzen/

133 Vgl. http://www.foerderland.de/gruendung/news-gruender-szene/artikel/die-aufgaben-sind-bei-uns-klar-verteilt-alexander-baut-das-auto-ich-verkaufe-es/

134 http://www.sueddeutsche.de/digital/prognosedienst-warum-die-usa-das-wettportal-intrade-verbieten-1.1580754

135 Siehe auch http://www.creativeexplosion.de/and-the-oscar-goes-to/

136 http://www.businesswire.com/news/home/20130328006372/en/Starbucks-Celebrates-Five-Year-Anniversary-Starbucks-Idea#.UsqruuAfSVk

137 http://www.starbucks.ca/customer-service/faqs/coffeehouse

138 Vgl. http://www.starbucks.com/about-us/company-information/online-policies/msi-terms-of-use

139 Vgl. http://www.tchibo-ideas.de/nutzungsbedingungen-registrierungsregeln/

140 Vgl. http://www.tchibo-ideas.de/tchibo-ideas-news/detail/news/48-ab-sofort-mehr-platz-fuer-euch/

141 Vgl. http://www.tchibo-ideas.de/dein-design/realisierte-produktideen/detail/news/63-sauber-durchdacht-die-wc-buerste-mit-griffsicherung/

142 https://www.quirky.com/blog/post/2012/07/hey-quirky-whats-the-deal-with-influence

143 Vgl. https://www.quirky.com/michael-mccoy/influenced

144 Vgl. beispielsweise http://www.unwomen.org/en/news/stories/2013/10/women-should-ads und http://www.sueddeutsche.de/leben/un-kampagne-gegen-sexismus-im-netz-frauen-sollten--1.1805649

145 Vgl. http://www.fmm-magazin.de/bewertungsportale-ein-drittel-sind-laut-fachleute-gefaelscht-finanzen-mm_kat52_id7261.html

146 Vgl. http://www.abendzeitung-muenchen.de/inhalt.miese-kritik-im-internet-sie-siegte-gegen-die-bewertung-von-yelp.b847f927-49ee-43b6-a3f3-ad6734b5809d.html

147 Vgl. http://www.wuv.de/agenturen/thomas_strerath_kaum_ein_unternehmen_belohnt_mitarbeiter_fuer_ihren_mut

148 Vgl. http://www.ft.com/intl/cms/s/0/775de250-aa44-11df-9367-00144feabdc0.html#axzz2yITjIbOt

149 Vgl. http://www.sueddeutsche.de/wissen/neuronenforschung-ein-fisch-schaut-in-die-roehre-1.36460

150 http://www.brandeins.de/archiv/2010/marke/die-weisheit-der-roulettekugel.html

151 Vgl. http://www.dyson.de/ventilatoren.aspx („Keine Rotorflügel. Kein Flattern.“)

152 Vgl. http://rynomotors.com/

153 Vgl. http://www.wuv.de/digital/porneo_hotel_desire_wird_zum_verkaufsschlager

[154] Vgl. http://www.projectionpoint.com/index.php/rq_test/free_rq_test/description?cookies=true

[155] http://vimeo.com/36608732

[156] Vgl. http://www.netzwoche.ch/News/2011/05/05/Wie-komm-ich-zu-einem-Job-bei-Google.aspx

[157] https://www.xing.com/companies/douglasholdingag

[158] http://www.google.com/about/company/

[159] http://aboutus.lego.com/de-de/lego-group/mission-and-vision

[160] http://www.patagonia.com/us/patagonia.go?assetid=2047

[161] http://derstandard.at/1350258443376/YouPorn-Betreiber-So-viel-Angebote-zum-Geldausgeben-wie-moeglich

[162] Vgl. http://www.ksta.de/hotel-tipps/-so-schraeg-sind-die-wuensche-von-hotelgaesten,16126906,22889690.html

[163] Vgl. http://www.bild.de/sport/mehr-sport/hans-ullrich-wegner/die-wahrheit-ueber-abrahams-blut-kampf-22988306.bild.html

[164] Vgl. http://www.welt.de/wirtschaft/article121967620/Warum-der-beste-Autodesigner-der-Welt-VW-verliess.html

[165] Vgl. http://www.blick.ch/sport/formel1/alonso-verbrauchte-28-overalls-id2546303.html

[166] Vgl. http://www.presseportal.de/pm/8028/1753359/mittelstandsstudie-von-ernst-young-mit-innovationen-kraftvoll-an-die-spitze

[167] Vgl. http://www.e-fellows.net/KARRIEREWISSEN/Aktuell/Innovationen2

[168] Vgl. http://www.booz.com/global/home/what-we-think/global-innovation-1000/top-innovators-spenders

[169] Vgl. http://www.booz.com/de/home/Presse/Pressemitteilungen/details/2013-global-innovation-1000-de

[170] http://www.lookscloudy.com/2011/04/priorities-cheap-fast-good/ und http://www.maniacworld.com/good-cheap-fast-service.html

[171] Vgl. http://de.wikipedia.org/wiki/Sagrada_Fam%C3%ADlia

[172] http://www.welt.de/regionales/berlin/article699153/Streit-zwischen-Mehdorn-und-Gerkan-eskaliert.html

[173] Vgl. http://www.tagesspiegel.de/berlin/berliner-hauptbahnhof-mehdorn-und-architekt-gerkan-einigen-sich/1149382.html

[174] http://www.youtube.com/watch?v=Jf_wKkV5dwQ

[175] Vgl. http://www.fr-online.de/wirtschaft/interview-patente-erfindung-innovation-kreativitaet--kreativitaet-ist-unser-rohstoff-,1472780,16511100.html

[176] Vgl. Markenartikel Ausgabe 5/12

[177] Vgl. http://www.googlewatchblog.de/2012/10/studie-google-geld-patentstreitigkeiten/

[178] Vgl. http://iveybusinessjournal.com/topics/innovation/the-challenge-of-imovation#.Ux8I7YWpBHZ

[179] Vgl. http://www.handelsblatt.com/politik/oekonomie/nachrichten/studie-gut-kopiert-ist-halb-gewonnen/3510598.html

[180] Vgl. http://www.fr-online.de/wirtschaft/interview-patente-erfindung-innovation-kreativitaet--kreativitaet-ist-unser-rohstoff-,1472780,16511100.html

ABBILDUNGSNACHWEISE

Seite 14
Art Direction: Jan Kromka, Miro Moric

Seite 24–25
Fotograf: Dominik Skrabal

Seite 30
www.moderntoss.com

Seite 43
Agentur: DDB Stockholm, Kunde: McDonald's Schweden

Seite 51
Garden of innovation by Tom Fishburne, www.tomfishburne.com

Seite 57
Ralph Ruthe, www.ruthe.de, CARLSEN Verlag GmbH

Seite 62
Rutsche bei Red Bull, Fotograf: Gareth Gardner

Seite 98–99
Stop-Sign:
Laservision – Creators of the Softstop Barrier System, www.laservision.com.au
Roces Skischuh:
www.roces.com
Flüssigseife:
Product of Compagnie de Provence
Fotograf: Christophe Fillioux
Doppelbett-Sofa:
Bonbon Trading Limited, www.bonbon.co.uk
Rolls-Royce:
www.rolls-roycemotorcars.com
Ketchup-Flasche:
www.heinzketchup.de
Duravit:
Duravit AG, www.duravit.de
Melone, Schneebesen, Kopfkrauler, Monstertruck, Liegefahrrad:
www.shutterstock.com
Klettverschluss-Schuh, Triathlon, Handys:
www.istockphoto.com

Seite 100:
Kunde: BMW, Agentur: Jung von Matt, Fotograf: Mats Cordt

Seite 101:
Alterssimulationsanzug GERT
Produkt und Projekt: Wolfgang Moll,
www.produktundprojekt.de

Seite 102:
Pro/Contra:
Agentur: Serviceplan, Creative Direction: Maik Kähler, Christoph Nann, Fotograf: Maik Kähler

Seite 107:
Piss-Screen:
Kunde: Main Taxi Frankfurt, Agentur: Saatchi & Saatchi, Kreation: Sebastian Schier, Christian Bartsch

Seite 108:
Lukas von Rantzau, www.LUPHO.de, London Chessboxing, London 2013

Seite 111:
www.sugru.com

Seite 126:
Art Direction: Miro Moric

Seite 127:
Bienensabber, Zeichner: Joscha Sauer, www.nichtlustig.de, Bulls Pressedienst GmbH

Seite 180:
Agency: Fuel Lisbon
Client: Show Off Films
Creative Directors: Pedro Bexiga/Marcelo Lourenço
Copywriter: Marcelo Lourenço
Art Director: Pedro Bexiga
Illustrator: Scott C.
Approved by: Alexandre Montenegro

Seite 185:
Kunde: McKinsey & Company. Werbeagentur: Ruf Lanz, Zürich.

Seite 189:
Kunde: Hornbach, Agentur: Heimat, Fotograf: Markus Mueller

Der Verlag hat sich bemüht, alle Rechteinhaber an den in diesem Buch enthaltenen Abbildungen zu ermitteln und die Bilder sowie zitierte Videos und Texte mit entsprechenden Quellennachweisen zu belegen. Sollten trotzdem Rechteinhaber unberücksichtigt geblieben sein, bitten wir diese, sich mit dem Verlag in Verbindung zu setzen.

REGISTER